21世纪水产名优高效
———养殖新技术

海水经济蟹类
养殖技术

谢忠明　主编

刘洪军　冯　蕾　编著

中国农业出版社

内容提要

　　本书主要内容包括三疣梭子蟹、锯缘青蟹、日本蟳的分类地位，地理分布，生物学特性，生态习性，人工繁殖，苗种培育，成蟹饲养，病害防治以及营养与饲料等。同时，还附上相应图表。

　　本书内容丰富、翔实，文字通俗易懂，图文并茂，科学性、实用性、可操作性强，为广大水产养殖生产者的良师益友，也可供水产技术推广人员、科研人员及有关院校师生参考。

21世纪水产名优高效
——养殖新技术

　　我国渔业，为大农业中的重要组成部分。改革、开放以来，我国渔业得到了快速地发展，2000年我国水产品总产量达到4278.99万吨，比1978年536.61万吨增加3742.38万吨，增长了7倍。改革、开放22年以来，我国水产品总产量年均增加170.1万吨，年平均增长率达9.9%，比改革、开放以前1978—1954年的24年间年均增加11.67万吨，年平均增长率3%，分别高13.6倍和6.9个百分点。其中，我国海淡水养殖发展速度更快，2000年我国海淡水养殖产量达到2578.23万吨，占我国水产品总产量的比重从1978年的28.9%提高到2000年的60.25%，比1978年154.89万吨增加2423.34万吨，增长了15.6倍，22年间年均增加110.15万吨，年平均增长率达13.6%。改革、开放以来22年比改革、开放以前24年，我国海淡水养殖年均增产量高22.4倍，年平均增长率高8.1个百分点。

　　我国渔业的快速发展，特别是海淡水养殖的飞速发展，为繁荣我国农业和农村经济，增加渔农民收入，丰富城乡居民的菜篮子，满足消费者的迫切需求，提高人民生活质量，增加出口创汇，做出了积极、重要的贡献，渔业在国民经济和人民生活中占有越来越重要的地位和作用。2000年我国渔业总产值达到2808亿元，占我国农业总产值的比重从1985年的3.48%，提高到2000年的12.4%；

人均水产品占有量，从 1978 年的 4.8 千克，提高到 2000 年的 38.8 千克；2000 年我国水产品对外贸易总量达到 405 万吨，总额达到 56.8 亿元，其中出口量 153 万吨，出口额 38.3 亿美元，分别比 1978 年扩大 15.6 倍和 14 倍，年均分别增长 13.6%和 13.1%。我国水产品出口额占农产品出口总额的 25%；我国水产品产量自 1990 年以来连续 11 年位居世界各国首位，占世界水产品总产量 1.22 亿吨的 35%；我国人均水产品占有量比世界人均占有量高 10 千克。我国不仅成为世界渔业生产大国，而且还是世界水产品的消费大国。

但是，我国渔业发展中也存在诸多问题。我国是渔业大国，但不是渔业强国，我国渔业经济整体素质尚有待于提高；渔业产量增加很快，但水产品质量亟待提高；养殖规模发展很快，但形成产业化经营规模效益的龙头产品很少；养殖品种发展的数量较多，但其种质资源急需提高；养殖速度发展很快，但养殖生态环境亟待保护；水产品产量增加很快，但水产品加工十分落后；渔业生产发展很快，但科学技术、科学普及、渔民素质滞后；渔业单项技术研究发展较快，但应用于生产的实用性技术的组装配套较少；养殖生产发展很快，但优良品种供应、病害防治技术跟不上生产迅速发展的要求，成为影响养殖发展的两个"瓶颈"，等等。

迈向 21 世纪，我国加入 WTO，我国渔业进入了新的历史性发展时期。这一时期，是我国渔业进行转体、转型的关键时期。

今后我国渔业发展的指导方针是，加快发展养殖，养护和合理利用近海资源，积极扩大远洋渔业，狠抓加工流通，强化法制管理。当前的主要任务是紧缩捕捞，主攻养殖，发展远洋渔业，搞好水产品的深加工。在发展渔业生产中，捕捞从实现"零"增长到实行"负"增长的行动计划。因此，今后渔业产量的增加，在于发展海淡水养殖。所以发展海淡水养殖，是今后的主攻方向。在主攻养殖中，主要采取的措施是深化改革，实现两个根本性的转变，加强基础设施建设，提高科技含量，依靠科技兴渔，加强技术培训，大力提高渔农民素质，加大推广力度，加快科技成果转化，推广养殖优良品种和先进适用的科学技术与装备，加强病害防治，注重生态环境保护，发展健康、可持续养殖，提高科学经营管理水平，发展产业化经营，使我国渔业成为发展农业和农村经济新的增长点和新的亮点，努力促进我国渔业经济从传统的生产数量型渔业向现代的质量效益型渔业转变。

为了满足我国渔业当前主攻养殖，广大水产养殖生产者、水产技术推广人员对养殖新技术的迫切需求，我们组织了具有较深理论基础和具有较为丰富生产实践经验的有关专家、教授、研究员，认真地总结了国内外有关科研成果和生产实践经验，精心编著了这套《21世纪水产名优高效养殖新技术》丛书，奉献给广大读者。

该《丛书》分为《鲟鱼养殖技术》、《大黄鱼、鮸状黄姑鱼养殖技术》、《巴西鲷、细鳞鲳养殖技术》《大弹涂鱼、中华乌塘鳢养殖技术》、《乌鳢、月鳢养殖技术》、《海水经济蟹类养殖技术》、《淡水经济虾类养殖技术》、《海水经济贝类养殖技术》、《大鲵、鳄龟养殖技术》和《海参、海胆增养殖技术》等共10册，计150多万字。

该《丛书》主要内容包括鲟鱼、大黄鱼、鮸状黄姑鱼、巴西鲷、细鳞鲳、大弹涂鱼、中华乌塘鳢、乌鳢、月鳢、梭子蟹、巨缘青蟹、日本蟳、罗

氏沼虾、日本沼虾、刀额新对虾、克氏螯虾、红螯螯虾、亚比虾、麦龙虾、皱纹盘鲍、九孔鲍、红螺、泥螺、泥蚶、魁蚶、贻贝、厚壳贻贝、翡翠贻贝、江珧、珍珠贝、栉孔扇贝、华贵栉孔扇贝、海湾扇贝、虾夷扇贝、近江牡蛎、褶牡蛎、太平洋牡蛎、文蛤、蛤仔、青蛤、紫石房蛤、西施舌、彩虹明樱蛤、缢蛏、长竹蛏、大鲵、鳄龟、海参、海胆等70多种鱼虾蟹贝、腔肠动物、棘皮动物、两栖类动物和爬行类动物等，分别全面、系统地介绍了它们的分类地位、地理分布、生物学特性、生态习性、人工繁殖、苗种培育、成鱼（体）饲养、越冬保种、病害防治、营养与饲料；部分品种还介绍了其产品的加工技术与烹饪工艺，并附有彩图。内容极为丰富、翔实、新颖，反映了当前国内外科研与生产发展的新成果、新技术、新经验、新水平，科学性、实用性、可操作性强，文字通俗易懂，图文并茂，适合于广大渔农民水产养殖生产者、基层水产技术推广人员应用，也可供水产院校师生、有关科研、推广单位、水产行政管理部门的科技人员和管理干部参阅。

该《丛书》由农业部全国水产技术推广总站国家农业技术推广研究员谢忠明主编，应邀参加编著的作者有全国有关专家、教授、研究员、院士等60多人。

我们衷心地期望该《丛书》能成为广大读者的良师益友，使他们从中获益，结合具体生产实践，因地制宜地加以推广应用，通过自己双手的辛勤劳动，结出丰硕的果实。该《丛书》所介绍的技术，将在生产实践中得到进一步地验证，不断地进行修正；同时，通过生产实践，又可使其内容得到不断地充实与提高，使该《丛书》成为更加贴近于生产实际、更加贴近于

养殖生产者，使它成为广大读者所喜爱的水产养殖新技术读本。

编著者
2002 年 3 月

前言

    三疣梭子蟹、锯缘青蟹、日本蟳，是我国沿海名贵重要的经济蟹类品种，其肉质细嫩，味道鲜美，营养丰富，具有重要的食用、滋补、药用、工业原料价值，经济价值很高，还是一种出口创汇的产品，深受国内外消费者的青睐。

    据中国预防医学科学院等分析，三疣梭子蟹可食部分占49%，其主要营养成分为：蛋白质15.9%，脂肪3.1%，碳水化合物0.9%，灰分2.6%。在100克蟹肉中，维生素A为121微克，维生素E为4.56微克，硒为90.96微克。三疣梭子蟹有很高的药用价值，肉和内脏在医药上有清热、散血、滋阴的作用，也用于治疗漆疮、湿热和产后血闭等；蟹壳有清热解毒、消瘀和止痛作用，也用于治疗无名肿痛、乳痛、冻疮和跌打损伤；还可用于饲料工业及提取甲壳素等工业原料。

    锯缘青蟹，俗称青蟹，是一种较大型的海产蟹类，最大个体可达2千克。每100克蟹肉中，含蛋白质15.5%，脂肪2.9%，碳水化合物8.5克，钙380毫克，磷340毫克，铁10.5毫克。此外，还含有核黄素、硫胺素和尼克酸等多种维生素。特别是性腺成熟的雌蟹，俗称膏蟹，有"海上人参"之誉，是产妇和体弱者的高级营养滋补品。除食用外，还可以入药，治疗多种疾病。蟹壳可制成甲壳素，还是一种用途很广的工业原料。

日本蟳，也是一种肉质丰满、嫩而鲜美的重要经济海味品。

为了大力发展三疣梭子蟹、锯缘青蟹、日本蟳的人工养殖，普及、推广科学养殖技术，提高经济效益，增加渔农民收入，形成农村和农业经济新的增长点，我们组织了具有较深理论基础和较为丰富生产实践经验的有关研究员、教授，认真总结了国内外先进的科研成果和生产实践经验，精心编著了《三疣梭子蟹、锯缘青蟹、日本蟳养殖技术》一书。

本书由农业部全国水产技术推广总站国家农业技术推广研究员谢忠明主编，负责组织、统稿，编写出版说明、前言等；由山东省海水养殖研究所副研究员刘洪军和山东省东营市农校副教授冯蕾编著。

由于编著时间仓促，水平有限，经验不足，不妥之处敬请广大读者指正，以便再版时修正。

编著者

2002 年 3 月

目录

第 一 章
三疣梭子蟹养殖

三疣梭子蟹，是我国沿海重要的经济蟹类，传统的名贵海产品，其肉质鲜美，营养丰富。据中国预防医学科学院等分析，三疣梭子蟹可食部分占49%。其主要营养成分为：蛋白质15.9%，脂肪3.1%，碳水化合物0.9%，灰分2.6%。在100克蟹肉中，维生素A为121微克，维生素E为4.56微克，硒为90.96微克。肉和内脏在医药上有清热、散血、滋阴的作用，也用于治疗漆疮、湿热和产后血闭等；蟹壳有清热解毒、消瘀和止痛作用，也用于治疗无名肿痛、乳痛、冻疮和跌打损伤，还用于饲料工业及提取甲壳素等工业的原料。因此，三疣梭子蟹深受国内外消费者的喜爱，是重要的出口创汇产品，商品价值极高。

三疣梭子蟹以前资源十分丰富，但由于捕捞过度，从20世纪70年代开始，世界及我国三疣梭子蟹资源日趋下降，已引起各国对增殖放流和养殖的重视，并先后开展了人工育苗和增养殖的研究。

日本早在20世纪30年代末，就开始了三疣梭子蟹增养殖的基础研究；1963年，在八家刚等试验的基础上，开始了苗种生产的尝试；1964年开始企业化生产；1966年以来，在濑户内海进行放流增殖，效果甚好。我国对三疣梭子蟹的研究和生产比较晚，我国沿海渔民进行过粗养。20世纪80年代，山东、辽宁等地进行了人工育苗试验，成功育出了可放流规格的苗种。山东沿海还进行了土池育肥和蓄养的试验，并获得了成功。目前，三疣梭子蟹以其优良的生长性能、极高的食品价值和经济价值已成为继对虾养殖高潮之后，当前在沿海各地正在掀起的一股养殖梭子蟹的热潮。

第一节　三疣梭子蟹的分类地位及地理分布

梭子蟹属节肢动物门（Arthropoda）、甲壳纲（Crustacea）、软甲亚纲（Malacostraca）、十足目（Decapoda）、梭子蟹属（*Portunus*）。

我国梭子蟹的种类很多，已经发现的有 17 种。其中体型大、食用价值、经济价值较高的有三疣梭子蟹（*Portunus trituberculatus* Miers）、远海梭子蟹（*P. pelagicus* Linne）和红星梭子蟹（*P. sanguinolentus* Herbst）等 3 种，其中以三疣梭子蟹产量最高，个体最大，分布最广。

一、三疣梭子蟹

三疣梭子蟹（*Portunus trituberculatus*）（图 1-1），个体硕大，体宽 200 毫米，最大个体可达 1 000 克，一般也可达 400 克。

三疣梭子蟹，广泛分布于太平洋的西海岸，北起日本的北海道，南至东南亚的越南、泰国等地。1987 年韩国年产量 3 万余吨，泰国 24 万吨，我国约 12 万吨。主要产于潮间带海滩广阔的内湾水域，如我国莱州湾、渤海湾、吕

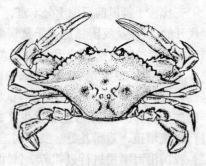

图 1-1　三疣梭子蟹

泗、长江口和浙、闽沿海。

二、远海梭子蟹

远海梭子蟹（*P.pelagicus*）（图1-2），俗称花蟹。一般体宽135～160毫米，体重200～250克，个体大的雌蟹，体宽175毫米、体重450克。头胸甲和螯足，雌性呈茶绿色，雄性呈紫色，均带有不规则的浅蓝色及白色斑纹。

图1-2 远海梭子蟹

远海梭子蟹，分布于印度—西太平洋海区，中国产于南海。

三、红星梭子蟹

红星梭子蟹（*P.sanguinolentus*）（图1-3），俗称三点蟹。体宽110～130毫米，体重100～130克，头胸甲光滑，后半部有3枚并列的紫红色圆斑，故名红星梭子蟹。

图1-3 红星梭子蟹

红星梭子蟹，分布于印度—西太平洋海区，中国产于福建以

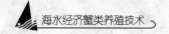

南各省沿海。

第二节　三疣梭子蟹的生物学特性

一、外部形态特征

三疣梭子蟹（图 1-1），俗称枪蟹、白蟹、膏蟹。全身分为头胸部、腹部和附肢。

（一）头胸部

包括头部、胸部，其背面覆盖头胸甲。头胸甲呈梭形，具有 3 个疣状突起（胃区 1 个，心区 2 个），故名三疣梭子蟹。前侧缘左右各有 9 枚锯齿，最外侧的一对锯齿向两侧突出，使蟹体形成梭子型。头胸甲额缘锯齿略小，眼窝背缘的外齿相当大，眼窝腹缘的内齿长而尖锐，向前突出。

（二）腹部

位于头胸甲腹面后方，覆盖在头胸甲的腹甲中央沟表面，俗称蟹脐，雄性为尖脐，雌性为团脐。雄性腹部呈窄三角形，第一节很短，第三、四节愈合，腹部的附肢退化，一对附肢特化成雄性交接器（图 1-4，A、B）。雌性腹部，在性未成熟时呈钝三角形，性成熟后呈椭圆形，共分 7 节，腹部的附肢多呈羽状突起，卵子产出后即附于附肢上（图 1-4，C、D）。

（三）附肢

有头部附肢、胸部附肢及腹部附肢。头部附肢包括 3 对触角、1 对大颚、2 对小颚；胸部附肢包括 3 对颚足、1 对螯足、4 对步足；腹部附肢，雌性为 4 对，雄性腹部附肢均已退化，第一、二腹节的附肢变为生殖器。

三疣梭子蟹的背甲呈茶绿色，它的颜色随着栖息地而异。沙底的环境，蟹背甲呈浅灰绿色；在海藻环境里捕到的三疣梭子蟹，颜色深一些，螯足呈紫色。游泳足各节边缘多短毛，各节颜

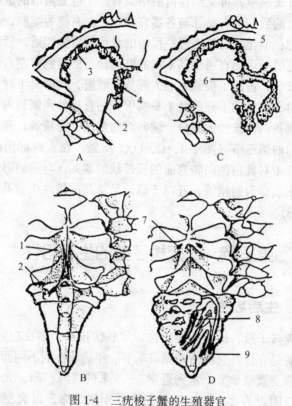

图1-4 三疣梭子蟹的生殖器官
A、B.雄性 C、D.雌性
1.交接器（阴茎） 2.射精管 3.精巢 4.输精管
5.卵巢 6.受精囊 7.生殖孔 8.腹肢内肢（卵附着）
9.腹肢外肢

色雌雄略有不同，雄性为蓝绿色，雌性为深紫色。腹部和头胸部的腹面均为瓷白色，临近产卵期，腹部内充满卵子，呈紫红色条斑。

二、内部构造特性

三疣梭子蟹体内具有完整的消化、呼吸、循环、神经、生殖、肌肉系统及感觉和排泄器官。

　　打开头胸甲，可见到在内脏中央有一个近五角形的透明微黄的心脏。前后端均有动脉与各器官相连；左右侧为鳃腔，具 6 对灰色的鳃；消化管自口经过一很短的食道与胃囊相通，后面连接一条细直的肠道，直通腹部末端的肛门，胃的两侧有左右两叶肝脏，土黄色，占据了头胸甲的大部分；雌蟹，具卵巢 1 对，当成熟怀卵时，卵巢几乎充满整个头胸甲，一直延伸到侧刺内，为橙黄色，遮盖消化腺的大部分，输卵管的末端有受精囊，开口于胸板愈合后的第三节（图 1-4，C、D）。雄蟹，在头胸部前侧缘肝脏表面有 1 对乳白色回转弯曲的长带状的睾丸，与螺旋形输精管相连，末端即为射精管，开口于游泳足基部的雄性生殖孔（图 1-4，A、B）。

第三节　三疣梭子蟹的生态习性

一、生活习性

　　三疣梭子蟹，活动有规律性，常昼伏夜出，多在夜间觅食，有明显的趋光性。它的活动随着季节、年龄和性别不同而有所不同。在春夏繁殖季节，常到近岸 3～5 米的浅海产卵，尤其在港湾或河口附近为多，称生殖洄游。春季到浅海，以大型雌蟹为多。大型雄蟹常停留在较深的海区，即使到浅海也较晚；夏季，以中小型雌、雄蟹较多；秋末冬初，则逐渐移居 10～30 米的泥沙海底越冬，称越冬洄游。在生殖洄游或越冬洄游季节，常集群活动。因此，可以根据它的习性，采用不同网具，放置在不同深度进行捕捞。

　　三疣梭子蟹在海中非常活泼，它依靠末对步足的划动，向左、右或前方游动，但大部分是顺着海流游动，遇到障碍物或受惊时，即向后倒退或迅速潜入下层水中。

　　三疣梭子蟹，喜欢生活于沙质或泥沙质的海底。在海底，它用前3对步足之爪，左右爬行，缓慢行动。休息时，用末对步足掘沙，将自己埋伏起来，眼和触角露于沙外，或者隐藏在岩礁石中躲避敌害。幼蟹多栖息在潮间带的沙滩中，以退潮时能露出的沙滩为主。

在蜕壳时，常躲藏在岩石之下或海草之间，直到蜕壳完成，新壳变硬之后，才出来活动。它的色泽，与栖息环境相适应。凡是从沙底捕到的，颜色就深些。

三疣梭子蟹，性格凶猛，十分好斗，幼蟹已有明显的残食现象。因而，在人工养殖投饵时，要注意均匀分散，以免造成损伤。

三疣梭子蟹要求水质清洁，对温度、盐度的适应范围较广。在水温 12～18℃、盐度 16～35 的水域内，均能生存。生长适温为 17～30℃，人工育苗的最适水温为 22～27℃。生长良好的比重为 1.008～1.020，人工育苗最适宜的比重为 1.012～1.020。幼蟹之后，对海水盐度的适应性增强。当水温降到 10℃ 时，则移往深水处，潜入泥沙中越冬（表1-1），个体大的三疣梭子蟹，可潜沙 10 厘米。要求的其他水质指标为：溶氧要大于 4.8 毫克/升，小于 8 毫克/升；pH 7.8～8.6；透明度 30～40 厘米。

表1-1　低温下三疣梭子蟹的活动情况

（山东莱州养蟹池内观察）

水温(℃)	14	10	8	6	0	−1.5
摄食情况	摄食量开始下降	少数个体停止摄食	大部分个体停止摄食	不摄食	不摄食	不摄食
活动状况	活动正常	活动减弱	进入深水处很少活动	大部分个体潜沙休眠	潜沙休眠	部分个体开始冻死

三疣梭子蟹，具有一定的耐干能力，且在一定范围内，随着温度的升高而下降。体重 100 克左右的个体，在气温 20℃ 左右，露空 8 小时以上不死。而在 2～4℃ 温度下，露空 26 小时，成活率高达 87.8%。这为苗种干运和低温活蟹运输创造了有利的条

海水经济蟹类养殖技术

件。

二、食性

三疣梭子蟹属于底栖肉食性，主要是摄食双壳类贝类，其次为甲壳类、头足类、鱼类和腹足类，兼食多毛类、真蛇尾类和海葵（表1-2）。

表 1-2　渤海三疣梭子蟹的食物组成（%）

食物种类	占食物种类的尾数百分比	胃含物出现百分比
海葵	1.11	0.94
多毛类	0.74	2.83
腹足类幼体	17.04	10.38
双壳类幼体	21.48	30.19
贻贝幼体	1.85	0.94
竹蛏	0.74	0.94
其他双壳类	27.04	27.36
腹足类	2.59	0.94
壳蛞蝓	1.11	2.83
无壳侧鳃海牛	0.37	0.94
日本枪乌贼	4.81	11.32
双喙耳乌贼	1.48	2.83
绒螯细足蟹	0.74	0.94
其他短尾类	1.11	2.83
日本鼓虾	1.11	0.94
其他长尾类	0.37	0.94
其他甲壳类	8.52	18.87
真蛇尾类	0.74	0.94
鱼类	7.04	14.15

三疣梭子蟹的食物组成是随着时间而变化，最显著的差异在于双壳类，它的出现频率由 8 月的近 80％降低为 10 月的40％，摄食率由 8 月的 92.45％降低为 10 月的 10％（表 1-3）。

表 1-3 渤海三疣梭子蟹食物组成的季节变化（%）

食物种类	1992 年 8 月		1992 年 10 月	
	占食物种类的尾数百分比	胃含物出现百分比	占食物种类的尾数百分比	胃含物出现百分比
海葵			2.63	1.89
多毛类	1.28	5.66		
腹足类幼体	29.49	20.75	6.41	1.89
双壳类幼体	37.18	61.38		
贻贝幼体	3.21	1.89		
竹蛏			1.75	1.89
其他双壳类	7.69	15.09	53.51	39.62
壳蛞蝓			2.63	5.66
无壳侧鳃海牛			0.88	1.89
日本枪乌贼			11.4	22.64
双喙耳乌贼			3.51	5.66
绒螯细足蟹	1.28	1.89		
其他短尾类	1.28	3.77	0.88	1.89
日本鼓虾			2.63	1.89
其他长尾类			0.88	1.89
其他甲壳类	12.81	32.08	3.51	5.66
真蛇尾类			1.75	1.89
鱼类	6.41	13.21	7.89	15.09

注：表内是平均值，包括雌、雄蟹在内。

由于三疣梭子蟹有昼伏夜出的习性，因此，夜间比清晨摄食量要高些。再就是，其摄食与水温有密切关系，当水温为15.5～

20.6℃时，摄食强度大；当水温低于 14℃，摄食量开始减少；当水温低于 8℃时，则不摄食（表1-1）。

三、蜕壳与生长

三疣梭子蟹与所有甲壳动物一样，都要进行蜕壳（蜕皮）。其从溞状幼体、大眼幼体、幼蟹至成蟹，要经过许多次蜕壳（蜕皮）。蜕壳不仅是发育变态的标志，也是个体生长的重要阶段。由于三疣梭子蟹的甲壳伸展性差，不能随着身体的长大而增大，因此，生长必须蜕壳。一般年幼的三疣梭子蟹，蜕壳间隔较短。随着个体的增长，其间隔时间则拉长。此外，蜕壳还与形态的改变、断肢的再生以及交配等活动有关。

（一）蜕壳的分类

三疣梭子蟹一生中，约需经过 23 次或 24 次蜕壳。大致可分为变态蜕壳、生长蜕壳和交尾蜕壳等。

1. **变态蜕壳** 幼体从卵子孵出后，要经过 6~7 次蜕壳，才能完成各个不同的发育阶段。每蜕一次壳，形态都有不同的变化，直至变成仔蟹，称为变态蜕壳。

2. **生长蜕壳** 仔蟹经过 17 次蜕壳，身体不断增长，称为生长蜕壳，但形态没有明显的变化。

3. **交尾蜕壳** 雌蟹性成熟时，进行蜕壳。此时，雄蟹与其交尾，交尾后雌蟹一般不再蜕壳，称为交尾蜕壳。

（二）蜕壳前的征兆

三疣梭子蟹在蜕壳之前，游泳足最末两节之间出现一条白色线纹，3~4 天内还会出现一条红色线纹。出现以上征兆后几小时即开始蜕壳。头胸甲后缘与躯体之间出现裂缝，头胸甲向上抬起，裂缝越来越大，新的柔软躯体逐渐蜕出（图1-5）。额部和螯足各节大小差异较大，关节宽窄也不同，所以蜕出较困难。

在正常的情况下，三疣梭子蟹的整个蜕壳过程，仅需 15 分钟；若在蜕壳过程中受到惊扰，或在蜕壳前受过伤，则蜕壳时间

图 1-5 三疣梭子蟹蜕壳的程序

1. 在蜕壳初期，最后两对步足已露出在旧壳之外
2. 头胸部的后半部已露在了旧壳之外，这时，侧刺向前弯
3. 身体大部分已退出旧壳，只剩额部及螯足尚未露出
4. 只有螯足尚未完全退出，侧刺已向左右伸直
5. 蜕壳已完成，身体比旧壳大了一些

(沈嘉瑞等，1976)

可延长到 45 分钟至 1 小时，甚至发生障碍引起死亡。

　　刚蜕壳出的蟹体，甲壳很软，很快吸水膨胀，把原先有皱纹的头胸甲胀开，两侧刺也由弯曲变得向两侧伸直。经几分钟之后，身体渐渐坚硬，色彩也鲜明起来。12 小时内新壳还呈柔软状态，2~3 天后才完全硬化。

（三）生长

　　三疣梭子蟹的生长，是伴随着蜕壳而进行的。每蜕一次壳，体宽可增加 30%，体重可增加 50%～100%（表 1-4、表 1-5）。
三疣梭子蟹的生长测量为：

表 1-4　三疣梭子蟹蜕壳与增长、增重

（八家刚，1968—1969）

蜕壳龄期	全甲宽		湿重	
	毫米	增加（%）	克	增加（%）
C_1	4.00			
C_2	6.30	58		
C_3	7.30	16		
C_4	12.00	64		
C_5	16.50	38		
C_6	21.50	30		
C_7	30.00	40	1.5	
C_8	40.50	35	3.70	147
C_9	53.50	32	8.5	129
C_{10}	68.50	28	18.5	118
C_{11}	90.00	32	45.0	143
C_{12}	110.00	22	90.0	100
C_{13}	133.00	21	155.0	72
C_{14}	155.00	17	235.0	52
C_{15}	180.00	16	355.0	51
C_{16}	203.00	13	500.0	41
C_{17}	≥210.00		≥550.0	

全甲宽：成体型，三疣梭子蟹头胸甲两侧棘尖端间的直线距
离。

甲宽：成体型，三疣梭子蟹头胸甲两侧棘基部前缘间的直线

距离。

雄：甲宽（毫米）＝0.801×全甲宽（毫米）－0.120。

雌：甲宽（毫米）＝0.793×全甲宽（毫米）－0.029。

全甲长：从大眼幼体的额角尖端至头胸甲后缘中央的直线距离。

甲长：从两眼窝后缘连接的直线中央（大眼幼体）或自头胸甲额域前缘中央（成体型）至头胸甲后缘中央的直线距离。

我国渤海梭子蟹在室内培育条件下，自5月底前后第一批幼体孵出，在水温20～30℃的条件下，经幼体、幼蟹阶段，到8月底前后即陆续成熟。在此时期内，雄蟹蜕壳8～10次，成熟个体体重达55.5～170.4克；雌蟹蜕壳9～10次，成熟个体体重达83.0～176.9克。从池内各期幼蟹群体抽样测定的结果分析，三疣梭子蟹的甲长与甲宽、甲长与体重和甲宽与体重之间存在幂函数的关系。

甲长 L、甲宽 B 与体重 W 之间函数关系的回归方程为：

$$B = 1.7\,556L^{1.0\,529}$$

$$W = 3.2\,564 \times 10^{-4}L^{3.1\,347}$$

$$W = 6.1\,507 \times 10^{-5}B^{2.9\,748}$$

式中　L、B——以毫米为单位；

　　　W——以克为单位。

交尾后的雌蟹，当年不再蜕壳，翌年产卵繁殖后，继续蜕壳生长。秋末可达18厘米以上，体重300克以上，最大的可达500克以上。雌蟹有越过第三个年头，再进行产卵者。雄蟹在第二年交尾后，则大部分死亡。

应当指出，并非所有的蜕壳都能增长和增重，尤其在人工养殖条件下，人为的刺激或饲喂蜕壳激素，可以刺激蜕壳，但因体内营养物质积累不足，蜕壳后体重反而下降。

三疣梭子蟹的生长，因水温和饵料条件而有较大差别。其生长情况见表1-5。

表 1-5　三疣梭子蟹的生长状况

蜕皮期	甲壳宽（毫米）			湿重（$Z \sim M$，毫克；$C_1 \sim C_{17}$，克）		
	岳库水产试验场	山口内海水产试验场	八冢刚	岳库水产试验场	山口内海水产试验场	八冢刚
Z_1	0.61			0.097		
Z_2	0.71			0.134		
Z_3	0.91			0.50		
Z_4	1.25			1.06		
Z_5						
M	1.38			3.43		
C_1	4.20	5.00	4.00	0.009	0.007	
C_2	6.90	7.70	6.30	0.021	0.028	
C_3	11.40	12.50	7.30	0.069	0.095	
C_4	15.30	17.30	12.00	0.193	0.290	
C_5		23.50	16.50		0.83	
C_6		32.80	21.50		2.22	
C_7		44.50	30.00		5.40	1.50
C_8		59.00	40.50		12.00	3.70
C_9		76.70	53.50		26.00	8.50
C_{10}		97.70	68.50		53.00	18.50
C_{11}		122.00	90.00		103.00	45.00
C_{12}		150.00	110.00		190.00	90.00
C_{13}		182.00	133.00		330.00	155.00
C_{14}		218.00	155.00		550.00	235.00
C_{15}		257.00	180.00		900.00	355.00
C_{16}			203.00			500.00
C_{17}			>210.00			>550.00

注：表内是平均值，包括雌、雄蟹在内。

三疣梭子蟹的螯足、步足，在受到强烈刺激、机械损伤或蜕壳受阻时，常会发生丢弃其足的自切现象。但足切后还可以再生，在足切后一周内，其基节的自切面上长出肢芽，2～3 周后肢芽发生分节。当蟹蜕壳后，肢芽蜕去几丁质囊，形成新足。

四、繁殖习性

(一) 三疣梭子蟹的性腺发育与成熟

三疣梭子蟹卵巢一对，自体中央部分别向后延伸，覆盖其他脏器，并深埋于头胸甲前部的腔部。其发育可分为以下六期，即：

Ⅰ期：幼蟹交尾之前，腹部呈三角形，卵巢未发育。

Ⅱ期：已交尾，卵巢开始发育，呈乳白色细带状。

Ⅲ期：卵巢呈淡色或橘黄色，带状。

Ⅳ期：卵巢发达，呈橘红色，扩展到头胸甲的两侧。

Ⅴ期：卵巢发达，呈橘红色，卵产出后于腹部抱卵。

Ⅵ期：卵巢退化，腹部抱卵。

据仓田博等人研究，根据卵巢对体重的重量比的季节变化来推测，在濑户内海的三疣梭子蟹，其卵巢大约在 10 月份开始发育，此时期的性腺指数为 3% 多一些；到 11 月中旬则达到 5%；冬季将继续发育，3 月中旬为 11%；至 5 月上旬进入产卵期时达 14%；临产前超过 15%（性腺指数为卵巢重/甲长的立方 × 10^5）。

产 2～3 次卵的雌蟹，在每次产卵之后，可以看到卵巢迅速发育的现象。

(二) 交尾

三疣梭子蟹，雌蟹经第 12 次蜕壳，雄蟹经第 13 次蜕壳便可达到性成熟，这时的蜕壳称之为"成熟蜕壳"。经成熟蜕壳之后，可进行交尾。在天然海区中其最小型雌蟹，甲壳宽为 13 厘米、体重约 230 克；在人工养殖情况下，个体长达 12 厘米。

交尾季节，随着地区以及个体的年龄不同而不同。在黄海、渤海，4、5 月到初冬，凡是成熟的两性均可交尾。当年 5～6 月孵出的仔蟹，在 9 月中旬至 10 月下旬为交尾盛期，7 月孵出的仔蟹，到翌年春季为交尾盛期。浙江北部沿海，交配期在 7～11 月，盛期在 9～10 月。

在进行交尾活动时，雄蟹在雌蟹未蜕壳之前，追逐有时长达 10 天，一般持续 2～5 天，一旦雌蟹蜕壳即行交尾。待雌蟹刚蜕完壳，身体处于柔软状态，雄蟹就附于其上，用第 3、4 对步足将雌蟹抱住，此时雌蟹背部向下，步足收拢，腹部张开，雄蟹用交接器将精荚纳入雌蟹贮精囊内，整个交尾过程约需 2 小时到半天。交尾活动一般只 1 次，但也有经过 2 次才告终的。贮精囊内的精荚刚开始呈桃红色，随着雌蟹甲壳硬化，精荚逐渐硬化、缩小、褪色，最后在雌蟹贮精囊内部分，只能看到白色隆起。精子在贮精囊内一直贮存到翌年春季，再行受精作用，精子在贮精囊内保存 6～10 个月，仍可受精作用。

(三) 产卵与抱卵

三疣梭子蟹产卵的时间，因各地水温高低不同而不同。南方多在 4 月产卵。黄渤海区的三疣梭子蟹，在 5 月上、中旬开始产卵，5 月底 6 月初为产卵盛期。越冬亲蟹因水温较高，比自然海区还提早 1 个月，约在 3 月底、4 月初产卵。提早产卵时间与越冬水温有关，据有关资料介绍，从交尾到产卵的积温为 2 458℃ (以 0℃ 为基准)。水温越高，产卵的时间越早。

从个体大小来看，一般早期产卵多为甲壳宽 18 厘米以上大的个体，进入产卵盛期以后，则为中、小个体，产卵期可延至 9 月份。

当卵子通过输卵管排出时，与纳精囊内的精子相遇而受精。而后受精卵排出体外，黏附于腹肢内肢的刚毛上，通过不断煽动腹部，并用螯足梳理卵块，使其不断接触新鲜海水直至孵出，此过程就叫抱卵。刚抱卵的雌蟹，白天仍将身体埋在沙中，随着胚胎的发育，潜沙次数越来越少，快到孵出之前，几乎不再潜沙。

三疣梭子蟹抱卵的数量，依雌蟹个体大小而不同。一般抱卵量为 80 万～450 万粒。甲壳宽 17.3 厘米的雌蟹，抱卵量约为 110 万粒；甲壳宽 27.8 厘米的雌蟹，抱卵量约为 500 万粒。

第一次产卵孵化后，经 12～20 天暂养，又可进行第二次产卵。个体小的雌蟹，一般产卵 2 次，而个体大的雌蟹，可连续产卵 3～4 次，个别可产卵 5 次。其间雌蟹不蜕壳，也不重新交配。每次产卵的数量，有逐渐减少的趋势。

三疣梭子蟹产卵场，盐度为 28.9～30.7，底质为沙质底。产卵活动多在半夜进行。

(四) 卵子的发育

刚产出卵块的颜色为浅黄色，以后逐渐变为橘黄、橙黄、茶褐、褐色和紫黑色 (表 1-6)。颜色由浅变深，是由于胚胎出现色素和眼点。通过观察颜色的变化，可推断孵化时间，更可靠的是通过镜检，计算心跳次数，确定胚胎发育的时间。应注意，已充分发育的胚胎，易随着环境的影响而发生卵块放散或脱落，即"流产"现象。

表 1-6　三疣梭子蟹胚胎发育特征及孵化时间

期　别	镜检胚胎发育特征	孵化时间 (小时)
受精卵卵裂前期	卵排出后，并不立即进行卵裂，而是存在一段长约 52 小时的卵裂前时期	
卵裂	多黄卵，卵裂方式为表面卵裂。卵排出后约 52 小时开始第 1 次卵裂，卵裂沟呈"S"形，并排于卵的一端，而将卵区分为不等的两部分。卵裂继续进行，经 16、32、64、128、256 细胞期，进入囊胚期	52
囊胚期	囊胚期，卵表面呈均匀、致密状态，卵裂沟及卵裂块消失，看不出任何块状结构。囊胚后期，首次出现完整、独立的细胞。原肠作用部位呈透明状，周围具数个锥状突起，即预定内胚层细胞。预定内胚层细胞共 16 个，排成一圈，成倒喇叭状。其他部位的细胞，逐渐向此处集中。整个囊胚期约持续 56 小时	192

(续)

期 别	镜检胚胎发育特征	孵化时间 (小时)
原肠期	预定内胚层细胞与部分集中过来的细胞一起逐渐内陷，形成原肠和原口。随胚胎发育，胚区细胞不断地分裂，产生4个相距较近的细胞团突起，即上部的2个视叶原基和近原口处的2个胸腹原基；在头部附肢原基发生前，1对胸腹原基逐渐愈合，形成胸腹突。胚胎进一步发育，原肠及原口被胸腹突细胞覆盖。在视叶与胸腹突之间，大颚基首先发生，大触角原基在大颚基与视叶原基之间随后出现，靠近大颚基而远离视叶原基，胚胎外观突起共有1对视叶原基、1对大触角原基、1对大颚原基和愈合的胸腹突	248
膜内无节幼体	视叶原基、小触角原基、大触角原基及大颚原基随细胞分裂不断增大，形成视叶、小触角、大触角及大颚，但尚未出现分节现象	296
膜内溞状幼体	复眼发生，刚出现时为排列成弧行的数列短棒状结构组成，随后发育成月牙形，最后发育成椭圆形，颜色由黄褐色逐渐变为黑色。附肢7对，分别为小触角、大触角、大颚、第1小颚、第2小颚、第1颚足、第2颚足。卵黄囊蝶状。色素细胞处呈短棒状，后发育为星芒状；心脏囊状，心跳逐渐加快。孵出前，膜内溞状幼体附肢先收缩性颤动，后整个胚胎都能收缩性颤动。最后破膜而出，成溞状幼体1期	488

　　据有关材料介绍，三疣梭子蟹的整个胚胎发育过程在水温12～19.8℃、盐度20～25的条件下，约需680小时。卵排出约52小时后开始表面卵裂，至256小时，细胞进入囊胚期。囊胚后期内胚层细胞出现并与集中在其周围的其他细胞一起内陷，形成原肠。胚胎发育到后期，具3对附肢的卵内无节幼体与具7对附肢的卵内溞状幼体依次出现。复眼、心脏和色素细胞均在卵内溞体阶段产生（图1-6）。孵化前2天的胚胎离体后能正常发育、孵化（表1-6）。

　　为了防止亲蟹"流产"，在采捕或运输中，不能干露时间过

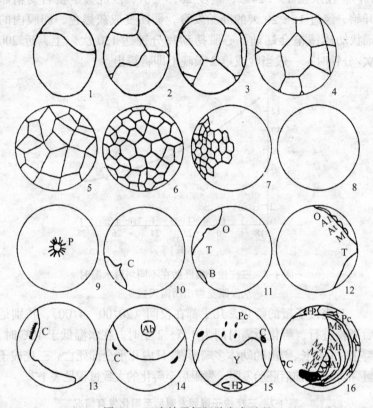

图1-6　三疣梭子蟹胚胎发育过程

1~7. 2~128细胞期　8. 囊胚期　9. 预定内胚层细胞　10. 原肠形成期

11. 视叶和胸腹突　12. 卵内无节幼体　13~16. 卵内溞状幼体

Ab. 腹部　A1. 小触角　At. 大触角　B. 胚孔　C. 复眼　G. 原肠

H. 心脏　M. 大颚　Mf. 第一颚足　Ms. 第二颚足　Mu. 第一小颚　Mx. 第二小颚

O. 视叶　P. 预定内胚层细胞　Pc. 色素细胞　T. 胸腹突　Y. 卵黄囊

长，并避免盐度及水温的急剧变化，保持培育环境的稳定与良好。

（五）孵化

三疣梭子蟹从抱卵到孵化，孵化的速度与水温密切相关（图

1-7）。在水温 19～24℃、盐度 28.5～31，三疣梭子蟹自受精卵开始，经过 15～20 天的胚胎发育，卵团变成灰黑色，卵膜内的溞状幼体镜检会蠕动，心脏搏动每分钟达 130 次以上，近 200 次/分钟时，一般当晚或第 2 天晚上即将孵出。

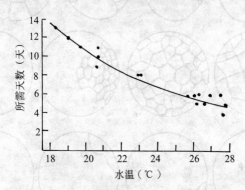

图 1-7　三疣梭子蟹胚胎在不同培育水温时
从发眼至孵出所需天数

　　三疣梭子蟹的孵化，几乎都在夜间（20:00～4:00），特别是后半夜进行，孵化所需时间为 1.5～2 小时。在水温低于 10℃ 时，孵化时间延长，孵出的幼体多畸形，数日内几乎全部死亡。三疣梭子蟹，抱卵 8 天前后胚胎发眼。发眼后至孵化的大致过程见表 1-7。

表 1-7　三疣梭子蟹卵发眼后至孵化发育情况

天　数	发　育　特　点
第 1 天	出现褐色丝状眼点
第 2 天	眼点明显
第 3 天	腹部及其他部位出现色素
第 4 天	色素明显，卵黄开始被吸收，出现缓慢心跳
第 5 天	心跳规则，每分钟 60～70 次
第 6 天	卵黄明显被吸收，心跳每分钟 100 次左右
第 7 天	卵黄几乎全部被吸收，心跳每分钟 130 次以上，前头棘呈现淡紫色
第 8 天	幼体孵出

（六）幼体发育

1. **溞状幼体**（用Z表示）　三疣梭子蟹从卵孵出后，即进入溞状幼体期（用Z表示），溞状幼体一般分为4期。但由于受低温或饵料不适等环境条件的影响，也可能变为5、6期，这是发育期延长的表现。在发育正常的情况下，当水温为22～25℃时，每3天蜕皮1次。其中溞状幼体阶段为10～12天，变态为大眼幼体后，再经5～6天蜕皮，变态为幼蟹。

溞状幼体身体分为头胸部和腹部（图1-8），头胸部较宽，被以头胸甲。甲壳表面有许多棘状突起，具一前额刺和一枚较长的背刺，两枚短侧棘。头胸部前方有一对复眼。腹部细长，早期分6节，后期7节，第2、3节每节中部两侧各具一侧刺。尾叉侧背面具两对刺，内侧缘具刺形刚毛，各期数目不同。第1、2对颚足外肢末端刚毛呈羽状，刚毛数为各期幼体的分期依据（表1-8、图1-8）。溞状幼体以发达的第一、二颚足为主要运动器官，营浮游生活。

表 1-8　三疣梭子蟹溞状幼体各期的特征

溞状幼体（Z）		Z_1	Z_2	Z_3	Z_4	Z_5
体长（毫米）		1.13～1.30	1.83～1.94	2.33～2.43	2.58～2.69	2.80～3.26
颚足外肢刚毛数	第1颚足	4	6	8	10	12
	第2颚足	4	6	8	10（9～11）	12（12～14）
第2腹肢原基	第4期发育个体	无	无	短于腹节的1/2	长于腹节的1/2	
	第5期发育个体	无	无	小瘤状	短于腹节的1/2	长于腹节的1/2
第6腹节		愈合	愈合	分节	分节	分节
眼柄		愈合	分离	分离	分离	分离

2. **大眼幼体**（用 M 表示） 体长约 3.72～4.05 毫米，体扁平，头胸甲前具一额刺，后缘两侧各具一后下刺，眼柄伸长，腹部 7 节，尾叉消失，已具螯足。大眼幼体，可用发达的步足匍匐于水底或借助腹部的羽状附肢进行活泼的游泳。

3. **仔蟹**（用 C 表示） 已初具蟹形，其形态与成蟹基本相

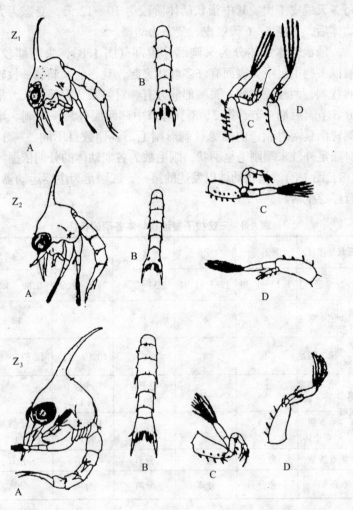

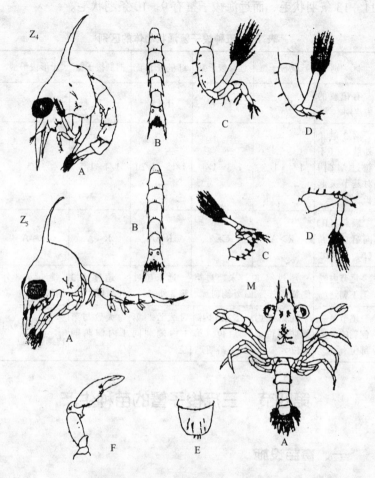

图 1-8　三疣梭子蟹各期幼体的外形

似，也与成蟹一样栖息于水底或游动。

梭子蟹属的种类很多，各种溞状幼体的鉴别，对于增养殖非常重要。在种的特征上，主要的区别是额刺、第 2 触角基节突起与其外肢长度的相对关系（表 1-9）。在大眼幼体期，头胸甲达2.1 毫米以上时，尾肢外肢的羽状毛数目不同。三疣梭子蟹有

11～13条羽状毛，而远海梭子蟹有9～10条羽状毛。

表1-9　五种梭子蟹溞状幼体的区别

区　别	三疣梭子蟹	远海梭子蟹	红星梭子蟹	拥剑梭子蟹	矛形梭子蟹
有记载的蜕皮期	1～5	1～4	1～4	1	1
第2触角外肢长（不超过端刺）对基节突起长之比	1/4～1/5	1/3～1/4	1/15～1/20	1/4～1/5	1/5
额刺（R）同第2触角（A）长度比	R＞A	R＞A	R＞A	R＜A	R≈A
尾节内侧第1刺	超过第3侧刺	未超过第3外侧刺	远未超过第3外侧刺	超过第3外侧刺	超过第3外侧刺
尾节第一侧刺的生长部位	同第1内侧刺同位或前位	比第1内侧刺后位（第2～4龄期）	大致与第1内侧刺同位	大致与第1内侧刺同位	大致与第1内侧刺同位

第四节　三疣梭子蟹的苗种生产

一、育苗设施

（一）育苗室

育苗池、饵料培养室、供水、充气、增温、水质分析及生物监测室等设施，基本上与对虾、中华绒螯蟹育苗相同。但培育池以20～30米^{3}水体为佳。

（二）亲蟹培育池

以长方形为宜，内设双重底沙床，沙厚10厘米以上，池水连续充气，日换水量在 50%～200%，每周冲洗沙 1 次。饵料台设置在近排水管 1/4 处（此处不设沙床）。池上设有遮光罩，透光率 5%（即光照强度为 500 勒克斯以下）。

(三) 附着器

以绿色塑料线为材料编制成的羽毛状人工海草，长 1.8 米左右；也可用棕绳等编制的贝类附着器。幼体培育中，还可用网片制成防残网，网片一般为 20 目的纱窗网或蚊帐网等。幅宽一般 1 米，长度可与育苗池的大小相适应，一般 1～4 米。投放数量可根据育苗池内幼体密度大小而增减，一般每立方米水体中投放 0.5～1 米^2 的防残网片，投放时间最好安排在大眼幼体即将变态之前投放。

二、亲蟹准备

(一) 亲蟹的来源

亲蟹的来源，大致有以下几种：①春季产卵季节采捕未产的抱卵雌蟹，也可采捕已产卵的抱卵雌蟹；②秋末冬初收购已交尾的雌蟹，经越冬培育后备用；③春季产卵期之前 1～2 个月收购的雌蟹，在室内经强化培育，促使其提早产卵；④选用人工育成个体大的、无损伤、无病害、无畸形的蟹进行越冬备用。

(二) 亲蟹的选择

亲蟹选择的标准应遵循以下 4 条原则：①亲蟹无病，无外伤，附肢完整，体表光滑，不沾污物；活力良好；②卵块的轮廓、形状完整无缺损；③胚体尚未十分发育，卵色为淡黄或橘黄色，色调鲜明；④卵块大，抱卵亲蟹个体重量最好在 300 克以上，不宜选用小于 200 克的抱卵个体。

(三) 亲蟹的运输

亲蟹的运输应避免日光直射，抱卵亲蟹不能离水太久，运输前先用橡皮筋将螯足绑住，以防运输途中互相角逐致伤。运输方法有两种：

1．干运法

（1）在干法运输中，适应短途少量运输的方法是，用海水将纱布或纸浸湿，把蟹包起来，放在厚纸箱中运输。

（2）用0.41米×0.23米×0.28米的泡沫塑料箱，每箱排放亲蟹10～30只，内装木屑填衬，并适当放入冰块，保持箱内3.8～12.8℃的低温，经运输3小时，成活率可达70％以上。

2．湿运法

（1）用0.85米×0.90米×0.35米的泡沫塑料箱，内衬塑料薄膜，装水0.25米，充氧密封，每箱可装亲蟹10～20千克，经运输4～5小时，成活率可达95％～100％。

（2）在有条件的地方，可放在活水舱中运输。在活水舱中运输，由于海水交换好，可以保持适宜的水质，因此亲蟹死亡率低。但运输的时间拖长，且成本高，这是其不利之处（表1-10）。

表 1-10　三疣梭子蟹亲蟹运输方法及死亡率

（仓田博等）

运　输　方　法	所需时间（小时）	次数（次）	一次运输量		平均死亡率（％）
			尾数（尾）	重量（千克）	
专用运输箱（250升）	0.5	2	4	1.5	0
专用运输箱（250升）	1.5	3	10～14	3～4	0
专用运输箱（250升）	4.0	7	6～56	3.2～23	5.6
专用运输箱（250升）	4.5	4	8～24	3.5～10.5	0
波纹板纸箱（填充锯末）	2.0	2	3～9		27.8
波纹板纸箱（填充锯末）	3.0	2	10～16		28.2
波纹板纸箱（填充锯末）	9.0	1	34		26.5
船的活水舱	7.0	1	10		0

（3）也可用帆布桶或篓，盛水、充氧运输。

（四）亲蟹培育池的准备

亲蟹培育池，可为小型水泥池、土池，也可为玻璃钢水槽。目前，生产中多用对虾或河蟹育苗池。池内应设有进排水或充气装置。水池或水槽底部，除在排水口附近用砖隔出一块 30％ 面积的投饵台外，其他地方均应铺设 10 厘米厚的沙床。池内还应设置隐蔽物，以利于亲蟹生长发育。为抑制沙床上硅藻的繁殖，水槽还须遮光，使光照强度适当减弱，光照强度最好控制在 500 勒克斯以下，即透光率小于 5％。

在亲蟹入池之前，应对亲蟹培育池进行严格清洗、消毒。消毒的方法，可用每立方米水体加 10 克高锰酸钾，消毒 30 分钟；或每立方米水体加 400 毫升的福尔马林，药浴消毒 5 分钟；也可用每立方米水体加 200～400 克漂白粉溶液，浸泡 24 小时，之后用硫代硫酸钠（$Na_2S_2O_3$）中和余氯。

（五）亲蟹入池

1. **亲蟹入池**　亲蟹运回后，应尽快入池。在入池之前，使用每立方米水体 400 毫升的福尔马林溶液药浴 5 分钟，以杀灭亲蟹体表及卵群的附着物；然后用细绳或铁丝如图 1-9 绑好，以便观察时可用一带长柄的铁钩钩起；称重、编号；解掉橡皮筋，放

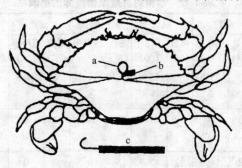

图 1-9　亲蟹在池中暂养时的标志及自水中的提取方法

a. 上提用环　b. 标志牌　c. 上提用钩蟹潜伏沙中，环与
标志牌仍能露出水面，便于识别个体和自水中提取

入培育池内培养。

2. 注意事项 在亲蟹入池时应注意水温温差要小于5℃；盐度也不能相差太大，一般为3~5；放养密度为每平方米3~5只。

仓田博的试验表明，亲蟹培育池池底铺沙比不铺沙（表1-11），雄蟹混养比例高比仅放养雌蟹，雌蟹产卵率呈高的趋势（表1-12）。在有铺沙的池子中，蟹可潜伏其中，避免不必要的刺激，起到安全产卵的作用。但是，试验所用的雌蟹全是交尾过的个体，培育过程中是不需要重新交尾的。因此，混养雄蟹对于雌蟹产卵起什么作用，此机理尚不清楚。从表1-11还可看出，

表1-11 池底底质对培育亲蟹产卵的影响

有无底沙	性别	试验尾数（尾）	死亡尾数（尾）	死亡率（%）	成活尾数（尾）	成活率（%）	抱卵尾数（尾）	抱卵率（%）	流产尾数（尾）	流产率（%）	不抱卵尾数（尾）	不抱卵率（%）
有	雌	51	0	0	51	100	32	62.8	4	7.8	15	29.4
	雄	7	7	100	0	0						
无	雌	17	0	0	17	100	1	5.9	4	23.5	12	70.6
	雄	5	3	60	2	40						

表1-12 雄蟹对育成亲蟹产卵的影响

试验组别	性别	试验尾数（尾）	死亡尾数（尾）	死亡率（%）	成活尾数（尾）	成活率（%）	抱卵尾数（尾）	抱卵率（%）	流产尾数（尾）	流产率（%）	不抱卵尾数（尾）	不抱卵率（%）
1	雌	12	3	25.0	9	75.0	1	11.1	4	44.5	4	44.5
	雄	0										
2	雌	17	0	0	17	10	11	64.7	0	0	6	35.3
	雄	4	0	0	4							
3	雌	14	2	14.3	12	85.7	8	66.7	0	0	4	33.3
	雄	6	0	0	6	100						
4	雌	15	2	13.3	13	86.7	12	92.3	0	0	1	7.7
	雄	10	0	0	10	100						

在无铺沙的池子中，第1批抱卵孵化后，继续蓄养下去，未见第2批抱卵；而在铺沙的池子中，第1批卵孵出后7～10天，就开始产第2批卵。为提高雌蟹的获产率，在池底铺沙的同时，还应放入适量的雄蟹。

（六）**亲蟹培育管理**

1. **加强水质管理** 采用换水、流水乃至充气的方法，使水质保持良好状态。

（1）**水温调控** 亲蟹入池后，在自然水温下稳定1～2天，然后缓慢升温。根据生产需要，先后把水温升至18～22℃进行恒温培育。在升温过程中，日升温应控制在0.5～1℃。岩本哲二（1983）认为：从产卵到孵化需要16～22天，以0℃为基准的累积水温在340～390度·日范围，才能正常孵化。如抱卵期持续低温，累积水温增至420度·日以上时，则容易出现亲蟹死亡、卵子脱落、孵化出的幼体虚弱等现象。如水温环境变化过激，易出现较高的流产率。一般从发眼至孵化，当水温为20.0～23.8℃时，需7天；当水温为23.2～25.7℃时，需6天；所以水温以控制在22～25℃为宜。当胚胎发育到后期膜内原溞状幼体，额角基部出现紫色斑点，水温在21.4～22.8℃时，第2天晚即可孵出。

（2）**换水、控制盐度、pH及清除残饵** 每天换水量为50%～200%；溶氧量保持在5毫克/升以上；盐度为20～30；pH为7.8～8.6。底部沙层常因残饵及排泄物的堆积、腐败，形成还原层，变黑，引起底层水缺氧，应每1～2周洗沙1次，减少污染。池底的沙不要铺平，做成小沙堆状，使表层经常保持氧化状态。

2. **饵料投喂** 亲蟹的饵料，以鲜活贝类、沙蚕、小型虾蟹类、糠虾类、小杂鱼等为主，以蛤类、沙蚕最好。投饵量为亲蟹体重的5%～10%，实际投喂时，要看残饵的多寡酌情调整投饵量。一天分2次投喂，傍晚应多一些。

3. **病害防治**　在亲蟹培育期间，为防止重金属离子对胚胎的不良影响，应始终使池水内螯合剂（EDTA）钠盐的浓度保持在每立方米水体为 3～5 克。细菌病的防治，可交替使用抗生素，例如每立方米水体加 1 克土霉素，或每立方米水体加 1 克痢特灵等。

寄生性纤毛虫病，使用每立方米水体加 30 毫升福尔马林全池泼洒，可以有效地预防。

4. **日常观察**　亲蟹培育期间，应经常检查亲蟹产卵情况和胚胎发育状况（见三疣梭子蟹繁殖习性部分）。

三、孵化

目前在育苗生产中，孵化池多直接设在幼体培育池中（其设施、准备工作见幼体培育，都雷同于对虾、河蟹幼体培育池）。

孵化过程，见三疣梭子蟹繁殖习性部分，大致情况是：从抱卵到孵化，在水温 18～28℃ 范围内，水温越高，孵化时间越短，以 0℃ 为基准，积温 340～390℃，大致需 15～20 天。卵群色泽变化依次为：淡黄──→橘黄──→橙黄──→茶褐──→褐色──→灰褐色──→紫黑色。当梭子蟹卵块呈紫黑色，心跳 200 次/分钟时，一般当晚或第 2 天即将孵出。

孵出时间多发生在清晨或午前，中午也有个别零星孵出的，但多不正常。

水温的高低，影响其发育速度和是否正常发育。在水温低于 10℃ 左右，孵化的时间长，孵出的幼体多为畸形，在数日内几乎全部死亡。由于各种原因，往往刚孵出的幼体发生异常现象，即孵出的幼体几乎不能游泳或虽游泳，不久即沉底死亡；也有的幼体刚孵出时是正常的，但经 1～2 天后死亡。有人认为，溞状幼体的头胸甲上的背棘为钩状的，大致在 24 小时内死亡。因此，要获得正常孵化的幼体，必须要有适宜水温，并要考虑到亲蟹的体质状况及环境的影响。在孵化过程中要充分充气，在孵化后立即镜检，如发现有畸形或死亡过多，应立即舍去。溞状幼体初期趋光性强，亦可从趋光性强弱来区分强壮程度。

四、幼体培育

（一）培育设施

三疣梭子蟹幼体培育，多采用水泥池或水槽，室内、室外皆可，但如为室内池，屋顶需用透明材料，如玻璃或玻璃钢瓦等。每个水泥池或水槽的容积为 $20\sim60$ 米^3，水深 $1.0\sim1.5$ 米为宜，形状以长方形为好。水池应设有进排水、滤水、充气等装置，并视当地水温情况，确定是否附设增温设施。池底要有较大的坡度，一般为 $1.5\%\sim3.0\%$。排水底阀应足够大，直径一般在 $6.5\sim15$ 厘米，以利蟹苗出池。有的地区也曾用土池进行幼体培育，有的培育到溞状幼体末期，即以灯光诱捕的方法，移入水泥池，继续完成大眼幼体的培育。目前，国内沿海各地大都利用对虾、河蟹育苗设施，进行梭子蟹人工育苗生产。

在三疣梭子蟹育苗设施中，除幼体培育池外，还应设有一定比例的单胞藻培养池、轮虫培养池和卤虫孵化池等，4 种池子水体的比例大致为 1∶0.2∶0.1∶0.1。最好设有预热池，幼体培育池与预热池水体的比例为 5∶1，以保证换水温度的需要。

（二）消毒与水质处理

消毒，包括育苗池的清理及育苗池、育苗用水的消毒。凡新建的水泥池，因碱性很强，会影响幼体发育，需用水浸泡 1 个月左右。如时间紧张，则采取加入少量工业盐酸的方法，可缩短浸泡时间。水泥池在育苗前，应用每立方米水体加 20 克的高锰酸钾洗刷池底和池壁。

病害，对幼体培育的影响很大。海水中的病菌、寄生虫及幼鱼虾都对幼体构成危害。因此，育苗用水须进行处理。较为简便的是用滤网过滤，可除去部分敌害生物。在育苗前期，过滤时可用 150 目筛绢网。在大眼幼体期间，可用 80 目筛绢网。采用沙滤过滤海水的方法，可阻止微生物、有机碎屑通过，效果较为理想。采用化学方法消毒，最为彻底。一般向育苗用水中加入 120～150 克/米^3 水体，含有效氯 8%～10% 的次氯酸钠溶液消毒，12 小时后再加入适量的硫代硫酸钠消除余氯。由于硫代硫酸钠会消耗水中的溶解氧，因此，除氯后需向水中充气。

（三）培育用水的调控

幼体收集前后，进行培育用水的生态调控，是保持水环境稳定的关键。方法是：在幼体收集前 2 日，注入过滤海水为育苗池内有效水体的 60%，加入螯合剂（EDTA）钠盐 3～5 克/米^3 水体。并加入小球藻 40 万个/毫升，扁藻、小硅藻各 2 万个/毫升及部分角毛藻，轮虫 3～5 个/毫升。水温控制在 22～25℃。幼体收集后根据观测，调控在上述范围内，并在特殊发育阶段做必要的调整，以满足幼体生长、发育、变态的需要。

（四）幼体质量的鉴别及收集

并不是所有抱卵的亲蟹，都能顺利地进行孵化。有时环境突变或恶化，会使抱卵的雌蟹突然"流产"，即雌蟹将卵块用螯足梳理掉。同样，能孵化的幼体，也有质量上的差异（表 1-13）。

表 1-13　三疣梭子蟹孵化幼体的等级

等级	活力	集群	下沉个体	镜检形态	在水槽中分布	备注
1 等	良好	能力强	无	正常	表层	收集
2 等	好	能力弱	无	正常	上层	收集
3 等	较好	能力很弱	部分	部分个体异常	中层	选育
4 等	缓动	不集群	大部分	异常	中下层	不收集
5 等	弱	不集群	全部	异常	下层	不收集
6 等	不动	不集群	全部	异常	底	不收集

弱的幼体，难以培育。因此，在培育幼体之前，必须鉴别孵化幼体的质量，以决定取舍。

选优的方法是：将确定用于孵化的亲蟹，在傍晚投放于 1 米³ 水体的水槽中（1 只/槽），充气，水温控制在 22～25℃，投入轮虫 20 个/毫升，定时观察确定孵化时间。在孵化过程中，应防止盐度变化超过 ±3 和水温超过 25℃，否则孵化后畸形幼体比率增高。在孵化中，早晨水槽停止充气，旋转水槽内的水，使卵膜及刚毛等脏物下沉堆积，健康幼体则浮于上层，用虹吸法将上层幼体吸入已准备好的幼体培育池中培育，收集密度为 2 万～4 万尾/米³ 水体（表 1-14）。国内的生产性人工育苗多未经选优，直接在原池中进行幼体的孵化培育，密度一般在 10 万～20 万/米³ 水体。必须注意，一个池内应尽量选用同期孵出的幼体。

（五）幼体培育管理

幼体培育，是一项细致的工作，在幼体培育期间，主要应做好以下管理工作。

1. **饵料及投喂** 溞状幼体孵出后，立即开始从外界摄食。开始摄食的时间推迟半天，蜕皮的时间则会推迟 1 天，蜕皮率也会大幅度下降。因此，选择适宜的饵料，适时适量地进行投喂，是培育三疣梭子蟹幼体的一项关键的工作，应非常重视。

三疣梭子蟹幼体培育的饵料，应以生物饵料为主，研究表明，单细胞藻类、轮虫、桡足类、藤壶和牡蛎的卵或幼虫等，是培育溞状幼体的最佳饵料。但在生产过程中，如对生物饵料需要量大、饵料培养暂时脱节时，也可搭配使用人工饵料，如蛋黄、蛤、虾、贻贝、蚌等贝虾类的肉糜及高质量的配合饲料等。实践证明，混合饵料投喂比单一饵料投喂幼体的成活率高。

在三疣梭子蟹的幼体培育中，许多专家学者对幼体培育的饵料、投喂量、营养和摄食量等都做了大量深入细致的探讨和研究，并总结出了一套行之有效的饵料系列和配方，现摘要如下，以供广大水产养殖工作者参考。

表 1-14 孵化幼体放养密度与培育效率

单位名称	实验分组	孵化溞状幼体		第一龄期幼蟹		备注
		放养尾数（万尾）	放养密度（尾/升）	培育尾数（千尾）	成活率（%）	
山口县内海水产试验场（1976）	1	0.2	10	0.065	3.3	①200升圆形水池；②生产尾数中包括一部分大眼幼体
	2	0.4	20	0.210	5.3	
	3	0.6	30	0.163	2.7	
	4	0.8	40	0.233	2.9	
	5	1.0	50	0.011	0.1	
兵库县水产试验场（1976）	1	6	60	12	20.0	①1 000升玻璃纤维加强塑料水槽；②生产尾数中包括一部分第2龄期幼蟹
	2	6	60	13	21.6	
	3	4	40	10	25.0	
	4	7	70	5.5	7.8	
	5	7	70	10	14.2	
	6	8	80	8	10.0	
	7	8	80	10	12.5	
	8	3	30	15	50.0	
	9	3	30	15.2	50.6	
	10	5	50	15	30.0	
	11	5	50	10	20.0	
兵库县水产试验场（1977）	1	14	140	8	5.7	1 000升玻璃纤维加强塑料水槽
	2	15	150	5	3.0	
	3	16	160	13.2	8.2	
	4	21	210	3	1.4	

（1）高桥等（1978）的饵料系列 高桥等从三疣梭子蟹的溞状幼体开始，以轮虫、卤虫幼体为基础饵料，同时投喂蛤仔浸汁、酱油糟、海洋酵母等有机悬浮物，使大量培育幼蟹获得成功，最高成活率达50.6%（表1-15）。

表 1-15 培育三疣梭子蟹幼体的饵料系列

(1978)

单位名称	溞状幼体（Z）				大眼幼体（M）	幼蟹（C）
	Z_1	Z_2	Z_3	Z_4		
福井县栽培渔业中心	1	1、2、3	1、2、3	1、2、3	2、3	3
兵库县水产试验场	1、4、5、6	1、2、4、5、6	1、2、4、5、6	1、2、4、5、6	1、2、4、5、6、7	2、7
日本栽培渔业协会玉野事业场	1、8	1、2、8	1、2、8	1、2、8	2、7	7
广岛县水产试验场	1、4	1、2、4、6	1、2、4、6、7	1、2、4、6、7	2、7	
山口县内海水产试验场	1、2、4、5、6	1、2、4、5、6	1、2、4、5、6	1、2、4、5、6		2、7
熊本县水产试验场	1、4、5、6	1、2、4、5、6、9	1、2、4、5、6、9	1、2、9	2、3	9

注：1.轮虫；2.卤虫；3.鱼贝肉碎片；4.酱油糟；5.菲律宾蛤仔肉汁；6.菲律宾蛤仔碎片；7.微生物团絮；8.日本对虾配合饲料。

Z——溞状幼体；M——大眼幼体；C——幼蟹。

(2) 绿色海水和褐色海水 日本进行三疣梭子蟹人工育苗，曾用绿色海水和褐色海水进行幼体培育，也获得较好的效果。绿色海水，是指繁殖小球藻、衣藻等单细胞藻类，呈绿色的海水（表1-16、表1-17）；而褐色海水，是指繁殖骨条藻或角毛藻硅藻类，呈褐色的海水（表1-18、表1-19、表1-20、表1-21）。

表 1-16 培养单细胞绿藻类添加营养盐

盐 类	宇都宫（克/米³水体）	中村（克/米³水体）	大阪水试（克/升水体）
硫酸铵	10	60	
过磷酸钙	1.5	30	
尿 素	0.5	15	
硝酸钾			1.0
硫酸镁			0.25
磷酸二氢钾			0.25
螯合剂（EDTA）			0.1

表 1-17 绿色海水中的浮游植物密度与三疣梭子蟹育苗效果

实验组	培育水体	绿藻类密度（万个细胞/毫升）	幼蟹出池尾数（尾）	幼蟹龄期资料来源
1	1 米³ 聚碳酸酯树脂	177～564	6 600	C_1, 森实·满田
2	1 米³ 聚碳酸酯树脂	24～485	8 100	C_1, 森实·满田
3	1 米³ 聚碳酸酯树脂	34～593	2 900	C_1+C_2, 森实·满田
4	15 米³ 混凝土	8～1 160	4 150	C_1+C_2, 森实·满田
5	3.5 米³ 混凝土	63～830	4 651	C_2, 山口县内海水产试验场
6	3.5 米³ 混凝土	0～250	2 969	C_2, 山口县内海水产试验场
7	3.5 米³ 混凝土	63～845	4 977	C_1, 山口县内海水产试验场
8	3.5 米³ 混凝土	63～425	2 556	C_1, 山口县内海水产试验场
9	1.6 米³ 混凝土	0～55	0	

注：绿色海水的使用方法，有的是将在其他水池中培养的小球藻、衣藻按规定浓度，添加到育苗用水中；有的是在育苗用水中添加无机营养盐类以及有机营养盐类，直接培养，实际上经常是两者并用的。

表 1-18 褐色海水所用营养盐添加量实例（毫克/米³ 水体）

营养盐	高桥·松井	山口县内海水产试验场	森实·满田	北田·山本
$NaNO_3$	100	300	1 333	
$NaH_2PO_4 \cdot 12H_2O$	15	40	200	400
KNO_3				2 000
螯合剂（EDTA）	70	200	933	200
海洋酵母	70		933	
$NaSiO_3$				200

表 1-19 用褐色海水培育三疣梭子蟹幼体的培育环境条件及育苗效果

实验组	平均水温（℃）	盐度（‰）	pH 最低值	pH 最高值	光照强度（勒克斯）	藻类的最大密度（万个细胞/毫升）小球藻	硅藻	褐色鞭毛藻	育出幼蟹所需天数（天）	每立方米水体中 C_1 的生产数量（只）
1	25.7	17.60	8.0	8.7	10 400	312	12	13	16	8 936
2	25.9	17.27	7.9	8.5	10 500	24	35	13	16	6 058

表 1-20　用褐色海水高密度培育三疣梭子蟹苗种

水池号	水体(米³)	成活尾数(万尾)						每立方米水体中培育幼蟹产量(只)	成活率(%)
		Z_1	Z_2	Z_3	Z_4	Z_4+M	C_1+C_2		
1	0.5	5	4.3	4	3.6	2.4	0.092	1 840	1.84
2	0.5	5	3	3.2	3	1.5	0.074	1 480	1.48
3	1.0	10	6	4	3.5	1.5	0.087	870	0.87
4	1.0	10	7	58	4.2	2	0.163	1 630	1.63
5	8.0	16	14	10	8	6	0.4	5 000	25

表 1-21　大型水池中海水培育三疣梭子蟹幼体

(水温为 25～30℃)

出膜后的天数(天)	发育阶段	$NaNO_3$(毫克)	$NaH_2PO_4\cdot12H_2O$(毫克)	螯合剂(EDTA)(毫克)	海洋酵母(毫克)	酱油槽(克)	轮虫(百万个)	卤虫(万个)	菲律宾蛤仔肉(克)	虾肉(克)
0	Z_1	100	15	70	0.07		20		0.7	
1	Z_1	200	30	140	0.3		20		1.0	
2	Z_1	400	40	200			20		1.0	
3～5	$Z_1\sim Z_2$	400	40	200	1.0	2.6	10～20	20	4.0	
6～7	Z_2				1.6	4.0	5～10	20	4.0	
8～12	$Z_3\sim Z_4$						2～5	30	5.0	
13～15	M							50	6.0	
16～18	C_1							30	8.0	4
19～22	$C_1\sim C_3$								8.0	4

注：利用褐色海水培育三疣梭子蟹幼体时，有整个过程全维持褐色海水的；也有开始用褐色海水，中途渐变成绿色海水；以及先从绿色海水开始，然后再逐渐变为较稳定的褐色海水等情况。

（3）中国水产科学研究院营口增殖实验站投饵量　其在三疣梭子蟹人工育苗中的饲料系列及日投饵量，见表1-22。

表 1-22　三疣梭子蟹幼体培育饵料系列及日投饵量

饵料种类	Z₁	Z₂	Z₃	Z₄	M	C
小球藻（万个细胞/毫升）		20～80				
扁藻（万个细胞/毫升）		1～3				
小硅藻（万个细胞/毫升）		2				
贝肉汁（毫升/米³ 水体）		2～3				
轮虫（个/毫升）		7～10				
卤虫幼体（个/幼体）		20				
卤虫成体（个/幼体）		10				
桡足类（个/幼体）		10～15				
虾贝肉糜					为幼体体重200%	

（4）单独投喂轮虫或卤虫培育三疣梭子蟹幼体实例　轮虫，是培育三疣梭子蟹溞状幼体初期不可缺少的饵料。能否稳定地供给，是关系到三疣梭子蟹苗种生产好坏的最重要条件。从有关轮虫作为饵料投喂效果的实验结果来看，单独投喂轮虫时，同卤虫相比，在溞状幼体 2 期以后成长迟缓，特别是第 3、4 龄期，基本上停止发育。但相反，成活率却很高（表 1-23）。究其原因，很可能是随着溞状幼体的生长，轮虫作为饵料其个体相对过小及营养不足所致。在投喂轮虫时还应注意，投喂用自来水浸泡 10～15 分钟等方法杀死的死轮虫比投喂活轮虫，溞状幼体的成活率要高。

单独投喂卤虫的实验证明，幼体在整个发育期间发育正常，但特别是初期成活率低（表 1-23）。关于卤虫的最适投喂期，高桥伊势雄等人主张到溞状 2 期幼体以后也要分上、下午 2 次，每次少量投喂，使残饵减少，以提高到幼蟹阶段前的成活率。关于卤虫的适宜投喂量，在实际育苗生产过程中，是根据不同的苗种生产单位而有相当大的差异。不同之点在于以饵料密度为重点的单位，平均每毫升培育水体每日为 5～10 个个体；以幼体捕食量为重点的单位，则平均每尾幼体每日为 1～10 个个体（表 1-24）。

表1-23 单独投喂轮虫或卤虫培育三疣梭子蟹幼体

饵料	供试验用的幼体(尾数×次数)	5天后			供试验用的幼体(尾数×次数)	3天后		
		发育阶段	成活尾数(尾)	平均成活率(%)		发育阶段	成活尾数(尾)	平均成活率(%)
轮虫	1 500×1	$Z_1 \sim Z_2$	330	22.0	700×1	Z_2 Z_3	286 394	97.1
卤虫(西斯克)	1 500×2	Z_2	73~199	9.1	1 000×2	Z_3	698~903	80.1
卤虫(犹他)	1 500×2	Z_2	12~100	3.8	1 000×2	Z_3	535~711	62.3
对照(不投饵)	1 500×1	Z_1	0	0	1 000×1	Z_2 Z_3	46 22	68.3
轮虫	100×1	Z_3 Z_4	73 8	91.0	100×1	M	5	5.0
卤虫(西斯克)	100×2	Z_3 Z_4	0~3 77~88	84.0	100×2	M	16~17	16.5
卤虫(犹他)	100×2	Z_3 Z_4	0~7 79~80	80.0	100×2	M	21~32	26.5
对照(不投饵)	100×1	Z_3 Z_4	71 2	73.0	100×1	M	2	2.0

表1-24 卤虫的日投喂量及培育溞状幼体的成活率(%)

水槽号	卤虫日投喂量		Z_1 (10~20尾/升)	Z_2 (3~9尾/升)	Z_3 (3~9尾/升)	Z_4 (1~7尾/升)
	个/升	个/尾*				
1	100	5	39.2	73.6	75.5	0.7
2	200	10	32.3	79.5	75.9	20.5
3	400	20	51.2	87.2	75.4	18.7
4	800	40	40.6	90.5	78.2	9.9
5	1000	50	44.8	91.5	68.4	10.9

* 刚投放时,每尾溞状幼体投喂的卤虫量。

(5)用配合饲料培育三疣梭子蟹幼体的实例 随着苗种生产规模的扩大,使用配合饲料的重要性越来越突出,这对于三疣梭子蟹来说也不例外。但配合饲料的应用尚处在试验探索阶段，各育苗生产厂家，根据本地饵料的具体条件，进行了多方面的尝试，有些也获得了满意效果。下面是摘自日本山口县内海水产试验场和广岛县水产试验场的研究实例，以供参考（表1-25、表1-26）。

表1-25 利用配合饲料培育三疣梭子蟹幼体的实例（日本 C_1）

（水温 22.0～31.8℃，pH 8.2～9.1，溶解氧 92%～149%）

试验组别	供试验用的幼体尾数（尾）	饵料系列	成活尾数（尾）			到第1龄期幼蟹的成活率（%）
			大眼幼体	幼蟹（$C_{1～2}$）	合计	
1	15 030	轮虫（$Z_{1～3}$）+卤虫（$Z_3～M$）+糠虾、蛤仔（M～）	13	3	16	0.1
2	15 030	配合饲料（$Z_{1～4}$）+卤虫（$Z_3～M$）+糠虾、蛤仔（M～）	1 024	237	1 261	8.4
3	15 030	配合饲料（$Z_{1～4}$）+卤虫（$Z_3～M$）+糠虾、蛤仔（M～）	306	821	1 127	7.5
4	15 030	轮虫（$Z_{1～3}$）+配合饲料（$Z_3～M$）+糠虾、蛤仔（M～）	0	2 013	2 013	13.4
5	15 030	轮虫（$Z_{1～3}$）+配合饲料（$Z_3～M$）+糠虾、蛤仔（M～）	0	987	987	6.6

注：配合饲料是用日本对虾、真鲷仔鱼用的配合饲料。

表1-26 利用配合饲料和轮虫混合投喂培育三疣梭子蟹幼体的实例* （日本）

（水温 29.0～32.6℃，pH 8.3～8.8，溶解氧 107%～140%）

试验组	供试验的幼体尾数（尾）	日投饵量			成活尾数（尾）			成活率（%）
		配合饲料（克×次数）	轮虫（个体/毫升）	菲律宾蛤仔、糠虾（克×次数）	大眼幼体	幼蟹	合计	
1	75 000	2.5×4	4	13～20×4		5 490	5 490	7.3
2	75 000	2.5×4	2	13～20×4		4 440	4 440	5.9
3	75 000	2.5×4	1	13～20×4	60	1 980	2 040	2.7
4	75 000	2.5×4	0.5	13～20×4	340	629	960	1.3

* 配合饲料和轮虫，在 $Z_1～Z_4$ 期投喂；菲律宾蛤仔、糠虾在大眼幼体期以后投喂。

(6) 用鱼虾贝肉培育三疣梭子蟹幼体的实例　溞状幼体在初期阶段，由于游泳能力强，因此以投喂浮游性的活饵较为适宜。但到了后期，游泳器官的发达不如体重增加得快。因此，在溞状幼体后期，常常同时投喂活饵和鱼虾贝肉碎片，一般所用的饵料种类为：菲律宾蛤仔、贻贝、糠虾、磷虾、玉筋鱼和冷冻肉糜等。日本山口县内海水产试验场，将用卤虫培育的第 3 龄期溞状幼体放至绿色海水中，进行了各种死饵投喂效果的研究（表 1-27）。研究结果表明，只继续投喂卤虫，以及卤虫之外加喂菲律宾蛤仔和糠虾时，很快发育成幼蟹。分别单独投喂蛤仔、糠虾及配合饲料时，则发育迟缓。但对成活率来说，单独投喂卤虫比投喂菲律宾蛤仔和糠虾并用时，有成活率较高的趋势。

表 1-27　第 3 龄期溞状幼体以后用各种饵料培育三疣梭子蟹幼体实例（培育水的容量为 25 升，水温 24℃）

饵（饲）料	试验尾数 Z_3 （尾）	经过天数和幼体龄期							
		3 天后		6 天后			9 天后		
		Z_3	Z_4	Z_3	Z_4	M	Z_4	M	C_1
卤虫	250	125	139		58	29		3	15
卤虫＋菲律宾蛤仔	250	125	135		77	23		12	29
卤虫＋糠虾	250	99	117		52	42		16	25
卤虫＋配合饲料	250	111	72	21	56	5	14	5	
菲律宾蛤仔	250	24	16	4	19	5	5	4	
糠虾	250	133	86		86	24		4	30
配合饲料	250	135	27	43	35		47	5	

　　注：日投饵量：卤虫为 200～400 个/升，糠虾 0.5 克/日，配合饲料 1 克/日。

　　日本南部丰辉，从第 2 龄期溞状幼体开始投喂死饵的培育试验，在室外 1 立方米的水体中，分别投放了 6 万～8 万尾的孵出的溞状幼体。从第 2 龄期开始用 200～800 升/日微流水，维持了硅藻的稳定增殖。投饵次数，活饵每 10～13 小时、贝肉每 7～10 小时和 14～20 小时分别投喂 1～3 次。贝肉是将冷冻的贝肉直接放置于 1 毫米孔的铰肉机中铰碎 1～3 次，然后装于 20～40 目的网袋中在培育水中直接冲洗出来（表 1-28）。

表 1-28　利用冷冻贝肉培育三疣梭子蟹幼体实例

实验组	尾数（尾）	日间投饵量（克）							出池尾数（尾）	养成率（%）	幼蟹比例（%）
		活轮虫（Z_1～M）	活卤虫（Z_3～M）	冷冻轮虫（$Z_{1～2}$）	冷冻贝肉						
					Z_2	Z_3	Z_4	M			
1	82	15～21	3～14	15	10	15	47	60	11 800	14.0	94
2	57	15～21	3～14	15	10	15	47	60	20 500	36.0	68
3	82	15～21	3～14	15	20	25	65	60	27 700	33.6	77
4	57	15～21	3～14	15	20	25	65	60	27 700	48.6	85
5	82	15～21	3～14	15	20	35	83	60	17 700	20.7	89
6	57	15～21	3～14	15	20	35	83	60	35 400	62.0	98

（7）三疣梭子蟹幼体培育各期的投饵品种和数量　见表 1-29。

表 1-29　三疣梭子蟹幼体培育各期的日投饵品种和数量

（龚泉福等）

饵料品种	溞状幼体				大眼幼体	
	Z_1	Z_2	Z_3	Z_4	初期	后期
单胞藻（万个细胞/毫升）	20～30	15～20	保持适量	保持适量	保持一定	保持一定
轮虫（个/只）	20～40	30～60	60～80	80 以上		
卤虫无节幼体（初）（尾/只）	4～5	5～10	10～15	15～20	30～50	
卤虫无节幼体（后）（尾/只）						100～140
蛋黄（个/米³）	1/3～1/2	1/3～1/2	1/3～1/2			
蛋羹（克/万只）				3～5	7～10	10～15
蛤肉、糠虾（克/万只）				3～5	5～6	8～15

（8）三疣梭子蟹溞状幼体一天的摄饵量　见表1-30。

表1-30　三疣梭子蟹溞状幼体日摄饵量

（日本）

饵料	溞状幼体蜕皮龄期	每尾溞状幼体平均重量（毫克）	实验分组数	水温（℃）	每尾溞状幼体平均摄饵量	
					个体数的范围（平均值）（个/尾）	体重比的范围（平均值）（毫克/尾）
轮虫	1	0.06	4	22.3～33.0	7.3～10.1（8.6）	0.24～0.34（0.29）
轮虫	1	0.06	1	25.8	17.9～22.2（19.6）	0.60～0.71（0.65）
轮虫	2	0.14	1	22.3～23.0	19.0～19.4（19.2）	0.27～0.28（0.27）
卤虫	1	0.06	2	22.3～23.0	3.2～6.5（4.86）	0.59～1.19（0.89）
卤虫	2	0.14	2	22.3～23.0	6.9～8.6（7.79）	0.54～0.68（0.61）
卤虫	3	0.35	2	21～23	11.8～15.4（12.94）	0.37～0.48（0.41）
卤虫	4	0.75	2	22.1～22.5	13.9～14.14（14.04）	0.20～0.21（0.21）

注：每个饵料生物湿重，轮虫为0.002毫克，卤虫为0.011毫克。

（9）我国水产养殖工作者在三疣梭子蟹人工育苗中采用的饵料种类及投饵量　我国水产养殖工作者，根据各地饵料条件，还选择了营养合适的多种代用饵料，应用于三疣梭子蟹的幼体培育，并取得了较好的效果（表1-31、表1-32、表1-33、表1-34）。

表1-31　三疣梭子蟹各期幼体日投饵量

（水温24～26℃）

幼体期别	单胞藻（万个/毫升）	蛋黄（毫克/升）	螺旋藻粉（毫克/升）	毛虾粉（毫克/升）	蛋糕（克）	卤虫无节幼体（个/只）	卤虫成体/鱼糜（克/米³水体）	酵母（毫克/升）
Z_1	5～10		0.5					1
Z_2	5～10	1.5～2	1			30		2
Z_3			1	0.2	60	40		1
Z_4			2	0.5	450	50		
M				1		30	10～15	
C_1							250	

注：王金山、刘洪军、王进河等；水产科技情报，1997，24（2）：83～86。

表 1-32　三疣梭子蟹幼体饵料及投饵量

（水温 23～25℃）

幼体期别 \ 饵料	单胞藻 （万个细胞/毫升）	轮虫 （个/毫升）	卤虫 （个/毫升）	"高成"饵料 （克/米³ 水体）
Z_1	5～7	5		
Z_2	5	5～10	2	2
Z_3	2		2～4	3
Z_4			5～10	5～6
Z_5			5～10	7～10
M			5～10	10～15

注：汤年进，齐鲁渔业，1998，15（4）：44。

表 1-33　三疣梭子蟹幼体各期饵料及日投喂量

（水温 22～26℃）

期别 \ 饵料	单胞藻 （万个细胞/毫升）	轮虫 （个/只）	卤虫幼体 （个/只）	黄豆粉 （克/米³）	卤虫 （幼体体重百分比%）
Z_1	20～30	5		5	
Z_2	10～20	10	5～10	5	
Z_3	5～10	20	20		
Z_4	5～10	10	30		
M					100～200
C					100～200

注：每天投饵 6～8 次；孔维军等，水产科学，1999，18（4）：35～38。

表 1-34　三疣梭子蟹幼体培育各期投饵量

（水温 19.5～23.5℃）

期别 \ 饵料	小球藻 （万个细胞/毫升）	轮虫 （个/毫升）	蛋黄 （个/百万尾）	酵母 （摩尔/米³）	卤虫无节幼体 （个/幼体）	培育成大卤虫 （幼体重%）
Z_1	80	5～8	4	1×10^{-3}		
Z_2	80	8～10	6	2×10^{-3}	烫死卤虫 6～8	
Z_3	50	10	8	2×10^{-3}	活 15～20	
$Z_{4～5}$	50	10	6		活 20～30	
M					活 30～40	150～200
$C_{1～2}$						200

注：每天投饵 6～8 次；姜洪亮等，水产科学，1998，17（4）：24～26。

2. 三疣梭子蟹幼体生物饵料的培养

（1）小球藻的培养

①小球藻的生态条件参数

水温：适宜 4~28℃，最适 18~25℃。

盐度：适宜 5~80，最适 20~30。

pH：适宜 7~10.5，最适 8.0~9.0。

光照强度：适宜 5 000~15 000 勒克斯，最适 8 000~12 000 勒克斯。

②营养盐母液的配制：1 000 毫升海水中加入尿素 100 克（或硝酸铵 130 克、硫酸铵 250 克），磷酸二氢钾 10 克，柠檬酸铁 0.5 克。

③培养方法

一级培养：在室内三角瓶内进行。各种器皿消毒后用消毒水冲洗 2~3 次；培养用海水经煮沸 5~10 分钟，冷却后使用；培养密度控制在 800 万~1 000 万个细胞/毫升，营养盐按 1:1 000 加入。

二级培养：在 1~10 米³ 水体的水池中进行，池或水槽经消毒处理后，注入用酸处理使 pH 至 3 左右，经 12 小时以上用氢氧化钠中和的海水，而后接入小球藻，培养密度控制在 1 000 万~1 500 万个细胞/毫升，营养盐按 1:1 000 加入，并充气。

三级培养：在大水池中进行，使用海水经次氯酸钠 15~20 克/米³ 水体（含氯量 5%~8%）处理 8 小时后加硫代硫酸钠去氯后使用，培养密度控制在 1 500 万~2 000 万个细胞/毫升，营养盐加入量为 1:2 000。

④培养管理：每天定时观测，当混入原生动物时，可采用筛绢过滤清除或加入次氯酸钠 1.5 克/米³ 水体左右处理，杀死原生动物，过 2~3 天后小球藻可恢复生长，加入营养盐后 4~5 天，方可提供轮虫及育苗使用。

一般一、二级培养，日增殖率为 30%~50%，三级培养日增殖率可达 10%～20%。

（2）褶皱臂尾轮虫的培养

①轮虫主要生态条件参数

盐度：适宜为 10～30，最适为 18～22。

pH：7.5～8.5。

水温：L 型最适为 18～22℃，S 型最适为 25～28℃。

②耐久卵的孵化：自然海水经 150 目筛绢过滤，而后放入耐久卵，水温控制在 22～30℃，盐度为 20～22，并充气，以利孵化。

③轮虫的培养：培养轮虫用的水池，经消毒后，加入小球藻 1 000 万个细胞/毫升，待藻类被摄食殆尽后，投喂面包或啤酒酵母，100 万个轮虫投喂量分别为 1～2 克及 3～4 克，培养密度轮虫控制在 150～200 个/毫升。

④管理方法：每天定时测定 pH、水温、氨氮，计数并镜检抱卵情况及活动。当 NH_3—N 过高、增殖率降低及原生物出现时，应收获、冲洗、重新移槽培养。在培养过程中，2～3 天最好加入新藻液一次，以维持轮虫的生殖能力，同时放入吸污器以吸附清除残饵及代谢物。培养时日增殖率在 30%～90%。

（3）卤虫无节幼体的培养　卤虫，又名盐水丰年虫、鳃足虫或盐虫，我国大部分盐田均有分布。它是生活在高盐度海水中的小型甲壳动物，对不良环境的适应性强，增殖能力高，可在简陋的条件下培养，并获得高产。在正常的情况下，卤虫以孤雌生殖方式繁殖后代。卵的直径约 0.21 毫米，卵壳很薄，称为夏卵，在母体育卵囊内发育孵化为无节幼体，后排放水中营自由生活。一般每尾雌体的怀卵量从几十粒到 100 多粒不等。在环境条件不利时，则出现雄体。雌雄交尾产生的受精卵，称为冬卵（或休眠卵），具有很厚的卵壳，圆形，直径约 0.23～0.28 毫米。降雨和水温显著下降，是促使卤虫产生休眠卵的主要原因。冬卵经过春化（低温催醒），在合适的水环境条件下孵化为幼体。初孵化 1～

2 天的无节幼体体长 0.30～0.48 毫米，橘红色，无口器和消化道，靠自身卵黄营养。因它体内含有大量卵黄、丰富的蛋白质和脂肪，所以作为三疣梭子蟹幼体的活饵料，最为适合。

①卤虫卵的采收处理：为提高卤虫卵的孵化率，当年即将卤虫采收并进行潮湿冰冻处理。其方法是：将采收的卤虫卵放入布袋内，移入按 1.6 千克粗盐加 50 千克水配成的盐水中反复洗涤，直至水清无混浊现象为止；然后把洗净的卵置于 -15℃ 或更低温的冰冻条件下，冷藏 30 天；取出后晾干或在不太强烈的阳光下晒干，使卵的含水率不超过 13%，以便于在较长的时间内保存。

②孵化：将冰冻处理过的卤虫卵（干重，每克 20 万粒左右），装入 120 目尼龙筛绢网内，用水反复淘洗；移入浓度为 200 毫克/升的福尔马林溶液内浸泡消毒半小时，也可用有效氯含量为 10% 的次氯酸钠溶液浸泡淘洗，浓度为 300 毫克/升，但浸泡后要用大苏打中和余氯；将消毒后的冬卵，按每升海水 1～2 克的比例放入孵化槽（池）内孵化，保持水温 27～30℃，盐度 30，并进行剧烈通气。一般经过 24～30 小时即可孵出幼体。

③分离：孵出的卤虫无节幼体，要经过分离，把卵壳与幼体分开，避免卵壳污染幼体培育池的水质。分离方法有如下三种：

a. 光诱法：利用无节幼体的趋光习性，在孵化池一端挂灯诱捕。

b. 遮光法：分离时停止充气，池内用黑色塑料薄膜遮光 20～30 分钟之后，卤虫无节幼体可从池壁中部的阀门往外排放，也可用虹吸法将中层的卤虫无节幼体收集到网袋内。

c. 改良的金尼式装置：将长方形水槽分隔成三部分，中间有盖，形成黑暗，两侧不盖，有光源。分离时，将孵出的无节幼体连同卵壳、坏卵等用筛绢捞入中间部分，盖上盖子后，无节幼体可通过隔板的小裂口透入的光线而游到两侧部分，卵壳则留在中间部分而达到分离的目的。

④卤虫去壳卵的使用和加工步骤：卤虫休眠卵外面有一层咖

啡色硬壳，它的主要成分是脂蛋白和正铁血红素。这些物质可被一定浓度的氯酸盐溶液氧化而除去，使卵只剩下一层透明的膜，这层膜可被动物消化吸收。处理后卵的活力不受影响，去壳休眠卵仍可正常孵化。由于卵壳已经除去，无节幼体不需经过分离就可用于投喂；而且，去壳休眠卵也可以不经孵化，直接投喂，省去了孵化过程。这是去壳卵应用于养殖中的一个重要科技进步。其加工步骤如下：

a. 去壳液配制：一般用次氯酸钠或次氯酸钾为主要原料；也可用漂白粉，但有沉淀，使用时不如前者方便。

次氯酸钠（钾）液 500 毫升（有效氯含量按 10% 计），海水 800 毫升，氢氧化钠 13 克，充分搅匀，静置沉淀，取上清液待用。

漂白粉 250 克（有效氯含量以 20% 计），海水 1 300 毫升，加碳酸钠 100 克，充分搅拌后静置沉淀，取上清液待用。

b. 去壳过程：秤取卤虫卵 100 克，在海水或自来水中浸泡 1 小时，用筛绢网捞出冲洗干净，投入去壳液中，当卵色由原来咖啡色变为灰白，继而变成鲜橙色时，去壳即完成。上述去壳过程，要求在 15 分钟内完成。因为在去壳过程中，水温有时会很快上升，如水温超过 40℃，卵粒孵化会受到不良影响。所以，在必要时应采取降温措施。

c. 中和残氯：去壳完毕后，即可用 120 目筛绢网将卵粒捞出，用海水冲洗后，放入 1%～2% 的大苏打溶液内，除去残氯，卵粒即可直接投喂。

d. 去壳卵的保存：用不完的去壳卵，置于饱和食盐水（1 升水加食盐 300 克）中保存。为避免太阳光的紫外线杀伤卵胚，应进行避光贮存。

利用卤虫去壳卵作为饵料的优点是：加工设备简单，操作简便，不占用育苗水体，冬卵利用率高，可防止聚缩虫病的蔓延。但其不足之处是卤虫去壳卵的比重比海水大，容易沉底。补救方法是，投喂时要伴随较强的充气。最后要再提醒注意：为防止去壳卵表面残氯对幼体产生的不良影响，去壳后的虫卵，要经过严格的除氯处理。

（4）蛋黄颗粒的制作 鸡蛋、鸭蛋蛋黄均可，但以鸡蛋蛋黄为佳。将蛋煮熟，取出蛋黄，用细目筛绢（最好260目，以后随幼体发育逐步改用200目或孔目稍大一些的筛绢）包裹后挤压，然后放在盛有清洁海水的容器内，用手搓揉荡涤，蛋黄颗粒即从筛孔中滤出，取其滤出液泼洒投喂。网目愈细，搓揉所费的时间愈多，花费劳力愈多，而蛋黄颗粒越细，则越有利于早期幼体摄食。

在培育三疣梭子蟹幼体中，饵料及投喂这一环节还应注意以下几个问题：

①孵化当日的摄饵量，因培育水温不同而差异很大，水温差约3℃时，摄饵量相差2倍以上（表1-30）。也就是说，幼体的日摄食量与水温关系密切，在适温范围内，随水温的升高，日摄食量将会增加。

②一天的摄饵量对体重的比率，第一龄期最大，以后依龄期增大而个体增大，则迅速减小。

③一天的摄饵量，从重量来看，大型饵料比小型饵料明显要多。这是因为，利用大颗粒饵料可以节省幼体的能量消耗，这对幼体期的整个发育和成活率都具有极为重要的意义。

④轮虫在投喂之前，应经在收集到浓缩的高浓度小球藻（2 300万～2 500万个细胞/毫升）或扁藻（20万～25万个细胞/毫升）中进行营养强化培养。轮虫密度为400～500个/毫升。刚孵出的卤虫无节幼体，也可放入加有乳化乌贼肝油（50毫升/米^3）的水槽中，卤虫量为10 000万～14 000万个/米^3，经6小时以上的营养强化后，再进行投喂，以提高其营养价值。

以上所列三疣梭子蟹幼体培育的饵料种类、日投饵量及日摄食量等仅供参考，而在实际生产中还应根据当地实际情况，如饵料资源、水温情况、幼体的密度、活力、摄食和水质情况等综合因素灵活应用，以使幼体得以正常发育和生长，取得较高的成活率和出苗率。

3.水质调节

（1）三疣梭子蟹幼体培育的水质指标

①pH：控制在 7.8～8.6。可用换水或添加藻液及贝肉汁方法进行调节。

②盐度：三疣梭子蟹溞状幼体期盐度为 25～31；大眼幼体期盐度为 20～25；幼蟹期盐度为 15～20。盐度日变化不应超过 2。盐度过高或过低，用加入淡水或卤水的方法进行调节。

③溶解氧（DO）：应保持在 4 毫克/升以上，最好在 6.0 毫克/升左右。如果溶解氧超过 8.22 毫克/升，pH 超过 8.6 时，溞状幼体容易发生气泡病。在 pH 为 8.5 以下，溶解氧的安全范围为 8 毫克/升。水中溶解氧通过换水、充气进行调节。

④水温：幼体培育期间，水温应控制在 22～25℃之间较为适宜。其中：Z_1 为 23℃；Z_2 为 24℃；Z_3 为 24℃；Z_4 为 24.5℃；M、C_1 为 25℃。

⑤氨氮（$NH_3—N$）：应控制在 0.5 毫克/升以下。

⑥光照：一般控制在 1 500～2 000 勒克斯。

（2）添、换水　溞状幼体初期，对水环境的变化非常敏感。因此，只加水，不换水，即 Z_1、Z_2 期每天添水 10%～20%。从 Z_3 期开始换水，Z_3、Z_4 期每天换水量为 20%～40%；M 期用 20 目网箱换水，日换水量为 50%～60%；C_1 用网目 1 毫米网滤水，日换水量为 60%～80%。应根据具体情况灵活掌握。

（3）充气　在育苗期间须连续不断充气，使池水处于微流动状态。充气不仅给水体补充溶解氧，还能使幼体和生物饵料分布均匀。在育苗初期，充气量要小些，使水面略有波动即可。随着幼体的长大，充气量应相应增加。到大眼幼体期，充气时水面以呈沸腾状为宜。幼体发育阶段各期的充气量可参考表1-35。

表 1-35　三疣梭子蟹幼体发育阶段各期的充气量

幼体期别	充气量（每分钟水体体积的%）	水面状况
Z_1	0.8	微波
Z_2	0.8~1.0	翻腾
Z_3	1.0~1.2	翻腾
Z_4	1.0~1.2	激烈翻腾
M	0.8~1.2	激烈翻腾

充气设施，通常用罗茨鼓风机。该风机量大、风压稳，适用于大规模的育苗生产，可满足育苗前、后期的不同充气量的需要。小型的充气增氧机，适宜于小水面的育苗使用，水池面积过大，易造成育苗后期的充气不足。气体经聚乙烯散气管通入池底，再经气泡石送气，气泡石以采用 60 粒度的砂轮气石为宜；或将内径为 1.3 厘米的聚乙烯硬管直接布置于池底，在该管上按一定的间隔，钻一直径为 0.1 厘米的气孔。气泡石（或气孔）可按每平方米设置 1~1.5 只。气泡石的布局以呈中间两平行线绑一块加强型或梅花五点型或蜂窝六点型为宜。

（4）吸污　在三疣梭子蟹溞状幼体第 4 龄期的末期，如果池底脏，可用吸污器清除。

4. 幼体的观察

（1）幼体各期的识别方法　溞状幼体的分期，主要根据幼体第一颚足外肢羽状刚毛数和腹肢形态进行区别，简易识别法是：Z_1 期，刚毛数 4 根；Z_2 期，刚毛数 6 根；Z_3 期，腹肢芽突出现；Z_4 期，腹肢分两节，呈桨状；M 期，螯足出现。

（2）幼体各期蜕皮征兆　甲壳类蜕皮时，由上皮层细胞分泌出酶，将旧皮的内表皮溶解，使外表皮与上皮分离。与此同时，在旧皮之下，上皮层又分泌出新的表皮。从组织学观察，其间上皮细胞发生显著变化，进行分裂和蛋白质合成，结果使细胞变大、增长，分泌出新的外骨骼（次生甲壳），新旧甲壳间充满透明液体，旧壳内已具备下一阶段较完整的结构，幼体阶段则伴着形态上急剧的变化。个体发生的下一阶段，退化的或新发生部位形成双重结构或稚形，蜕皮后吸水膨胀，成为下一期个体。三疣梭子蟹幼体各期蜕皮征兆显著出现部位如图1-10。

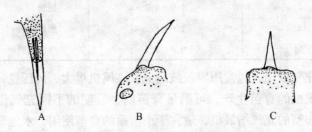

图 1-10 三疣梭子蟹各期幼体蜕皮征兆

A. 溞状幼体 I～Ⅲ期尾节　B. 溞状幼体Ⅳ期背刺

C. 大眼幼体额刺

外观蜕皮前表象：Z_1～Z_4期蜕皮前活力变弱，体色变浓；M期：尾部内卷，附着在物体上。

蜕皮征兆出现程度，有着渐变的过程，通过观察可掌握培育管理是否得当，并可知后期各阶段幼体发育是否同步。一般在水温22.5～25.0℃时，Z_1～Z_3征兆出现后，当日变态；Z_4、M组织收缩达刺的2/3～3/4时，当日变态。

（3）各期幼体发育所需天数　在前述水温条件下，在正常的情况下，Z_1～Z_4每期经过3天，M期需4天到C_1，到稚蟹共需17天；一般水温在22～27℃的范围内，水温越高，幼体发育期越短，约需15～21天。

（4）幼体摄食、活力、体态的观察　在幼体培育期间，每天至少两次观察幼体的胃肠饱满度、活力、体表光滑及粘连污物、残饵情况等，以准确掌握幼体的健康状况和投饵量，以及时采取相应措施，保证幼体正常发育。

　5. **日常观测**　在三疣梭子蟹幼体培育中，除经常观察幼体情况外，还应每天检测水温、盐度、pH、溶解氧、氨氮、水色、透明度、培育水中出现生物和藻液浓度等，并随时进行调整，以最大限度地满足幼体生长发育的需要，加快培育速度，提高成活率。

6. **附着器的投放**　从溞状幼体发育至大眼幼体时，残食激烈，应提前投放附着网，以减少相互残食。附着网最好为白色，其网目以大眼幼体不能通过为好。网面最好有羽状突起，以防因通气或水流冲击，造成幼体脱落。附着网以斜放效果最好。

目前，在生产中多用 20 目的纱窗网或蚊帐网等，幅宽 1 米，长度可与育苗池的大小相适应，一般 1～4 米。投放数量可根据育苗池内幼体密度大小而增减，一般在每立方米水体中投放 0.5～1 平方米的防残网。投放时间过早、过晚都不好，最好在大眼幼体即将变态前投放。并注意防残网的投放位置应设在幼体活动水层，还应设浮沉装置，可随着水位的升降而升降。还要注意，在幼体培育中，应及时洗刷防残网，以保持防残网的清洁。

五、幼蟹培育

由大眼幼体变态而来的第 1 期幼蟹（稚蟹），最好经过一个阶段培养，再作为种苗进行放养或放流增殖。变为幼蟹后，逐渐营底栖生活。所以应将幼蟹移放到底面积大、且铺沙的水泥池中培育，同时可适当降低放养密度。为了防止同类相残，还可投放附着基。在幼蟹蜕皮 4～5 次后，应倒池一次，倒池时应先将附着基移入新池，然后将其他散游的幼蟹移走。可以在晚上用灯光将幼蟹诱集在一起，用网捞出。在可能的情况下，应把不同大小的幼蟹分池放养，以减少相互残杀。

当幼蟹继续培育 15～20 天，甲壳宽达 2 厘米左右时，可作为养殖或放流用的苗种出池。但是这种规格的蟹苗，在水泥池中培育是有困难的，由于密度大、互残严重，使成活率大大降低。所以作为养殖用的苗种，可以考虑在第 1 或第 2 幼蟹期提前出池。现在山东各地对三疣梭子蟹的养成，多采用直接放养第 1 期或第 2 期幼蟹。

六、稚蟹出池、计数与运输

(一) 出池

当大眼幼体变为稚蟹（C_1）时，将培育水温逐渐调至室温，待稚蟹第 2 天后即可以出苗。出苗时，先把附着基上的稚蟹提上来，放入水槽中，然后排水至水深 20～30 厘米，再由池底排水孔把蟹苗排入集苗箱内。

刚变态的稚蟹（C_1），甲壳宽 3～4 毫米，体重 10 毫克，甲壳柔软，足易脱落。出苗应小心，防止蟹苗受伤。如果用于养成或放流，最好再经过中间培育或继续在池内培育（见幼蟹培育）。第一期幼蟹（C_1）经 1 周的培育，甲壳宽可达 1 厘米左右。夜间可用灯光诱集幼蟹。2 周后甲壳宽达 2 厘米左右，可垂吊无结方孔小目网，幼蟹附到网上，即可出池。

(二) 蟹苗计数

幼蟹出池时应进行计数，幼蟹计数有容量法和重量法两种。

1. **容量法**　在容积 300 升的水槽内，放入 250 升海水，目测一次放入幼蟹约 3 万～5 万只，把海水充分搅拌，同时用 1 升的计量杯取样计数。先计算单位水体的平均个体数，然后再计算总数量。

2. **重量法**　准确称取一定重量的幼蟹后，计算其个体数；然后秤其全部个体重量；用总个体重量数，乘以单位个体重的幼体个数，即为总苗种数。由于稚蟹多分布于水下层，故以重量法为准，生产上多采用重量法计数。

(三) 蟹苗运输

一般为水运，用大塑料桶、木桶或帆布桶等加水充气运输。桶内装上附着基或铺上人工海藻。容积为 1 米^3 的水桶，可放蟹苗（C_1）10 万～15 万只，可连续运输 20 小时以上。

如运输甲壳宽 2 厘米左右的幼蟹，可用石莼等海藻分 2～3

层，放在厚纸箱或保温箱内进行干运；还可用聚乙烯袋（50厘米×100厘米）装入海水，每袋放入蟹苗100～200只，充入氧气进行运输。在运输过程中，可能有的幼蟹附肢脱落，但很少死亡。幼蟹经蜕皮2～3次后，可以再生新的附肢。甲壳宽5厘米以上的蟹苗，可用锯末加冰块，以聚乙烯袋包装运输。

七、病害及防治

三疣梭子蟹在育苗过程中，由于水质、饵料等多方面因素的影响，也发现有些流行广、危害大的疾病。现把育苗过程中常见的疾病及防治方法介绍如下。

（一）细菌病

【病症】幼体活力弱，摄食差，或不摄食。血液不凝固或凝固很慢，镜检血液或体内，有许多活细菌存在。

【危害】此病感染快，致死率高，死亡率可达100%。

【防治方法】育苗用水及用具要经过彻底消毒；发病初期，可用抗生素1～4毫克/升全池泼洒。

（二）真菌病

【病症】镜检濒死幼体或刚死幼体，体内充满粗壮、分枝、无隔的菌丝。

【危害】受感染的幼体，死亡率达100%。

【防治方法】在亲蟹孵幼入池之前，用孔雀石绿60毫克/升浸泡40～60分钟；并严格消毒池水；及时消除已感染或已死亡的幼体。可用0.01毫克/升的孔雀石绿或0.01～0.02毫克/升的亚甲基蓝全池泼洒，还可全池泼洒0.01～0.03毫克/升的氟乐灵进行治疗。

（三）气泡病

【病症】幼体身体表面、循环系统、消化系统等出现气泡的病症，皆称气泡病。

【危害】该病起因于溶解氧或氮气过饱和，死亡率比较高。

【防治方法】该病多发生在高温、强光照、培育水中藻类浓度过大、pH 过高的条件下，由于空气突然呈过饱和状态，多余气体难以立即逸散所致。因而，当预计到可能发病时，应立即加强换水、通气、遮光和降温等。以上措施是目前生产中防止气泡病最有效的方法。

（四）白浊病

【病症】在溞状幼体肝脏背部及附肢基节，出现白色浑浊现象，与其相连的体内组织也不透明，呈坏死状态。

【危害】有时发病率可达 80% ～90%，死亡率极高。

【防治方法】因目前病因不详，只采取一般预防措施，提高幼体的抗病力。

（五）畸形症

【病症】孵出的幼体出现畸形，主要有头胸甲的刺或缺，或短小；颚足外肢的游泳毛发育不全。在静水条件下，畸形个体很难上浮，应进行淘汰。

【危害】白天孵化时，畸形率很高。夜间正常孵化的个体中，也有发现畸形。

【病因】畸形的出现，可以认为有以下原因：①亲蟹捕捞、运输及以后管理中有问题，如亲蟹培育和暂养期间水温变化较大，可导致畸形；②卵子长时间暴露在空气中，或处在池底受泥沙污染，也可引起异常孵化或出现畸形幼体；③水中重金属离子超标，也可引发畸形。

【防治方法】可在螯合剂钠盐（EDTA）2～5 克/米^3 水体中进行防治。

（六）附着生物

【病症】在溞状幼体期间，每 2～4 天蜕皮一次的情况下，身体表面有时仍然有微小生物附着生长。主要是一些有柄附着型纤毛虫类及附着底栖硅藻等，有时也发现有丝状细菌、霉菌。

【危害】溞状幼体蜕皮之后更新了表皮，故附着量少的问题不大，但发生严重时，会致使幼体的游泳、摄食行为出现障碍。特别是最后一期的溞状幼体，两次蜕皮间隔时间较长，附着严重时会造成大量死亡。

【防治方法】生物的附着，多在幼体健康状态不良时，以及水质不佳时发生。因此，当幼体体表出现附着物时，应适当换水，改善水质，并加强饲喂，增强幼体体质。在幼体蜕壳后，彻底吸污，会大大减少池内的寄生物，从而减少寄生物的感染机会。可用络合铜 2 毫克/升全池泼洒，进行治疗。

八、三疣梭子蟹全人工育苗实例

(一) 实例一

山东省烟台市水产研究所于 1994~1996 年进行了三疣梭子蟹的人工育苗试验，1 000 米³ 水体，出苗量达 553 万尾，获得了良好的成绩。具体做法如下：

1. 亲蟹的选择

(1) 个体活力旺盛，对外来刺激反应灵敏，爬行速度较快，静伏时步足支撑有力。

(2) 体色正常，体表洁净，无附着物。

(3) 肢体完整无缺，甲壳硬度大，无任何伤痕。

渤海梭子蟹产卵季节，是在 4~6 月，水温回升到 14℃。这期间，随时都可捕捉到发育良好的雌蟹。值得注意的是，如果收捕的是抱卵蟹，应选择刚抱卵的卵群色泽为淡黄色的个体，而卵群色泽已明显变暗的个体，因捕捉、运输及环境改变等因素，极易引起胚胎发育失常，导致幼体畸形率增加，不宜选用。

亲蟹个体重应选择在 250 克以上为宜。为避免运输过程中相互钳伤，要绑缚螯足并装入 30 厘米×40 厘米网袋内，放入水中充气运输。

2. 亲蟹蓄养及孵化

(1) 铺沙与消毒　蓄养亲蟹的水泥池，要预先铺沙、消毒，铺沙面积占池底的70%，厚度5~10厘米。沙床消毒采用200~400克/米³水体漂白粉液浸泡24小时，之后用硫代硫酸钠（$Na_2S_2O_3$）中和余氯；整平沙床并在排水口附近留出30%的面积不铺沙，作为投饵区。

（2）亲蟹入池 亲蟹运回后，要尽快入池。在入池之前，要用400毫升/米³水体的福尔马林药浴消毒5分钟，以杀灭亲蟹体表及卵群的附着生物。然后将抱卵与未抱卵的亲体分池培育管理。

（3）蓄养阶段的管理

①调节水温：亲蟹入池后，在自然水温下稳定1~2天，然后逐渐升温促熟。已抱卵的个体应在3~5天内将水温提升到20℃，恒温培育。未抱卵的个体，升温幅度要慢些，日升温1~1.6℃，恒温待产，发现抱卵后继续升温至20℃恒温培育。

②日常管理：亲蟹的饵料，主要有沙蚕、新鲜鱼虾和乌贼等，日投饵量按体重5%~8%投喂。日换水1次，换水量为80%~100%。换水时，要清除死蟹及残饵，并检查沙床污染情况。在沙床有机污染重时，要及时将亲蟹移池培育，一般7~10天移池1次。

③疾病预防：细菌的防治，可交替使用抗生素；寄生性纤毛虫病，使用30毫升/升福尔马林全池泼洒，可以有效地预防。

④日常观测：从抱卵到散仔孵化的整个胚胎发育过程，约需15~17天，卵径由360微米逐渐增加到430微米，卵群色泽变化依次为淡黄→橘黄→浅灰→灰黑。色泽变暗后要加强日常观测，当膜内原溞状幼体心跳达到200次/分以上时，幼体即将破膜而出。

（4）孵化与选育 即将孵出的个体，于傍晚之前放入水温22℃的孵化水槽中。孵化水要添加饵料，数量为：小球藻20万个/毫升，轮虫10个/毫升。

如有条件，小型水槽集中孵化获得的幼体，须经选优后移入育苗池中进行培育。选优时，停止充气5分钟，再用100目捞网收容中上层的一、二、三等级的幼体。选优依据见表1-13。

3．**幼体培育**　在水温22~26℃条件下，从溞状幼体至幼蟹约需培育18~21天。

（1）幼体培育密度　梭子蟹幼体培育，多是利用原有的对虾育苗设施。因此确定幼体培育密度时，应充分考虑设备条件、水质状况、幼体活泼程度和饵料质量等因素。在一般情况下，经选优的幼体培育放养密度，应控制在2万~3万只/米^3；而未经选优直接在原池进行幼体培育的放养密度，一般为10万只/米^{3}左右。

（2）饵料选择与投喂　幼体培育的饵料，以生物性饵料为主，尽量少用代用饵料。生物活性饵料，主要有单细胞藻类、海洋酵母、轮虫、卤虫无节幼体。在培育后期，可适当增加投喂蛤肉、蛋羹等代用饵料。投喂饵料的品种及数量见表1-36。

表1-36　三疣梭子蟹幼体投喂的饵料品种及日投喂量

饵料品种 \ 幼体	Z_1	Z_2	Z_3	Z_4	M前期	M后期	C
单胞藻（万个细胞/毫升）	20	20	20	保持数量	保持	保持	
轮虫（个/尾幼体）	20	40	60	>80			
卤虫无节幼体（个/尾幼体）	0~5	5~10	10~15	15~25	40~60	100~150	>200
蛤肉或蛋羹（×10^{-4}克/尾幼体）				3~5	5	10~15	>5

溞状幼体阶段，应保持水中单胞藻的浓度，如果缺乏单胞藻，可使用部分海洋酵母代替，海洋酵母日用量为10万个/毫升。轮虫在投喂之前，必须进行营养强化，可使用小球藻或DHA乳液。卤虫无节幼体一般在Ⅱ期后开始投喂，如果Ⅰ期时

轮虫不足，可按表 1-36 投喂卤虫初孵无节幼体代替，但必须经过 80℃ 热水浸烫后投喂。

大眼幼体阶段，不再投喂轮虫而以卤虫后期无节幼体为主，辅助投喂蛤肉、蛋羹等。饵料数量一定要保证充足，以避免因饵料不足而造成幼体的互残。

（3）水质管理

①水质处理：育苗用水，需经沉淀过滤后才能使用。过滤采取沙滤方式，重金属离子可能超标的水质，要酌情添加螯合剂（EDTA）钠盐。

②水色保持：适宜的水色，是在水中添加小球藻或硅藻，使水体呈黄绿色。稳定的水色，即使水体具备一定的透明度，又保证了幼体生存环境的稳定。同时由于单胞藻的光合作用，也使水体自身净化能力得到加强。

③水交换：前期采取添水方式，逐渐添满池水，至溞状幼体Ⅲ期开始换水。一般在溞状幼体Ⅲ、Ⅳ期日换水量为 20% ～ 30%；变态为大眼幼体后，日换水量增加至 50% 以上；幼蟹期，换水量增加至 100%。早、晚各进行换水 1 次。

④水质监测：定期分析水质各项理化指标，以便及时发现问题，采取措施，确保幼体生态环境的稳定。在水温 22～26℃ 的条件下，各项水质理化指标的控制范围为：盐度 25～30，pH 7.8～8.5，氨氮小于 0.4 毫克/升，溶解氧≥5 毫克/升。

4. 苗种出池与运输 大眼幼体全部变态为幼蟹后，即可出池，出池时水温与外界水温差不应超过 5℃。

运输采取水运法：

（1）**塑料袋充氧运输** 即采用 50 厘米×75 厘米的双层聚乙烯袋，内装 20 升海水、蟹苗 2 000 只，充氧扎口运输。这种方法在 20℃ 条件下，可保证蟹苗经 4～5 小时的运输，成活率达 90% 以上。

（2）**帆布桶内衬聚乙烯薄膜运输** 桶内装水 0.4 米^3，并放入 10 目左右的网片做为幼蟹附着物，氧气瓶或车载充气泵充氧运输。

5. 经验、体会

（1）在幼体培育过程中，不可忽视单细胞藻的作用。小球藻、硅藻等单细胞藻类，不仅是前期幼体的饵料，而且还起到提高水体自净能力的作用。比较几年来幼体培育的情况，如单胞藻不足时，幼体质量就下降，而且从第一次幼体变态直至幼蟹的整个发育过程，普遍出现变态率偏低的现象。

（2）大眼幼体阶段的互残现象，是影响育苗效果的一个突出问题。必须采取有效的措施，在水中添加单胞藻，降低透明度，适当加大充气量，增加投喂蛤肉等大颗粒饵料，以及在池中悬挂网片、棕绳为附着物等，都可有效地减少互残现象的发生。

（3）三疣梭子蟹苗种生产，采取以上措施，一般都可以获得较满意的效果。

（二）实例二

辽宁省海洋渔业开发中心于 1996 年在大连市金州区杏树屯海洋渔业资源增殖站对虾育苗室，进行三疣梭子蟹的人工育苗试验。具体做法如下：

1. 设备条件和试验规模　育苗水体为 8 米^3×20 米^3 和 1 米^3×40 米^3，共计 200 米^3 水体；培育饵料水体 30 米^3；散气石按 1 个/米^2 设置；培育用水为砂滤海水；整个育苗全部采用自然水温。

2. 亲蟹来源和培育

（1）亲蟹来源　5 月 8～15 日，先后从当地沿海定置网中购买附肢完整、健壮未抱卵亲蟹 9 只，5 月 10 日又从东港市购买未抱卵亲蟹 40 只，总计 49 只，个体重为 200～550 克。

（2）亲蟹培育　在未抱卵亲蟹的培育中，在培育池中设置沙床，沙床的厚度为 15 厘米。亲蟹培育池的底面积为 16 米^2。池上设有遮光罩，暗光培育。每天傍晚时，投喂小杂鱼或蚬子肉、沙蚕等。前期日投饵量为体重的 4%～6%，后期随着暂养水温的升高，日投饵量增加到 8%～10%。每天早晨换水 1 次，日换水量为 100%。同时清除残饵、粪便，保持连续充气，在水温 13～19.5℃、盐度 31～32、pH8.2～8.4 的水域环境条件下，经 16 天左右，于 5 月 23 日相继抱卵，先后共获抱卵亲蟹 26 只，自受精卵开始经过 20 天左右胚胎发育，卵色由橘黄到黑灰并逐渐加深，外观能见紫色斑点，此时应做好孵化前的一切准备工作。

3. **幼体培育和管理** 培育池在使用之前，首先用盐酸和高锰酸钾溶液进行严格消毒，然后注入经过沙滤的海水，并加入小球藻 50 万～80 万个细胞/毫升，先后共收集溞状 I 期幼体 1 421 万只，在 200 米^3 水体中进行培育。幼体培育水温为 19.5～23.5℃。饵料以小球藻、轮虫、卤虫无节幼体、培养成大卤虫、蛋黄等为主，每天投喂 6～8 次，具体各期投饵量见表 1-33。

要加强水质管理，Z_1～Z_2 期不换水，采取每天添加新鲜海水方法，以改善水质；进入 Z_3 期后开始换水，每天换水 20%～30%，用 60 目筛绢过滤；Z_4～Z_5 期每天换水 40%～50%，用 40 目筛绢过滤；进入大眼幼体期后，采取倒池方法以彻底改变其培育水环境，并下吊网以防互残，日换水量增加两次，每次换水 50%～80%，用 30 目筛绢过滤；稚蟹期，每天换水 100% 以上。整个幼体培育过程中，采取连续充气，Z_1～Z_4 期，气量由小逐渐增大，到大眼幼体期，气量达到沸腾状态，以减少其互残。盐度为 31～32，pH 8.2～8.4。投药：隔 1 天投 1 次，抗生素 0.5～1 克/米^3 水体。

4. **结果与体会**

(1) 试验结果 在试验中，49 只未抱卵的亲蟹，经过暂养，先后获得 26 只抱卵蟹，暂养抱卵率为 53%。共获得溞状幼体 1 421 万只，平均排幼 95 万只/只，培育密度为 4.3 万～8.5 万只/米^3 水体。到 7 月 19 日，共培育出 1～2 期稚蟹 236.8 万只，平均单位水体出苗 11 840 只，最高达 15 500 只，甲壳宽 0.7～0.9 厘米，甲壳长 0.4～0.5 厘米，平均成活率为 16.7%，最高成活率达 22.7%（表 1-37）。

表 1-37　各池育苗结果

池号	有效水体 (米^3)	排幼时间 (月/日)	Z_1 (万尾)	稚蟹出池数 C_1、C_2 (万只)	成活率 (%)	单位水体出苗量 (只/米^3)
1$^\#$	20	6/17	110	25.0	22.7	12 500
2$^\#$	20	6/13	140	27.0	19.2	13 500
3$^\#$	20	6/19	150	22.8	15.2	11 400
4$^\#$	20	6/19	170	30.0	17.6	15 000
5$^\#$	20	6/20	160	28.0	17.5	14 000
6$^\#$	20	6/20	155	33.0	21.2	15 500
7$^\#$	20	6/23	86	10.0	11.6	5 000
8$^\#$	20	6/21	168	22.0	13.1	9 750
9$^\#$	40	6/21	282	39.0	13.8	11 000
合计	200		1 421	236.8	16.7	11 840

（2）体会

①保持良好的培育水质和水色，可大大提高幼体的成活率。

②优质的饵料、适当的投喂量，是提高单位水体出苗量的重要因素。

③在大眼幼体期，增大充气量，加大换水量，及时投放附着器，可提高幼体成活率。

④用自然水温育苗，其水温忽高忽低不稳定，对幼体成活率影响很大，因此最好采取控温育苗法。

（三）实例三

笔者于 1994—1995 年在山东省东营市利津县对虾育苗场，进行了三疣梭子蟹的人工育苗试验。具体做法如下：

1. 主要设施　亲蟹培育池（土池）1 个，水深 1.5 米左右，约 800 米³ 水体；幼体培育池（水泥池）6 个，每口 60 米³ 水体，计 360 米³ 水体；单胞藻类培育池（水泥池）4 个，计 40 米³ 水体；卤虫孵化池（水泥池）2 个，计 120 米³ 水体；蒸汽锅炉（1 吨）1 台；22 千瓦罗茨鼓风机 2 台。

育苗用水，由专用水渠（长约 2 500 米）引入一、二级沉淀池，沉淀后经沙滤送入高位水池，再经 200 目筛绢双层网袋过滤后入池。

2. **亲蟹来源及培育**　1994 年 6 月 14～18 日，在山东省东营市河口区石坝井码头购进自然抱卵雌蟹 29 只（平均甲壳长 7.8 厘米、体重 200 克），暂养在 6 米×4 米×1 米的水泥池中，池底用砖瓦造"屋" 20 个，供亲蟹栖息。亲蟹所抱的卵其颜色有米黄色、肉色及黑色 3 种。经显微镜观察，黄色卵为发眼期；肉色卵可见蝴蝶状的紫斑，已进入心跳期；黑色卵的胚胎心跳在 120 次/分。

在暂养期间，光照控制在 500 勒克斯左右，水温 24℃ 左右，每天换水 50%～80%。亲蟹的饵料用沙蚕，日投饵量为亲蟹体重的 10% 左右。亲蟹入室之前，用 200 毫升/米³ 水体甲醛液浸浴消毒 20 分钟，并使池水保持 2 克/米³ 水体的螯合剂钠盐（EDTA），以螯合水中的重金属离子。

1995 年人工越冬抱卵亲蟹 32 只（平均个体重 310 克），5 月 18 日经消毒后放入 42 米²×水深 1 米的小水泥池中暂养。5 月 24 日又从海上收取抱卵雌亲蟹 8 只（平均个体重 450 克）。培育池中的盐度为 28～32，水温 21～24℃（自然水温）。亲蟹入池后两天观察一次卵的发育情况，待卵的颜色变深、解剖镜下观察胚胎心跳次数在 150 次/分以上时，将亲蟹装入 40 厘米×100 厘米×40 厘米的蟹笼内；每只蟹笼放入 5 只亲蟹，然后移至幼体培育池内待产。

3. **孵化及幼体培育**　幼体培育池水温为 24℃，待产期间对亲蟹不投饵，以免污染水质。为便于生产管理，促使幼体同步发育，尽可能将亲蟹的排幼时间控制在 7 小时之内。幼体在水中达到一定密度时，立即将装有抱卵蟹的蟹笼移至它池。

(1) 幼体培育密度　控制在 5 万～15 万只/米^3 水体。

(2) 水温控制　在 Z_1～Z_4 期，水温为 24～25℃，换水时温差不超过 0.5℃；C_1 期水温保持 26℃1～2 天，随后慢慢降温至自然水温，然后计数出池。

(3) 饵料投喂　为使刚出膜的溞状幼体有适口的开口饵料，池中应提前投放单胞藻，密度在 5 万个细胞/毫升，品种以小硅藻等单细胞藻为主。培育前期 (Z_1～Z_4)，投喂螺旋藻粉、蛋黄、熟豆粉、酵母、丰年虫无节幼体及蛋糕等。后期 (M、C) 投喂蛋糕、毛虾粉、卤虫成虫、鱼糜等。日投饵量视幼体密度、换水量及幼体的摄食强度等情况而定 (见表 1-31)；投饵次数，在溞状幼体阶段每天投喂 8 次，到大眼幼体及稚蟹阶段，每天投喂 12～16 次。

(4) 水质控制　在 Z_1～Z_2 期，每天换水量 33% 以上；Z_3～Z_4 期，每天换水量为 60% 左右；M～C 期，每天换水量为 100%～200%。注排水温差小于 1℃。隔日对培育池水质进行常规化验 (表 1-38)。

表 1-38　幼体培育池检测的水质状况

池号	日期 (年·月·日)	pH	溶解氧 (毫克/升)	氨氮 (微克/升)	盐度 (‰)	水温 (℃)
15	1994.6.18	8.7	4.8	138.3	28.4	24
	1994.6.20	8.3	5.1	298.5	28.6	24
	1994.6.22	8.2	4.5	399.5	28.1	24
	1994.6.24	8.1	4.7	477.5	27.9	24
	1994.6.26	8.5	4.6	378.5	28.1	24
	1994.6.28	8.6	5.0	333.3	28.2	24
	1994.6.30	8.7	5.1	323.3	28.1	24

(续)

池号	日期 (年·月·日)	pH	溶解氧 (毫克/升)	氨氮 (微克/升)	盐度 (‰)	水温 (℃)
16	1994.6.20	8.6	5.0	187.3	28.3	24
	1994.6.22	8.5	5.0	190.4	28.1	24
	1994.6.24	8.4	4.9	180.3	28.2	24
	1994.6.26	8.7	4.9	201.2	28.3	24
	1994.6.28	8.6	4.8	311.1	28.4	24
	1994.6.30	8.7	4.9	276.4	28.0	24
	1994.7.02	8.7	4.8	257.7	28.2	24
	1994.7.04	8.7	4.9	277.4	28.77	24
3	1995.5.18	8.6	4.4	210.1	30.1	21
	1995.5.20	8.3	4.5	233.2	30.5	22
	1995.5.22	8.3	4.6	280.6	30.1	23
	1995.5.24	8.5	4.3	270.5	31.5	24
	1995.5.26	8.6	4.5	331.6	31.6	24
	1995.5.28	8.5	4.7	218.5	31.1	24
	1995.5.30	8.3	4.5	323.3	31.1	24
	1995.6.01	8.4	4.6	305.5	31.2	24
6	1995.5.22	8.0	4.8	380.6	31.0	23
	1995.5.24	8.2	4.7	670.5	31.0	23
	1995.5.26	8.1	4.9	455.6	31.0	24
	1995.5.28	8.2	4.8	456.7	32.0	24
	1995.5.30	8.3	4.5	413.2	31.5	24
	1995.6.01	8.3	4.7	433.7	31.0	24
	1995.6.03	8.3	4.7	457.6	31.0	24

注：主要水质指标为 pH 8.0～9.0，溶解氧 4.3～5.1 毫克/升，氨氮 138.3～670.5 微克/升。

4. 防止互残措施　三疣梭子蟹幼体发育至大眼幼体期时，

具有发达的螯足，特别是在 C_1 期，互残剧烈。采取预防措施，是提高育苗成活率的技术关键。本试验采用的办法是，将充气强度调节到翻滚状态；投足大小适宜且新鲜的碎鱼肉、卤虫成虫等，并增加投饵次数（12～16 次/日）；在土池内吊挂无毒网片和扇贝笼，供幼体分散藏匿。在 Z_4 变 M 期之前，一般每池设 10 千克左右的网片，至 C 期时，网片增加到 20 千克以上，扇贝笼每池 15 个左右。

5. 幼体病害防治 在布幼体之前，幼体培育池要经浓度为 100～200 毫克/升高锰酸钾液消毒处理；注水后，池水用青霉素、链霉素各 1 毫克/升抑菌，并维持 2 毫克/升浓度的螯合剂钠盐（EDTA）。

6. 试验结果与体会

（1）试验结果 1994 年，29 只自然抱卵蟹共布幼体 1 573.4 万只，育出稚蟹 1 期苗 220 万只，幼体成活率 14%，平均每只亲蟹产苗 7.86 万只。

1995 年，共布幼体 3 800 万只，其中越冬亲蟹 32 只，布幼体 2 480 万只，平均每只亲蟹排幼 77.5 万只；自然抱卵蟹 8 只，布幼 1 320 万只，平均每只亲蟹排幼 165 万只。

结果，越冬亲蟹出苗 384 万只，成活率为 15.5%，平均每只亲蟹出苗 12 万只；自然亲蟹出苗 498 万只，成活率 37.7%，平均每只亲蟹出苗 62.3 万只。

（2）体会

①海捕自然亲蟹要比池养越冬亲蟹排放幼体成活率高，且幼体培育天数要短。因此，在有条件的地方，应尽可能选择海捕自然亲蟹。

②在大眼幼体期后的防残非常重要，待幼体变态至稚蟹时，也应及时出池。

③在缺少轮虫的条件下，其他饵料配组也能进行梭子蟹的育苗工作。

第五节　三疣梭子蟹的成蟹养殖

三疣梭子蟹的成蟹养殖，是将蟹苗或蟹种饲养成商品蟹的过程。目前人工养成的方法主要为池塘养殖，我国沿海大部分地区，一般利用闲置的对虾养殖池塘进行三疣梭子蟹的饲养。此外，还有笼养、围养、水泥池养殖等养成方法。

一、池塘养殖

三疣梭子蟹的池塘养殖，大致可分为池塘养成、育肥和越冬三种形式。养成，是指从蟹苗养到商品蟹；育肥，是指秋天收购已交尾的雌蟹，在池内再暂养 2～3 个月，使其性腺更加饱满，可高价出售；越冬，是指选择大规格亲蟹，在室内或室外越冬，为翌年春天提供亲蟹。

（一）池塘养成

1. **养殖场地的选择**　养殖场地，应选择风浪小、潮流畅通、海水交换好、容易排灌的中潮区，并且不受暴雨、台风及工厂排污影响的海区。水质澄清，海水比重为 1.008～1.020，盐度为 10.42～26.2，底质为细沙，松散无黏性为佳。冬季水温不会长时间低于 7℃（三疣梭子蟹在水温短时间降至 0℃ 时，亦可生存）。同时还应注意苗种与饵料资源较为丰富，人力、物力较充裕，建场省工省料的海区。

2. **养成土池的建造**　养成池，一般为土池，建在中潮区附近，高潮时能灌水，低潮时能排干。如无此条件的地方，则可以水泵提水。

蟹池的建筑面积，不宜过大，也不宜过小，一般以 3～10 亩* 为宜。形状以长方形为好，长宽比为 3∶2 或 5∶3 最佳。蟹池中

---

*　亩为非法定计量单位，1 亩＝1/15 公顷。

央应平坦，池底铺设 10 厘米的细沙，周围有 1 米宽、30 厘米深的环沟，作为蟹的栖息地方。池底还应铺设各类障碍物，如瓦砾、石块、网片等（图 1-11）。外堤宽而高，池堤高度应在 2 米以上，使池中能保持水深 1.5 米左右。池堤必要时要设立排注水闸门，有利于排灌水，保证池水充分交换，水质新鲜。

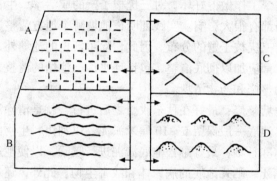

图 1-11　三疣梭子蟹养殖池和池内的设置

A.550 米^2 畦编网（1 米×0.3 米）间隔 1 米纵横设置

B.550 米^2 畦编网（20 米×0.3 米）装设 6 排

C.700 米^2 尼龙网（网目 1.25 厘米）12 米×0.5 米装设 6 片

D.700 米^2，做成小沙堆

也有用虾池改作养蟹池，但应该指出，有些虾池因底质为软泥，不太适宜养蟹，有些地方盐度太低也不宜养蟹。即使某些虾池改作蟹池，也并不十分理想，最好进行适当改造（表 1-39）。

表 1-39　对虾池和蟹池的区别

（刘卓等，1986）

比较项目　　池子	蟹　池	虾　池
适宜养殖盐度（‰）	10.00～26.10	2.00～31.00
池子水面（亩）	1～3	30～50
底质	细沙质、无黏质土为好	泥质或沙泥
池底	铺有 10 厘米细沙，设沙堆或其他障碍	平坦
堤坝	最好石砌或水泥板防逃	土坝

三疣梭子蟹与锯缘青蟹类似,有时能在陆地上爬行,在水环境恶化时容易从池内跑出堤外。因此,在堤上可用竹篾、树条或高粱秆等编成箔帘子,围在堤上,以便防逃。

3. 放养前的准备

(1) 池塘的清整　　池塘的清整为养殖三疣梭子蟹的一个技术关键,这个工作做得好坏,对三疣梭子蟹的成活率、生长速度和体质强弱都有很大影响。实践证明,池塘哪个地方清整过,哪个地方就有三疣梭子蟹的分布。因此,除了新挖的池塘外,在放养蟹苗前,都应加以彻底清整,包括环水沟。池塘的清整,主要包括池塘的整修和药物清塘。

①池塘整修:最好在秋末收蟹之后进行,就是清除池底过多的淤泥(池底一般保留5~10厘米淤泥,以利饵料生物的繁殖),让池底冰冻日晒,最好翻松池底淤泥进行曝晒,以使池底充分氧化,并冻死、晒死池底的病原体和敌害生物。此外,还应维修塘堤、堵塞池堤上的漏洞等。利用吸泥泵吸除池底过多淤泥,可节约人力,减轻劳动强度,提高工作效率。

②药物清塘:经整修后的池塘,还须进行清塘消毒,以杀灭养殖三疣梭子蟹的病原体和敌害生物。

清塘的时间一般在放养之前10~15天进行,如与对虾混养,则应在放养之前30天进行。清塘应选在晴天进行,在阴雨天气中,清塘的药物不能充分发挥其作用,操作也不方便。

目前,生产中常用的清塘药物有生石灰、漂白粉、茶籽饼和鱼藤酮等。水草特别多的池塘,也可采用除草剂清塘。

a. 生石灰清塘:生石灰不仅能杀死杂鱼、杂虾、病菌及寄生虫,而且还可改良池塘底质,是一种很好的清塘药物。清塘时使池塘水深保持在5~10厘米,每立方米水体用优质石灰375~500克,可干撒,也可用水化开浆状后趁热全池泼洒,凡在最高水位线以下的池堤处都要泼到,并要泼得均匀。最好在泼后第二天,再用耙子将塘泥和石灰搅和一遍,以充分发挥石灰的作用。

药性消失时间为7~10天。

b. 漂白粉清塘：漂白粉对于原生动物、细菌有强烈的杀伤作用，因此可预防疾病，并可杀死鱼类等敌害生物。使用时加水溶解，然后全池泼洒。泼洒方法同生石灰。用量是每立方米水体加漂白粉50~80克。药性消失时间为1~2天。

c. 茶籽饼清塘：其主要杀伤鱼类及贝类等。使用时，将茶籽饼粉碎后用水浸泡数小时，按每立方米水体15~20克的用量，连水带渣全池泼洒，1~2小时即可杀死鱼类。药性消失时间为2~3天。

d. 鱼藤制剂清塘：鱼藤制剂内含有的鱼藤酮，对鱼类有强烈的毒性，对甲壳类毒性却甚微。

鱼藤酮乳油：又称鱼藤精。清池一般用含鱼藤酮5%的鱼藤精，每立方米水体用药1~2克。但由于该药有效成分不稳定，陈旧药品药效下降。因此，使用前应进行药效试验，以确定用量。

鱼藤根粉：其含鱼藤酮4%~5%。清池时每立方米水体用干粉4~5克，稍经浸泡后连水带渣一同撒入池中。本品价格便宜，保管及使用较为方便，是较理想的清池药物。同时，鱼藤的鲜根也可用于清池，而且其效果比干根还要好，小根比大根效果更好。使用时，应将根切成小块，在水中浸泡，边泡边砸，砸过再泡，使鱼藤酮尽量浸出，1~2天后把溶液洒于池中。每立方米水体用量，鲜根比干根要酌情增加。

综上所述，药物清塘还应注意以下事项：①清池应选择在晴天上午进行，可提高药效；②清池之前，要尽量排出池水，以节约药量；③在蟹池死角，积水边缘，坑洼处，洞孔内，亦应洒药；④清池后，要全面检查药效。如在1天后仍发现活鱼，应加药再清。注意药性消失时间，并经试验证实池水无毒后，再放蟹苗。

(2) 铺沙和设置障碍　三疣梭子蟹养殖池，最好铺上10厘米厚的细沙，并安放障碍物，如图 1-11。

（3）注水及繁殖饵料生物　在清塘药性消失后，即可开闸注水。为防止敌害生物入池，须用 60 目筛绢滤水。注入塘内的水源，应未受污染，不含有害元素，盐度为 16～34，pH7.8～8.6，溶解氧 5 毫克/升以上，注入水深约为 70～80 厘米。

池塘注水后，还需施肥培育蟹苗摄食的饵料生物。实践证明，施肥培养饵料生物并在池塘中移植卤虫、沙蚕等，可大大提高三疣梭子蟹的苗种成活率，并可降低养殖费用。因此，繁殖饵料生物是三疣梭子蟹养殖中一项重要技术措施。生产中多施用化肥，每亩可施氮肥 1.5 千克、磷肥 0.5 千克。

4．蟹苗的放养

（1）放养方式　借鉴其他水产甲壳动物的养殖方式，三疣梭子蟹的养殖池，也可分为粗养、半精养和精养三种方式。

①粗养：在单位水体上投入较少的人力、物力，因而产量也较低的一种养殖方式。一般是指不投饵、不施肥，只进行放养蟹苗和一般管理的养殖方法。面积从几十亩至几百亩，这是一种比较落后粗放的养殖方式。过去有少数地方采用此种养殖方式，近几年几乎无人采取此种养殖方式。

②半精养：又称人工生态系养殖方法。面积一般为几十亩，其基本原理是，通过清除敌害生物，促进饵料生物的繁殖，合理放养蟹苗密度，改善水质，创造一个适宜于三疣梭子蟹生活和生长的生态环境。另外适当的投饵，以充分发挥和提高池塘的生产能力。这种养殖方式，由于清除了敌害生物，移入了适宜的饵料生物，如卤虫、沙蚕等，有利于改善池内生态环境，养殖产量较高，经济效益较好，值得在生产中提倡。

③精养：以投饵为主，用低值蛋白质换取高值蛋白质的生产方式，是当前我国三疣梭子蟹养殖生产中采用的主要方法。面积一般在 10 亩（多为 3～5 亩）以内。其放养密度较大，养殖技术水平要求更高，须彻底清池除害，投喂优质、充足的饵料，适时

调节水质，换水率高，因此产量较高。

（2）蟹苗的来源及选择　目前，生产中蟹苗的来源有两种：

①捕捞天然海区的蟹苗：捕获蟹苗时，操作要轻捷，离水时间要短。天然蟹苗要选择体质健壮、无伤无病、附肢齐全的个体。

②人工培育的蟹苗：放养Ⅱ期第 2 天的幼蟹，规格为 1.6 万～2.4 万只/千克最好。实践证明，苗种的选择应按以下标准：①规格整齐；②软壳率小于 10%，大约都为 2 龄 2 期；③检查螯足，两个全无率要小于 5%；④个体健壮，活力强，甲壳朝上率 100%，甲壳有反着的则不好。

（3）放养密度　幼蟹的放养密度，可根据池水的深度、气候、环境条件、放养形式、饲养技术及计划产量等情况而定。据报道，水深 1.7 米左右的池塘，每亩放养体重 15～20 克的幼蟹 1 000～2 000 只，或者 1 期幼蟹（C_1）3 000～5 000 只；有的总结出，在精养条件下，放养甲壳宽 2 厘米的幼蟹 5 000～6 000 只/亩，或放养甲壳宽 6～8 厘米的幼蟹 1 500～2 500 只/亩；在半精养条件下，放养Ⅱ期幼蟹 2 000～3 000 只/亩，或放养甲壳宽 5～6 厘米的幼蟹 1 000 只/亩；在粗养条件下，放养甲壳宽 5～6 厘米的幼蟹 150～200 只/亩。

以上放养密度仅供参考，具体的放养密度，还须各生产单位根据自己的实际情况而酌情确定。

（4）放养时间　三疣梭子蟹的放养时间，要因地制宜。南方地区从 4～5 月直至 8～9 月都可以放养。北方地区从 5 月上旬至 7 月上旬也都可以放养，但以 5 月下旬至 6 月中旬放苗最好，7 月 10 日以后放养的蟹苗生长不好。但不管怎样，放苗时间应根据当地气候条件，抓一个"早"字，早放苗，则早育肥。

（5）苗种的中间暂养　在三疣梭子蟹的成蟹养殖中，进行苗种的中间暂养不但可以提高蟹种的成活率，而且容易进行雌、雄分养。因此，蟹苗的中间暂养是成蟹养殖生产中一项行之有效的技术措施。

①暂养方式：中间暂养，主要有暂养池暂养、围网暂养和网箱暂养3种方式。

暂养池暂养：暂养池面积应占养成池面积的3%以上，其优点是管理方便，便于起捕。缺点是暂养密度较低。暂养池清池后（清池方法同前），应用20～30目的雨花网围拦起来，围网高应在0.5米以上，以防蟹种逃逸及敌害生物侵入。

围网暂养：就是在养成池一角用20～30目的雨花网围成一个暂养区，面积可为养成面积的2%～3%。

网箱暂养：每亩养成面积不小于1.0平方米，箱底必须铺设隐蔽物，其优点是灵活、方便、密度高，但成活率较低。

②暂养管理：暂养池水深0.5米，透明度40厘米，pH 7.8～8.7，溶解氧5毫克/升以上，日换水量20%。网围暂养由于是在大水体中，故一般无须换水。放苗后应向池内投石莼、海藻等，同时向池内移植大量活的短齿蛤、蓝蛤等小型低值贝类，移植量为100～200千克/亩。暂养15～20天，其壳长达2～4厘米，即可移入养成池中养成。

(6) 雌雄分养　养殖实践证明，雌、雄混养的养成率极差，且冬季雌蟹价格比雄蟹高2倍以上。因此，有条件的地方，可在养殖过程中逐步把雌、雄分开饲养。雄蟹达到商品规格后，即可随时出池上市；雌蟹不论交尾与否，卵巢均可成熟，可养到冬季卵巢成熟之后上市。

①雌、雄的鉴别：当暂养池中的蟹苗平均壳长达5厘米左右时，雌、雄即可容易鉴别。其主要区别是：

a. 雄蟹螯足发达，掌节较长；而雌蟹，则相对较短小。

b. 雄蟹腹部呈窄三角形，第一节很短，第二、三节呈锋锐的隆背形，第三、四节愈合，仅有不明显的节缝，尾节呈三角形；而雌性腹部圆大，三角形较宽，且较规则，共分7节，分节较明显。

②分苗时间及方法：分苗时间，要尽量选在晴天月光充足的夜晚。利用月光充足、蟹子活跃这一特点，通过放水，以获取更多的蟹苗。

暂养池的分苗方法是，在闸门上安装袖网，长 7.5 米左右，末端接一网箱，规格 60 厘米×60 厘米×80 厘米，以收接蟹苗。放水时，闸门开启不要太大，避免水流过急损伤蟹苗。蟹苗进入网箱后，要不断捞出，切记密度太大会造成挤压。蟹苗捞出后，要立即分拣分放到养殖池内，以尽量减少干露时间。对于池底残留的蟹苗，要一一拣出，分养到养殖池内。

（7）放苗

①放苗前养成池水质条件的测定：放苗前须认真检测养成池的水质条件。养成池的水质指标应为：水温应高于或等于 18℃，温差小于 8℃；盐度为 18~32，盐度差小于 5；pH 为 7.8~8.6；氨氮小于 1 毫克/升。

②放苗：待苗种运到后，应经准确计数后再放苗。对于甲壳宽 5 厘米的蟹苗，小型池塘可在水池的一边，顺风放苗，大池塘要多点放苗。而对于甲壳宽小于 5 厘米的蟹苗，可集中投放，这样便于投饵。因为三疣梭子蟹蟹苗，只有在甲壳宽长达 5 厘米以上，才分散活动。

5.饲养管理

（1）饵料及投喂　三疣梭子蟹的饵料种类，以低值的鲜活贝类、杂鱼、虾类为主。而且实践证明，对于平均体重 0.3 克（全甲宽 1.15 厘米）和 38 克（全甲宽 7 厘米）的幼蟹，当投喂菲律宾蛤仔时，生长最快；当投喂杂蟹类及小型虾类时，生长速度稍次于投喂蛤仔；而投喂杂鱼时，则生长速度更慢（图 1-12）。但在实际养殖过程中，从饵料效益出发，考虑到饵料的货源、价格、供应、贮存等诸多因素，可采取多种饵料搭配投喂，以取得营养的互补。

投饵量可根据水温变化及摄食率来确定，每天的摄饵率，根据宇都宫正的测算，体重 0.8 克的幼蟹，达 80%～90%。随着个体的生长投饵量而急剧减少。体重 30 克的个体摄食率为 20%～30%（图 1-13）。体重小于 20 克的个体，不分昼夜活泼摄饵。超过 20 克的个体，只在夜间进行摄饵活动，与此同时，摄饵率也呈进一步减少的趋势。因此，日投饵量，在前期，一般按体重的 8% 左右投喂；进入 8 月份，按体重的 10%～15% 投喂；当水温下降至 8～15℃ 时，日投饵量为总重的 3%～5%；11 月下旬后，当日平均水温下降到 8℃ 以下时，不必投饵。2～3 天要观察一次残饵的情况，以及时调整投饵量。

日投饵 2 次，傍晚、天亮前各投喂 1 次。而且根据三疣梭子蟹昼伏夜出的习性，早晨投喂量占总投饵量的 1/3，夜间占 2/3。

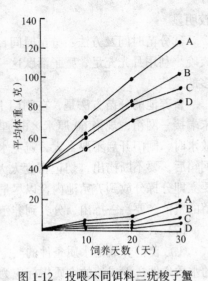

图 1-12 投喂不同饵料三疣梭子蟹
生长速度的比较

放养密度为 20 尾/3.3 米² 饵料种类：
A. 菲律宾蛤仔 B. 杂蟹 C. 小型虾 D. 杂鱼
（每天投饵率为体重的 30%）

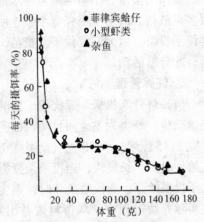

图 1-13 随着三疣梭子蟹的生长
日摄食率的变化

20克以下的小蟹，应在白天加喂1次。

饵料要投喂在池塘四周的浅水区，在群体经常活动的区域内，应多投些，切忌投于蟹的潜伏区，环水沟内也不要投喂。

（2）水质调节

①三疣梭子蟹成蟹养殖的水质指标：在成蟹养殖期间，水质指标范围一般为：水温18～33℃，以25～32℃生长最快；pH为7.8～8.6；盐度18～32；溶解氧在3毫克/升以上；池水透明度保持在30～40厘米；氨氮小于1毫克/升。

②添、换水：在养殖前期，即投苗后的20～30天之内，以添加池水为主；待池塘水位提高到1米左右后，可根据水质情况适时换水；在7～8月高温季节，要加深池水，每旬换水1次，每次换水量为池水的1/3～1/2；进入9～10月的交尾期，应保持最高水位，并增加换水量，这有利于雌、雄交配；临近冬季、水温下降时，池水深度须保持在1米以上，每3天左右换水一次，换水量为10%～30%；待水温降至8℃以下，以蓄水保温为主，每周换水1次，并保持高水位。

（3）日常管理 在三疣梭子蟹的成蟹养殖中，日常管理工作非常重要，应予以重视。实践证明，在日常管理中应做好以下工作：

①早晚要巡塘，观察蟹的摄食、生长、蜕壳及活动情况。发现异常现象，应及时查明原因，采取有效措施。注意水质变化，每天都应测量池塘的水温、盐度、pH、溶解氧、透明度、氨氮等水质指标，并做好记录。对于超常规指标，应予以调整。

②检查池内残饵情况，及时调整投饵量。

③要经常检查池堤及防逃设施，及时修理，防止逃逸。

④在蜕皮处于"软蟹"阶段时，易相残，要防止相残。在池中投入隐蔽物，可提高成活率。

⑤要定时测量蟹的生长情况，大约15天测量1次。

⑥要注意天气变化，做好防洪、防台风工作。

6. **收获** 三疣梭子蟹的雄蟹，养到肌肉肥满达到商品规格，根据市场需求随时可以上市。而雌蟹养到卵巢饱满，成熟后上市，价格会更高。因此，三疣梭子蟹的收捕须分类进行，即先适时收捕雄蟹，雌蟹留池继续育肥，再视情况收捕。但雄蟹不宜起捕过早，如收捕过早，会使缺配的雌蟹无法红膏。因此，一般掌握在蟹交配高峰期后15～20天内，尽快捕获完雄蟹。雌蟹自交配后再暂养45～60天（见本章第五节），即可选择满红膏的雌蟹上市，如留池至春节出售，应提高水位。

收捕方法，如少量起捕，可在夜间用小捞网捞取，或用蟹笼放饵吊捕，或用灯光诱捕；如大批量起捕，在池水即将排干之前，在闸门边水较深处，梭子蟹将聚集于此，可用捞网捕获；待池水排干后，查捕潜入沙中的痕迹，进行挖取，或用耙子耙沙挖蟹。

7. **池塘养成实例**

（1）实例一 天津市塘沽区水产局于1994年底至1997年，利用现有虾池，围拦成暂养区，按照常规技术措施清池、消毒、肥水等。然后采取单独放养三疣梭子蟹和先放虾苗，待中期捕出部分对虾之后，再进行虾、蟹混养等两种模式的养殖实验。具体做法如下：

①池塘设施：选择盐度比较稳定、进排水畅通、面积在30亩以下，能保持水深在1.5米以上，经清淤消毒后的养虾池（图1-14）。虾、蟹混养池，要提前用20～40目的筛绢网或土埝加拦网等方法，在虾池进水闸一侧围成一个占全池面积1/5左右的暂养区，也可称之为二级暂养区；在大暂养区内一角，再围成一个1～3亩的小暂养区，以利于早期幼蟹的暂养管理。由于三疣梭子蟹有潜沙的习性，有条件的可沿虾池边内堆放若干个沙堆，以利于三疣梭子蟹的栖息、蜕壳，还可提高三疣梭子蟹的成活率。其他与养虾相同，要采取进水施肥、繁殖基础生物饵料等措施。

②苗种培育及投放：5～7月，当自然水温升至15℃左右时，在三疣梭子蟹单养池，投放三疣梭子蟹大眼幼体，每亩放养

图1-14 虾、蟹混养模式池塘改造示意图

6 000只，经3~4个月养成出池，平均个体达150克以上，雌体一般达200克以上。

　　虾、蟹混养池，于4月下旬至5月上旬，在虾池内按常规投放虾苗，一般在1万只/亩左右，并进行常规养殖。到6月中旬前后，在一级暂养区内投放Ⅰ~Ⅱ期幼蟹，Ⅰ期幼蟹一般为6万只/千克左右，Ⅱ期幼蟹为2.4万只/千克左右，Ⅲ期幼蟹为1万~1.2万只/千克。投放密度根据幼蟹的不同规格，按全池计算，一次投入Ⅰ~Ⅱ期幼蟹每亩2 000~5 000只。在一级暂养区内暂养10~15天，当幼体都变成了Ⅲ期幼蟹后，可撤掉一级暂养区的拦网，进入大暂养区继续暂养，使蟹苗的活动范围扩大，以减少互相残杀（表1-40）。

表1-40　不同年度养成投产情况表

年度	天津市塘沽区参试面积 （亩）	投放蟹苗量 （千克）	放养规格 （万只/千克）	放苗密度 （只/亩）
1995	371	20.8	14	7 840
1996	641	35.5	14	7 700
1997	3 261	407.6	4	5 000

　　③水质调控：保持水质清新，前期盐度高，则需适当换水，

降低盐度；雨季盐度低，则尽量少换水，维持池水盐度在 20 以上。梭子蟹最佳生长水温控制在 25～28℃。

④饲料及投喂：进入幼蟹后，投饵率为体重的 100%～200%，一般以卤虫等小型动物饵料为主。当Ⅲ期幼蟹后，投饵率下降为体重的 100% 以下，日投喂 2 次，以傍晚为主。前期主要投喂卤虫、淡水鱼、虫、糠虾，中后期可投喂蓝蛤、杂鱼虾等，一定要注意保持饵料的鲜度。

虾、蟹混养池，为了降低养虾密度，减少发病几率，减少风险，在中间起捕出部分对虾之后，把暂养幼蟹的拦网撤掉，实行虾、蟹混养。此时，虾苗已大量减少，以投喂蟹饵为主，饵料有卤虫、切碎的杂鱼和人工配合饲料等。蟹壳长到 4 厘米以上，虾苗体长 6 厘米以上，可投喂蓝蛤，效果更佳，如投喂活蓝蛤，可一次多投。为防止虾、蟹病害发生，每隔半月，投喂药饵或在鲜活饵料中加拌抗菌素药物。

由于 8 月 20 日以后，三疣梭子蟹开始交尾，雄蟹的死亡率较高，所以在交尾前后要保证饵料充足，适当增加投喂次数。

⑤养殖效果及体会：见表 1-41。

表 1-41 不同年度育苗、养殖效益

年度	育苗水体（米³）	大眼幼体（千克）	育苗产值（万元）	育苗盈利（万元）	参试面积（亩）	商品蟹产量（吨）	养殖产值（万元）	养殖盈利（万元）	总产值（万元）	总盈利（万元）	总盈利占总产值的（%）
1995	600	70	60	29	371	13	77.91	55.65	137.91	84.65	61.38
1996	600	152	54.72	33.72	641	22.4	134.61	105.76	189.33	139.48	73.67
1997	700	240	58	34.68	3 261	172.83	605	330	663	364.68	55.00

从试验中得知，对大眼幼体在养成前实行暂养，待变态为Ⅱ～Ⅲ期幼蟹后，再放入养虾池中进行蟹、虾混养，可成倍地提高养殖成活率。

（2）实例二　福建省福清市沙埔镇水产技术推广站，利用闲置旧虾池养殖三疣梭子蟹试验。具体方法如下：

①养殖池的整理和放苗前的准备：三疣梭子蟹养殖池，用封闭式的对虾池，每口池面积 5～60 亩，30 亩以下便于管理，泥沙底质，滩面较平坦稍向闸门处倾斜，池水深 0.8 米以上，大部分水深应达 1.5～2.5 米。一般旧虾池翻松滩面曝晒氧化分解层，应不小于 12 厘米深度，如局部"黑化"底泥稀软无法晒至龟裂状，需进行清淤，并在池子较深的滩、面呈"品"字型适量加沙，混入土层，以备三疣梭子蟹有良好的潜伏场所和就近摄食。经加沙的滩面高度应与无加沙的滩面高度一样，因为三疣梭子蟹潜伏特点是，潜低不潜高，潜阴不潜明。当池子整理曝晒达到要求后，装置内、外两道聚乙烯平网，外网主要拦阻海洋较大型漂浮物，以免刺破内网。然后根据投苗计划，提前进排水浸泡全池，反复数次。养殖水体在投苗之前 10～15 天进水，一般选晴天分 2～3 次进行，每隔 3～5 天 1 次，第一次进水 30 厘米，投苗时水深 70～80 厘米。因旧虾池经氧化分解后，池内有机质已转化为有机肥，所以，养殖水体无需人工施肥。养殖水质要求水温 15～32℃（中、下层）；盐度 16～34；pH 7.9～8.7；溶解氧 5 毫克/升，无工业污染和其他有害物质。

②蟹苗来源及投放：三疣梭子蟹蟹苗来源于自然海区（一般在海滩上定置挡网，均可捕获各种蟹苗），从中挑选出纯正三疣梭子蟹苗，轻捕、逐只洗净轻放。要求棱角完整，步足、蟹足、眼、触、颚、腹鳃等齐全无损，体表无局部变色。将蟹苗置于筐具内干运，即将蟹苗平排放置一层，上覆盖含叶树枝一层，依此类推，但层数不宜放置太多。运输途中应尽量缩短时间，到达后取出放入养殖池的较浅水区，健壮的蟹苗反应灵敏，很快游入或爬向深水。行动迟缓、外界刺激反应不灵敏的个体，应拣出。同时，要分别计数雌雄蟹及合理搭配。较理想的雌、雄蟹搭配比例为 10：3～4，雌蟹红膏可达 100%。因受海区苗况限制，投苗次数无法强调一次性，可随捕随放。投苗时间，在每年的 4～6 月

均可。投早期幼苗，规格不限；投中苗的规格，要求每只体重100～150克，中苗每亩投放500～750只（雌雄总数），成活率为70%～80%。

③饲养管理

a.投饵：饵料以小杂鱼虾为主，小型低值贝类次之，大部分无需加工，少量较大型的饵料宜切成块，并严格按照三疣梭子蟹的摄食需要进行投喂。每天投喂1～2次，在三疣梭子蟹经常活动的地方多投，但严禁投入三疣梭子蟹的潜伏区，并要经常检查池内残饵情况，及时调整投饵量，以免污染水质，败坏底质。投饵量应根据池内水质环境、气象状况和三疣梭子蟹活动情况来确定，大体分为三大阶段：第一阶段，自投苗起至当年的9～10月，按体重的7%～10%给饵；第二阶段，雄蟹收获后的35～50天内，按体重的5%～7%给饵；第三阶段，大部分雌蟹红膏出现，按体重的3%～4%给饵；8月以后全部雌蟹红膏饱满，活动明显减少，保持1.5%～2.5%给饵。当水温降至13℃以下，且雌蟹已红膏，大部分均处于昼夜群居潜伏状态，极少有活动摄食现象，最多不超过1.5%给饵或间断性数天不给饵，以免浪费和危害养殖水体。

b.水交换及巡查：三疣梭子蟹养殖以保持池内肥力和水质清新为原则，进行适当换水。通常20～30天，落干滩面1/3或1/2（高温期烈日天和低温期寒冷天，均不宜全落干），下滩检查底质情况和三疣梭子蟹外观是否鲜亮，体表是否清洁，有否附着杂藻，特别是养殖中前期，若发现三疣梭子蟹体表沾绒状且壳色老旧或部分附着杂藻，即说明水质不良，三疣梭子蟹无法按期蜕壳生长，应根据实际情况立即采取相应措施改善水质，以免部分三疣梭子蟹死亡。经检查，如池内没有鲈鱼等肉食性凶猛敌害生物，一般不必中间除害。若需要除害，不宜用漂白粉等药物，而宜用茶籽饼破碎浸出液14～17克/米^{3}水体全池泼洒，即可杀死所有鱼类，并兼有杀菌消毒作用。

④收获：三疣梭子蟹的收获，要分类进行，即先适时收获雄蟹，雌蟹留池继续饲养，再视具体情况收获。若雄蟹收获太早，则缺配的雌蟹无法红膏；若雄蟹收获太迟，不但养殖意义不大，而且还会出现暴发性死亡。根据三疣梭子蟹当年9～10月性成熟，掌握三疣梭子蟹交配高峰期（随时可观察到）后的第12～20天内，尽快将全部雄蟹收获。雌蟹自交配后45～55天，即可选收满红膏的个体上市。若留池到春节前后销售，应提高水位保温，以利安全越冬。

⑤饲养效果：经一年的养成，亩产：三疣梭子蟹130～150千克、自然鱼虾50～80千克，亩产值5 000～6 000元，亩盈利3 000～4 000元，获得很好的效果。

（3）实例三 浙江省苍南县水产局于1993年在苍南县沿浦村对虾养殖场，进行三疣梭子蟹养成试验。具体做法如下：

①池塘条件：试验池两口，1号塘面积16亩。设闸门一处，大潮时直接进排海水，小潮时靠水泵提水，水位保持1～1.5米。2号塘在1号塘内侧，面积0.7亩（长38.6米，宽2.15米），水深0.6～0.7米，两塘间有1米宽的缺口使池水相通，池塘底质为泥沙混合，泥占比例较大。

②蟹苗放养规格及密度：1号塘在7月5～10日放养，放养平均甲壳宽2.86厘米的幼蟹39 000只，放养密度为3.7只/米²，待养至甲壳宽9.98厘米时，选取1 210只（雌991只，雄219只）移入2号塘，放养密度为2.6只/米²。

③饵料及投饵率：以新鲜小杂鱼虾为主，每天投饵2次，投饵量前中期为蟹总体重的5%～6%，后期为3%～5%。

④水质：整个试验期间，水温为11.9～32.5℃，池水比重为1.008～1.021，盐度为10.42～27.65，日换水量为1/2～1/5，透明度为20厘米，pH为7.6～8.4。

⑤试验结果：经161天饲养，三疣梭子蟹甲壳从2.86厘米长至15.8厘米，体重从3.3克增至246.7克，分别增长了4.5

倍和 73.8 倍。其中：1 号塘亩产 59.59 千克，饵料系数为 8，成活率为 38%；2 号塘亩产 133.93 千克，饵料系数 11.9，成活率为 31.4%。从试验结果表明，三疣梭子蟹对试验中的水温、盐度、pH 均能适应，生长良好，交配正常，尤其是水温 20～27℃时，摄食旺盛。

（二）三疣梭子蟹的育肥

三疣梭子蟹在 9 月初至 10 月中旬开始交尾，交尾后雄蟹生长缓慢且易死亡，应及时起捕出售。雌蟹在交尾后虽然生长停止，但卵巢将继续发育，其性腺指数（即卵巢重与体重比）：10 月为 3%，11 月中旬为 5%，3 月中旬为 11%，5 月临产达 11%～15%。由此可见，雌蟹通过暂养，体重和性腺都有增长，此时膏满体肥的膏蟹是市场上的抢手货，可获得更好的经济效益。

三疣梭子蟹的育肥，可在土池，也可在大棚和室内进行，蟹种可收购养成的，也可收购海捕的，以全部雌蟹为好。池内放养密度为每平方米 11 千克。饲养管理同成蟹养殖，所不同之处是，投饵量应随着水温的降低而减少，并注意当水温降至 15℃ 以下时，不再投饵；当水温降至 7℃ 左右时，应注意防冻，为保温，室外的池塘应保持最高水位。

（三）三疣梭子蟹的越冬

为了翌年提早育苗或作亲蟹出售，三疣梭子蟹须进行越冬培育。三疣梭子蟹的越冬可采用大棚越冬，也可在室内控温越冬。越冬池，可在水泥池的底铺上细沙 10～15 厘米。规格为 160～310 克的雌蟹，放养密度为 13 只/米^2。用静水、充气培育，10～15 天洗沙 1 次。越冬水温，如图 1-15 所示。最低水温为 5℃。水温低于 10℃ 的时间，是从 12 月下旬到翌年 2 月中旬，约 52 天，此后水温上升到 10℃ 以上。约 4 月上旬产卵，成活率 97%，产卵率 95% 以上。

根据性腺发育积温，从交尾到产卵，以 0℃ 为基准，所需积温为 2 458℃。若用人工控温，使水温保持在 10℃ 以上，则产卵

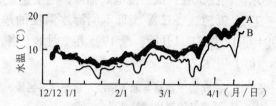

图1-15 三疣梭子蟹亲蟹越冬养殖期间的水温变化情况

A. 塑料温室内水池中最高、最低水温范围

B. 露天养殖池9时的水温

期可控制在3月下旬。

也可在2月中旬收集亲蟹，在50天内水温从8℃上升到22.5℃，经强化培育，也能在3～4月产卵。由于强化培育，水温上升太快，成活率和产卵率较低，分别只为50％和25％左右。

1. **实例一** 山东省烟台市水产研究所于1994—1995年，利用池塘养殖的三疣梭子蟹，进行室内越冬，并强化培育，用作人工繁殖的亲蟹。具体做法如下：

(1) **设施** 利用山东海阳对虾育苗场室内水泥池作为越冬池，规格为75米³和25米³。门窗、屋顶加盖塑料薄膜和黑布帘保温，用1台蒸发量为2吨/时的锅炉调控水温，充气用3台打气量为15立方米/分钟的罗茨鼓风机。

(2) **越冬蟹** 挑选1994年用人工培育的苗种养成的个体健壮、无机械损伤、尾重为200克以上的已交尾的雌蟹，共1 854只。

(3) **试验方法**

①铺沙和遮光对比试验：在5、6、9、10号池进行。其中：5号、9号池底铺上8～10厘米厚的细沙；5号、6号池用黑布帘覆盖池子顶部或整个车间上空遮光；10号池未铺沙又未遮光。各池状况见表1-42。各池技术管理措施相同，水温皆保持在7.5℃。试验从1994年12月11日开始，至1994年12月30日结束，历时20天。

②越冬水温调控试验：试验池池底铺沙，池上遮光后，进行
3℃、5℃、7℃、7.5℃、8℃ 等 5 种不同海水温度的越冬试验。
试验从 1994 年 12 月 31 日开始，至 1995 年 2 月 8 日各池开始升
温时结束，历时 40 天。

表 1-42　三疣梭子蟹越冬池子铺沙、遮光与不铺沙、
不遮光的对比试验结果

池号	池底面积（米²）	池底情况	光线情况	开始时越冬蟹数量（只）	结束时越冬蟹数量（只）	越冬蟹成活率（％）
5	22.5	铺沙	遮光	180	166	92
6	22.5	不铺沙	遮光	184	154	84
9	44	铺沙	不遮光	350	291	83
10	44	不铺沙	不遮光	360	280	78

③升温促熟试验：自 1995 年 2 月 8 日开始，至抱卵蟹散仔，
约 60 天。每天升温 0.5℃，在 8℃ 时恒温 4 天，10℃ 时恒温 7
天。由于计划改变，在 14℃ 时恒温 14～20 天，19℃ 时恒温 3
天，然后升温至 20℃ 孵化。每天傍晚主喂活沙蚕，辅喂小乌贼
和蛤蜊，投喂量随水温升高由占亲蟹体重的 1% 逐渐增到 8%。
升温后每天全量换水，换水后清除残饵及死蟹。每 3 天倒池 1 次
并清洗沙层。

（4）试验结果

①铺沙、遮光对比试验观察结果：5 号、9 号池的三疣梭子
蟹大多数潜入沙层，只露出小部分壳顶或触角，且很少出沙活
动；6 号池多静伏于池底不动；10 号池多伏在池底四角光线较暗
处，局部密度过大，外表损伤较多。另外，池未铺沙的三疣梭子
蟹，容易受外界声响惊动。20 天的试验结果表明，以既铺沙、
又遮光的 5 号池越冬成活率为最高，达 92％；6 号池不铺沙、遮
光和 9 号池铺沙、不遮光，这两个池越冬成活率基本相同，分别
为 84％ 和 83％；既不铺沙、又不遮光的 10 号池，越冬成活率最

低，仅为78%。

②越冬水温试验结果：水温在8℃时，开始只有个别三疣梭子蟹摄食，以后再未发现摄食个体；在8℃以下的池内，均未发现摄食现象。越冬期，很少有出沙活动的个体。从40天的试验结果看，不同温度下的越冬成活率，差异不显著（表1-43）。

表1-43　不同水温下三疣梭子蟹越冬成活率

池号	水温 （℃）	开始时越冬蟹的数量 （只）	结束时越冬蟹的数量 （只）	越冬蟹的成活率 （%）
6	3	154	114	74
7	5	158	115	73
1	7	165	122	74
4	7.5	167	126	75
2	8	164	125	76

③升温促熟试验结果：随着水温的升高，三疣梭子蟹摄食量明显增加，出沙活动频繁。当水温上升至19℃时，出现抱卵蟹，卵粒随发育阶段不同，分别呈黄色、橘红色、褐色和黑色，卵径逐渐增大。当卵子外观隐约可见深黑色眼点时，膜内幼体即将孵出。在促熟阶段，由于时间太长，栖息环境恶化，引发了三疣梭子蟹患纤毛虫病，镜检病原体为蟹栖拟阿脑虫，死亡较多。整个促熟阶段，成活率只有34%（表1-44）。

表1-44　升温促熟试验结果

开始时越冬 亲蟹的数量 （只）	结束时越冬 亲蟹的数量 （只）	总成活率 （%）	抱卵亲 蟹的数量 （只）	抱卵率 （%）	孵化蟹 的数量 （只）	抱卵蟹 的利用率 （%）	孵化量 （万/只）
1 050	356	34	328	92	189	58	50～90

④三疣梭子蟹室内越冬试验结果及体会：经过60余天铺沙与不铺沙、遮光与不遮光、不同水温对比试验，至越冬结束时，三疣梭子蟹存活总量为1 050只，越冬成活率为62%。利用

1 050只越冬亲蟹促熟成功 356 只，在 500 米^3 的育苗水体中，培育出大眼幼体 553 万只，溞状 4 期幼体 450 万只。其中单位水体出苗量最高为 3 万只/米^3 水体。采用沙滤水，结合施用 0.05 克/米^3 水体孔雀石绿和 25 毫升/米^3 水体福尔马林，并在倒池时用 800 毫升/米^3 水体福尔马林药浴，成功地控制了纤毛虫病的发生和蔓延。试验证明，梭子蟹越冬最好采用遮光、池底铺沙等方法，以创造弱光、安静的栖息环境，提高越冬成活率。

2. **实例二**　河北省乐亭县沿海开发管理总公司，于1994—1996 年进行了三疣梭子蟹亲蟹的室内越冬及人工抱卵实验。具体做法如下：

（1）设施　利用乐亭县水产增殖站对虾育苗车间的孵化池，每个池子面积为 6 米×4 米，深 1.7 米，采用锅炉升温，每池布散气石 12 个。越冬用水是经 150 目筛绢网过滤的二级沉淀海水，盐度为 28 左右。

（2）三疣梭子蟹的来源及数量　1994 年越冬亲蟹是当年 10 月底至 1 月中旬用流刺网捕获的，甲壳宽 20～23 厘米、体重 320～450 克/只，大多是越冬蟹，共计 71 只；1995 年越冬亲蟹取自增殖站虾池内自养蟹，甲壳宽 13.2～17 厘米、体重 200～270 克/只，全部为当年蟹，共 252 只。所选亲蟹均为雌性，肢体完整、健壮、活力强。经抽样检查，卵巢发育饱满，并向头胸甲两侧延伸，已发育到Ⅲ期末，有的已达Ⅳ期，部分已交过尾，受精囊内贮有乳白色精荚。

（3）亲蟹暂养和越冬管理　10 月中旬，当地水温为 14～16℃，此时梭子蟹的活动能力还较强，尚能摄食，将所选的亲蟹按 3 只/米^2 的放养密度移入室内暂养池，加水 70 厘米；每池用砖搭设一个隐避场所，每天傍晚按体重的 5%～8% 投喂 1 次鲜活沙蚕，随着自然水温的下降，根据摄食量的减少而减少投饵量，隔日换水 1 次，并及时清除死蟹及残饵。

当水温降至 8℃时，停止投饵，按 3 只/米^2 的放养密度，将三疣梭子蟹移入池底铺有 15 厘米细沙的越冬池内，水位加至 1.5 米；池面用黑布遮光，整个冬季不投饵，每 5 天换水 50%，每隔 4 小时充气一次，每次 30 分钟。

1994—1995 年的越冬水温控制在 7.0～8.0℃；1995—1996 年越冬水温控制为 5.0～5.6℃。

(4) 升温促产　每年的 3 月初，开始升温促使三疣梭子蟹抱卵，1995 年日升温 0.6℃；1996 年日升温 0.8℃。当水温升至 10.0℃时，开始投喂小杂鱼；在水温 12℃之前，隔日换水 1 次；当水温升至 12℃以后，每天换水 1 次，换水后用抄网将抱卵亲蟹移入另池培育；当水温升至 14℃之后，暂停升温，直至大部分三疣梭子蟹抱卵。

(5) 试验结果与体会

①试验结果：经过越冬期的饲育和管理，1995、1996 年分别获得抱卵蟹 33 只和 179 只，镜检胚胎发育良好。经抽样测定：越冬三疣梭子蟹抱卵量在 200 万～300 万粒/只；当年三疣梭子蟹抱卵量在 80 万～130 万粒/只，越冬亲蟹存活及抱卵情况见表 1-45。

表 1-45　三疣梭子蟹亲蟹越冬及抱卵情况

年份	1994年		1995年				1994年		1995年			
月/日	11/1	12/1	3/1	3/8	3/17	3/20	11/1	12/1	3/1	3/8	3/17	3/20
水温(℃)	12.0	8.0	8.0	12.2	14.0	14.0	12.0	7.0	5.0	5.0	12.0	14.0
未抱卵(只)	71	65	57	51	12	7	252	237	228	220	213	24
抱卵(只)	—	—	—	5	28	33	—	—	—	—	—	179
死亡(只)	—	6	8	1	16		—	15	9	8	7	10

②体会：通过试验得知，三疣梭子蟹在室内越冬的适宜水温

应控制在5℃左右，且底质对三疣梭子蟹的抱卵量影响很大，以沙质底为好。

3. 实例三　天津市塘沽区塘宁水产育苗场，于1998年秋季进行了室内三疣梭子蟹高密度育肥越冬试验。具体做法如下：

（1）越冬蟹入室　1998年11月上旬，在室外水温14℃的情况下，以38元/千克的价格在5天时间内共收购三疣梭子蟹2 200千克，规格平均为250克/只。室内水温控制在14～16℃，池底铺上建筑沙10厘米，越冬蟹的投放密度为20～22只/米^2，共使用50个池子，计750平方米，其余6个池子为配水池。

（2）培育管理措施

①强化培育：在室内水温10～16℃范围内，三疣梭子蟹有较强的摄食能力，大约60天左右，投喂以低值小杂鱼为主，每天早晨换水后投喂1次，投喂量按体重的5%左右计算，随着水温的变化而增减，以略有残饵为宜。入室后全天充气，以后随着水温的下降可减少充气时间。

隔日换水，随水温下降，换水间隔的时间可延长，换水采取等温换水，换水水位控制在60～80厘米。

加强观察，随时拣出死蟹，清除残饵。

②三疣梭子蟹越冬：三疣梭子蟹在水温10℃以下，在肥满度较好的情况下，开始潜沙越冬。越冬期停止投喂，保持水温不低于8℃。对于肥满度不足，仍出沙觅食的蟹，可集中暂养投喂，待肥满度较好时，再行潜沙越冬。越冬期，只在夜间微充气，水深保持60～80厘米。

③病害防治

a. 清洗、消毒：在入室之前，对三疣梭子蟹进行清洗、消毒，清洗吐沙后，用甲醛液10～15毫升/米^{3}水体药浴24小时。

b. 用药：定期使用药饵，土霉素拌于切碎的小杂鱼中，每千克饵料加2克；在育肥期换水后，加呋喃唑酮1克/米^{3}水体。

c. 投喂新鲜饵料：注意饵料新鲜程度，不投喂腐败变质的饵料。

d. 出池销售消毒：根据客户要求，采取出池后，用橡皮筋逐个捆绑螯足，然后放置在无沙的清水池中，水温 10℃，吐沙清洗 2 小时以上，水中可投呋喃唑酮 1 克／米³ 水体进行消毒。

（3）经济效益　经育肥越冬，商品蟹平均售价为 80 元／千克，共出售 1 700 千克，收入 13.6 万元；其他蟹加工为蟹酱 100 千克，售价 50 元／千克，收入 5 000 元。两项共收入 14.1 万元。收蟹开支 8 万元，水电人工费 1 万元，总开支 9 万元。总收入减去总开支，共获利税 5.1 万元。

（4）经验与体会

①掌握好收蟹时机，以水温 12～14℃ 为宜。最好逐个捆绑螯足，入室清洗、消毒，以避免互相残杀。

②入室三疣梭子蟹，只选用雌蟹，不仅成活率高，而且经育肥越冬，价格可大幅度地提高。

二、其他方式养成

（一）笼养

三疣梭子蟹笼养，通常适宜于海水流动交换好、水体无污染、水温和盐度变化较小、饵料丰富的滩涂和港湾或对虾塘内。

笼具，可根据各地具体情况，因地制宜地加工制成。在山东沿海，有些地方是用扇贝笼养殖三疣梭子蟹，而在浙江沿海一带，将捕蟹的蟹笼经改造成养殖用的笼具，即把蟹笼入口处堵住，将蟹笼分隔成三段，每只蟹笼养 3 只三疣梭子蟹。为使笼具能放置于一定的水深区域内，且具有较好的稳定性，笼具须有足够的重量，笼具的设置可单放，也可沿绳放。

笼养时，宜选取大规格蟹种，一般要求在 50 克以上。投饵品种与池塘养殖基本相同。必须及时清除笼具上的污物，对笼具也应经常检查,如发现破损须及时修补。遇到强台风时,凡在海区内笼养的,可将笼具移至避风港湾内或暂移至虾塘内为宜。

1. 实例一　浙江省岱山县东沙镇,在1994年选择在风浪不大,潮差较大,水深1米以上的中高潮区池塘内进行笼养三疣梭子蟹。池塘面积为10~30亩,底质为泥沙底。为提高经济效益,采取笼养与池养相结合,即笼内养雌蟹,池内养雄蟹的形式,每亩安置500~600只笼具,放养时间为7~8月。

放养前先打木桩,在木桩间系上塑料绳,笼间距为30厘米,笼吊于离池底30厘米处。养蟹的塑料笼有两种:一种规格口径30厘米、底径20厘米、高20厘米;另一种是由2只圆形塑料篮合拢,篮高20厘米,底径15.5厘米,中间直径25.5厘米。外面均用培育鱼种的网片包起来,吊于塑料绳上。随着蟹的个体的长大,蟹笼应更换为较大的笼子。

2. 实例二　山东省荣成市崂山镇水产养殖公司,在桑沟湾扇贝养殖区利用扇贝笼养殖梭子蟹,取得较好效果。具体作法如下:

1997年6月6日该公司购进2千克三疣梭子蟹的大眼幼体,在室内暂养到6月中旬,幼蟹长到1厘米左右,按一层一只,每笼7只的标准分装到4万个扇贝暂养笼内,挂养到扇贝养殖区进行养成管理。饵料以鲜鱼和蛤肉为主,每2天投喂1次。7月中旬幼蟹长到4~5厘米时,换成扇贝养成笼养殖,长到8厘米,成活率在90%以上,比在虾池中养殖三疣梭子蟹成活率高60%以上,饵料利用率高50%以上,生长速度也明显优于在虾池中养殖。

(二) 围栏养殖

围栏养殖,又称围养,是以网片作为围栏设施,进行三疣梭子蟹养殖。在对虾塘(一般50~100亩)内可进行围栏养殖,一般用聚乙烯网片或虾板子进行网围,围栏高出水面50厘米左右。

围养，以投放相同规格的蟹种为宜，可减少相互残杀。一般可按不同规格分为两级放养：一级放养是将规格为 4～10 克的幼蟹，经 60 天左右培育至 50 克以上；二级放养是将 50 克规格的蟹种，经 3～4 个月饲养，达 250 克以上规格的商品蟹。放养密度以 3～4 只/米² 为宜。

在围网养殖中，其饲养管理与池塘养殖成蟹相同。

浙江省苍南县在养殖梭子蟹的池塘内，用网片围成无底网箱 4 口，进行不同密度的围栏养蟹试验。每口网箱规格为 3 米×3 米，面积 9 平方米，分别按 2 只/米²、3 只/米²、4 只/米²、5 只/米² 放养。不同放养密度的围养试验结果，见表 1-46。

表 1-46　不同放养密度的围养试验结果

网箱号	放养密度(只/米²)	放养（9 月 4 日）只数(只)	甲宽(厘米)	体重(克)	起捕（12 月 13 日）只数(只)	甲宽(厘米)	体重(克)	投饵量(千克)	成活率(%)	产量(千克)	产值(元)	盈利(元)
1	2	18	9.21	55.85	10	15.95	224.9	22.1	55.6	2.25	225	190.14
2	3	27	9.69	68.89	12	15.98	219.8	35.8	44.4	2.64	264	210.12
3	4	36	9.36	61.38	13	15.36	208.6	49.1	36.1	2.71	271	198.34
4	5	45	9.34	63.92	10	15.20	203.5	56.8	22.2	2.04	204	115.92

（三）水泥池养殖

水泥池养殖三疣梭子蟹成蟹，宜采用开放式流水养殖的形式。这种方式可利用潮差纳水或用水泵提水，海水沉淀池过滤沉淀后再流入养蟹水泥池内。现有的对虾育苗池，稍进行改造，即可用于三疣梭子蟹养殖。

流水养蟹，要求水量较大，因此，供水须有充分的保证。池水流速应较为稳定，不宜过快或过缓。池水最好尽可能交换彻底，因此池形结构要避免死角，确保水流均匀、流畅。池水需保持 1～1.2 米的水深。寒潮来临之前，应适当提高水位。暴雨来临之前，也应提高水位，以免池水盐度偏低。

在池内须设置饵料台，饵料投喂在饵料台上。投饵要及时、

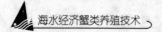

充足，不要因为由于投饵不足、不及时而引起相互残杀现象。在三疣梭子蟹摄食时，宜暂停流水，开启增氧机供氧。待三疣梭子蟹摄食结束，即关闭增氧机，恢复流水。对池内的残饵和粪便等有机物，须定期吸污，及时排除，以免污染水质。

第六节 三疣梭子蟹的病害防治

与其他水产经济动物一样，在三疣梭子蟹的病害及防治中，也应坚持"以防为主、防治结合、综合治理"的原则。

一、预防措施

在三疣梭子蟹的养殖过程中，应做好以下预防工作：

（1）要适时加水、换水，以保持良好的水质。

（2）要适时适量，投喂优质新鲜饵料。

（3）经常巡塘，观察三疣梭子蟹的活动情况，如发现异常，应立即检查，采取相应措施。

（4）及时清除残饵和池内污物。

（5）高温期，也是疾病多发季节，要定期投喂药饵和进行池水消毒。

二、疾病防治

（一）细菌病

三疣梭子蟹被细菌感染后，常常表现以下两种症状：一是甲壳和附肢等部位呈凹陷溃烂，如甲壳病；二是引起局部组织器官感染或转为全身性败血症。在整个生活史中，都可能受细菌感染而发病，主要有弧菌病及细菌性甲壳病。

1. 弧菌病

【病症】病蟹外部症状表现为昏睡、体弱、甲壳变色；鳃水肿，不透明，鳃上皮加厚；步足颤抖和麻痹。

解剖症状为血不凝固或凝固很慢，血细胞减少，细菌在血中可以观察到。

【病原】从病蟹中分离出来的细菌有弧菌、假单胞菌、噬纤维菌、产黄杆菌等。铃木康二（1980 年）报道，溶藻性弧菌和假单胞菌是引起三疣梭子蟹溞状幼体大量死亡的病原。

【危害】成蟹在细菌感染 7～10 天之后，出现较高的死亡率。细菌病在夏季高温季节较常出现，死亡率可达 50％左右。

【防治方法】在养成期间，要降低放养密度，提高饵料质量，加大换水量。在成蟹每千克饵料中，配 1 克抗菌素，连续投喂 7 天，同时用 1 克/米^3 水体（有效氯 25％～30％）漂白粉，全池均匀泼洒。

2. 细菌性甲壳病

【病症】症状，常见于蟹的腹面。在早期阶段，腹面出现点状褐色斑点和褐红色凹陷区域。在晚期，这些斑点形成深层不规则区域，出现侧棘和附肢的坏死，导致侧棘末端与基部脱离，坏死部位常发生在腹面甲壳表面。

从病理切片观察，溃斑坏死只是在表层，内部深层坏死未见到。表面角质层、外几丁质层和钙化内角质层，都逐渐受腐蚀而消失，但受感染的甲壳内层，得到保护。

【病原】据美 Rosen（1996 年）报道，从病蟹中分离出的溶藻性弧菌、鳗弧菌和副溶血弧菌，这些细菌在受到损伤的蟹的甲壳上，2 周出现溃烂，而在未损伤的蟹体上感染却没有效果。

【危害】细菌性甲壳病在晚秋、冬季比夏季盛行，死亡率可达 10％～85％，成蟹较幼蟹发病率高，养殖时期越长，发病率越高。

【防治方法】加强饲养管理，避免机械性损伤，发现病蟹及时清除，以防疾病蔓延。投喂高质量饵料，缩短养殖周期，控制养殖水环境。以 0.05 克/米^3 水体孔雀石绿与 20 毫升/米^3 水体福尔马林混合全池泼洒一天后换水，连续数次。同时连续投喂抗菌素药饵 3～5 天。对病蟹可用 10 毫升/米^3 水体喹啉酸浸洗，也可用孔雀石绿及抗菌素混合液进行药浴处理。

（二）附着生物敌害病

【附着性生物敌害种类】对梭子蟹来说，附着性生物敌害主要有固着类纤毛虫。固着类纤毛虫，在种类上主要有聚缩虫、单缩虫和累枝虫等。

【病症】成蟹在水质环境适合于纤毛虫类滋生繁殖条件下，肉眼可见蟹体上纤毛虫附着满身（尤其是步足和泳肢、尾扇部、背部），呈白毛棉絮状。

【危害】三疣梭子蟹的幼体和成体都是生活在海水之中的，常有机会受到附着性生物敌害的附着或寄生，进而影响到蟹的生长和发育，被附着的蟹体因无法摄食，影响呼吸作用而衰弱及蜕壳困难而导致死亡。

【防治方法】要使育苗池的水保持活化，养殖密度不宜过大。饵料生物往往是纤毛虫类的携带者，应做好丰年虫的消毒及卵壳分离工作。避免附着性寄生虫病害的影响，在水温 23～25℃，用新洁尔灭药浴可杀死大部分蟹体身上的聚缩虫，或用 20 毫升/米^3 水体的福尔马林全池泼洒，一天后换水。

（三）环境变化引起的疾病

养殖三疣梭子蟹的水环境，因发生突然变化，或水中缺乏蜕壳必需的物质，也会引起如下疾病：

1. 蜕壳不遂症 其原因，可能与缺氧及水中缺乏蜕壳必须的物质有关。

2. 水肿病

【病因】由于大雨使池水盐度突变，致使三疣梭子蟹渗透压等生理机能不能适应等因素而引起。

另外，自 Vago（1996）报道蟹病毒病以来，已陆续发现 10 余种病毒与三疣梭子蟹疾病有关。主要有呼肠弧病毒样病毒（RLV）、疱疹病毒（HLV）、S 病毒、造血组织病毒（CHV）、切萨皮克湾病毒（RNA）、细小样病毒（PC84）和虹彩样病毒（ILV）等。

【病症】一般表现为厌食、活力减弱、迟钝和虚弱等症状，最终导致死亡。其病理特征为受病毒感染的血细胞异常凝固，血细胞数量减少和坏死以及神经系统广泛损伤等。有些病毒尽管发现对细胞有病变效应，但不能确定其病理作用。

【防治方法】目前防治蟹类病毒尚无有效方法。如发现蟹病毒时，应将池中病蟹及时清除掉，并用1%来苏儿消毒24小时后，彻底洗刷干净，才能继续放养。

第七节　三疣梭子蟹的活体运输

三疣梭子蟹以活蟹价格最高，沿海一带可作短途活体运输。但要活蟹出口或供应内地，则需进行严格操作。

一、运输蟹的选择和暂养

选择体重150克以上、肢体完整、身体饱满、无寄生物的健康蟹体。选蟹场地应湿润，不可日晒。选好的蟹体，按规格大小，分养在小水泥池内。池深60厘米，池底铺沙10厘米，加水25厘米最好，其他操作方便的池子也可以。水温15～20℃，暂养1～2天之内不投喂，以便蟹体将粪便排出，同时剔去不潜沙的弱蟹，待晚上蟹活动时再作一次挑选。

二、装筐、麻醉

将以上挑选好的三疣梭子蟹进行装筐，装筐后及时麻醉。采用冷却麻醉法，预先在水槽内配好清洁冰水，然后将筐里的蟹浸入冰水中进行麻醉。若当时的水温较高，应采取分级降温，最后让蟹在7～8℃的水体内浸泡1～2分钟。经降温处理后的蟹体，处于半冬眠状态。

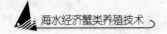

三、秤量、按规格分级

麻醉后的活蟹，根据不同重量规格的要求，进行秤量、分级，同时剔除不合格的死蟹（活蟹蟹脚紧缩不下垂，蟹脚下垂的为死蟹）、次蟹、断脚蟹等，每次称个体大小一致的蟹 4 千克，含水量掌握在 2%。规格分为四级，LL 级：每 4 千克为 11 只以内；L 级：每 4 千克为 12～15 只；M 级：每 4 千克为 16～20 只；S 级：每 4 千克为 21～24 只。

四、装箱及运输

已麻醉且分好级的三疣梭子蟹，可随时装箱起运。应根据当时起运的航班，进行灵活掌握。

装箱用清洁、干燥、无杂质的木屑（以白杨木屑最佳，颗粒大小以电锯锯出的粗细为好）。将麻醉后的活蟹，包裹于纸板箱或塑料泡沫箱内。装箱时，先在箱底铺一层木屑，然后将蟹背朝上，蟹口斜向上大约成 45°，整齐地码放一层蟹，上面铺一层木屑；再放一层蟹，再铺上一层木屑。每箱一般铺上三层木屑码放二层蟹。如为"S"级，则可铺上四层木屑码放三层蟹。层间空隙，特别是上层的封面，要垫足木屑，以防蟹体移动，影响存活率。木屑的用量，一般为蟹重的 1/4。最后，用胶带封口。

包装好的活蟹要及时起运，力求缩短运输时间，36 小时内运抵目的地上市。活体三疣梭子蟹在贮运过程中，箱内温度应保持在 3～7℃。

第八节　三疣梭子蟹的增殖放流

三疣梭子蟹增殖放流，在我国尚未大规模进行。日本对三疣梭子蟹的放流，是随着人工育苗技术而发展的，自 1971 年起，作为国家辅助项目，在濑户内海开始了三疣梭子蟹的苗种放流，

继之是日本 海西区及东海，但以濑户内海的放流数量最多。1951 年日本三疣梭子蟹的渔获量为 4 208 吨，以后渐减，1970 年下降到年产 997 吨。采取蟹苗人工放流之后，捕捞产量明显上升。1982 年捕捞产量恢复到 4 714 吨，创历史最高渔获量。现在不断放流，产量继续上升，濑户内海增产最为显著。

一、三疣梭子蟹适宜放流地点、规格、时间的选择

放流前应对要放流的场址进行调查、选择，主要从以下几个方面考虑：

（1）放流地点与蟹苗中间培育场址之间的距离，要靠近，以便于缩短运输路程。

（2）底质要适于三疣梭子蟹栖息潜藏，最好为沙底或沙泥底。

（3）底栖饵料生物丰富，敌害生物少。

（4）水质受污染小，盐度受雨季影响小，现有或以往有三疣梭子蟹资源分布的海域。

根据大岛信夫报道：三疣梭子蟹稚蟹Ⅰ期（C_1）主要营漂浮生活，稚蟹Ⅱ期（C_2）初步、Ⅲ期全部具有潜沙与逃避敌害的能力。因此可以推断，适宜的放流规格应在稚蟹Ⅲ期以后，这样可以定点放流，提高回捕率，有利于追踪调查和对增殖效果进行评估。

放流时间在 6 月左右，此时近岸水温在 20℃左右，对初期稚蟹的生长、蜕壳不产生影响，同时较自然苗的发生可早 20 天左右，在当年 10 月均能达到性成熟，可补充当年渔获量，并增加翌年的繁殖群体数量。

二、三疣梭子蟹苗的中间培育

中间培育，是指从稚蟹Ⅰ期（C_1）培育到稚蟹Ⅲ期（C_3）以上的培育过程。一般采取在陆上用小水池子进行培育（见前面介

绍）。池内投放附着器 1~2 个/米², 充气石 1 个/米², 将出池稚蟹 Ⅰ期（C₁）幼体放入中间培育池内，放养密度为 1 000 尾/米²以下，密度越小，成活率越高。日投饵量为体重的 60%，日换水 100%~200%。加强管理，定时测定水质理化因子等。有条件的地方，可采用在放流场址近岸设置围网，清除敌害。定时管理，到稚蟹 Ⅲ期以后，撤掉围网，让稚蟹自行逸散。

三、运输及放流

采用水槽内放置附着器充氧运输，运输密度为 2.0 万~2.5万只/米²，水温变化控制在 ±2℃ 左右。放流应选择在退潮时，用网抄起后放入海水中。

四、放流后成蟹的回捕

放流的苗种，在短时间内在沿岸水域中生长，当甲壳宽长至13~15 厘米左右时，开始作为捕捞对象。捕捞三疣梭子蟹，通常是多种作业。初时，用流刺网和小型定置网捕捞；以后三疣梭子蟹向深水处移动，改用小型底拖网捕捞。日本广岛县阿贺地区，9 月上旬用流刺网捕捞甲壳宽 16 厘米以下的小型蟹群；9月下旬以后为盛渔期，可持续捕捞到 11 月下旬。9 月下旬后，渔获量大致呈直线下降；12 月改用小型底拖网，在广岛安芒滩捕捞中型蟹群，1 月为盛渔期，可持续捕捞到 4 月下旬。

五、苗种放流增殖与渔获量的关系

标志放流当年的三疣梭子蟹蟹苗，回捕率最好的实例为50%，平均为 12%，与其他水产品种放流相比，回捕率是较高的。三疣梭子蟹放流后，移动距离（从放流到回捕点的直线距离）在 1~59 千米的范围内。从过去标志放流结果来看，可以断定达到商品规格的三疣梭子蟹，到初春时移动范围在 20~30 千米左右。三疣梭子蟹的产卵群体，由深水区向浅水区移动，稚蟹期则移动范围很小。

从濑户内海三疣梭子蟹渔获量来看，9～12 月渔获量明显增加。因为放流多数是在 6～7 月进行，因此可以认为是因为放流使渔获量增加。放流Ⅲ期幼蟹（C_3）苗种 1 万只，预期渔获量（不考虑再生产，在放流群体中直接回捕量）大约为 1 吨。放流的苗种，不但使当年渔获量直接提高，而且一部分参加了再生产（繁殖后代），对提高放流海区三疣梭子蟹的产量，具有重要意义。

第二章
锯缘青蟹养殖

　　锯缘青蟹(*Scylla serrata*),俗称青蟹或红蝤,是一种具有生长快、适应性强、经济价值高的食用蟹。锯缘青蟹,属梭子蟹科的一种大型种类,最大个体可达 2 千克,其肉味鲜美、营养价值高,是传统的名贵海产品。据分析,锯缘青蟹可食部分每 100 克中含蛋白质 15.5 克、脂肪 2.9 克、碳水化合物 8.5 克、钙 380 毫克、磷 340 毫克和铁 10.5 毫克,还含有核黄素、硫胺素和尼克酸等多种维生素。尤其是性腺成熟的雌蟹(俗称膏蟹),有海上人参之誉,是产妇和身体虚弱者的高级滋补品。除食用外,锯缘青蟹还可入药,治疗多种疾病。由蟹壳制成的甲壳素,还是一种用途很广的工业原料。因此,锯缘青蟹颇受国内外广大消费者的欢迎。

　　锯缘青蟹作为海洋渔业的捕捞对象,已有相当长的历史。但近年来由于捕捞过度,资源量不断下降。因此,国内外许多地方已开始发展人工养殖和进行全人工育苗的研究,并取得了较好的效果。

　　国外锯缘青蟹的研究始于 20 世纪 40 年代,菲律宾的 Arriola (1940)、马来西亚的 Ong (1946、1966)、印度的 Raja Bai Naidu (1955) 对锯缘青蟹的生活史进行了研究;南非的 Duplessis (1971) 对锯缘青蟹的形态特征、食性、生长、繁殖及幼体培育进行了研究;美国的 Brick (1947) 和澳大利亚的 Heasman 等 (1982)对锯缘青蟹幼体的培育进行了研究;菲律宾的 Escritor

（1970）、泰国的 Varikul（1970）对锯缘青蟹池塘养殖进行了试验。东南亚一带的锯缘青蟹养殖方式，主要有池塘养殖、网箱养殖等。

　　我国养殖锯缘青蟹已有 100 多年的历史，早在 1890 年，广东省东莞市虎门就开始锯缘青蟹的育肥蓄养，20 世纪 20 年代在那里锯缘青蟹养殖曾一度颇为兴盛。20 世纪 60～70 年代，锯缘青蟹养殖在我国的东南沿海，尤其是广东沿海有了较大的发展，养殖面积达 100 多亩。进入 20 世纪 80 年代之后，随着人工育苗及养殖技术的推广，我国的锯缘青蟹养殖像雨后春笋，蓬勃地发展起来，尤其是广东、广西、福建、浙江等沿海地区，锯缘青蟹养殖热潮一浪高过一浪，养殖面积迅速扩大，经济效益不断提高，因此，锯缘青蟹目前已成为我国海水养殖的重要品种之一。

第一节　锯缘青蟹的分类地位及地理分布

　　锯缘青蟹（*Scylla serrata*），隶属于节肢动物门（Arthrbpoda）、甲壳纲（Crustacea）、十足目（Decapoda）、梭子蟹科（Portunidae）、青蟹属（*Scylla*）。

　　锯缘青蟹属暖水、广盐性种类，主要分布于温带、亚热带和热带的浅海区域，尤其是在有机质丰富、潮流缓慢的江河入海处和浅海内湾，更适宜其生长。在日本、越南、新加坡、马来西亚、泰国、菲律宾、印度尼西亚、澳大利亚、新西兰和美国等海域均有分布。我国的广东、广西、海南、福建、浙江、江苏和台湾等省、自治区的沿海亦有分布，尤以广东、福建和浙江三省为多。

第二节　锯缘青蟹的生物学特性

一、外部形态特征

　　锯缘青蟹从外形来看，可分为头胸部、腹部和附肢（图 2-

1）。

图 2-1　锯缘青蟹

（一）头胸部

　　锯缘青蟹的头胸部完全愈合，背腹两面都覆盖有甲壳。在背面的称为背甲（图 2-2），呈青绿色，扁椭圆形，有保护躯体内部柔软组织的作用；在腹面的称为腹甲或胸板（图 2-3）。

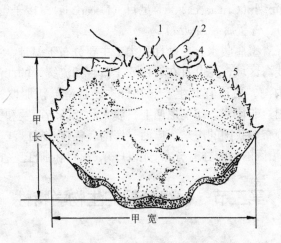

图 2-2　锯缘青蟹的头胸甲

1.第一触角　2.第二触角　3.眼窝下缘齿
4.复眼　5.前侧缘侧齿

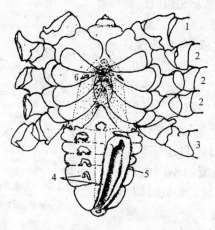

图 2-3　锯缘青蟹（雌）腹甲及腹部附肢
1. 螯足　2. 步足　3. 游泳足
4. 腹部附肢　5. 刚毛　6. 生殖孔

　　头胸甲呈扇形，稍隆起且表面光滑，长度为宽度的 2/3，中央有明显的"H"形凹痕，形成若干与内脏位置相对应的区，可分为胃区、心区、肠区、肝区和鳃区等。头胸甲边缘分为额缘、眼窝缘、前侧缘、后侧缘和后缘。额缘有三角形额齿 4 枚；眼窝缘具有前齿各 1 枚；前侧缘各有侧齿 9 枚，其形状似锯齿，故名为"锯缘青蟹"；后侧缘斜向内侧；后缘与腹部交界，近于平直。额缘两侧有 1 对带柄的复眼，能左右转动，平时多横卧在眼窝缘下方的眼窝里，受惊时则竖立起来。眼内侧生有两对触角，内 1 对为第一触角，基部藏有平衡器；外 1 对为第二触角，基部藏有排泄器（即触角腺）。头胸甲还折入头胸部之下，可分为下肝区、颊区、口前部。在口前部后方中央的大缺口，为口腔。

　　腹甲中央部分向后陷落呈沟状，称腹沟。胸部腹甲原为 3 节，虽前 3 节已愈合为一，但节痕尚可辨认。后 4 节在腹沟处也已愈合，但其两侧的隔膜仍可分辨。生殖孔开口于胸板上，雌雄位置有异，雌的一对开口于第三对步足基部胸板处；雄的一对则开口于游泳足基部相对应的胸板处。

（二）腹部

腹部连接头胸甲后缘，退化成扁平状，紧贴于胸板下方，四周有绒毛，俗称"蟹脐"。把蟹脐打开，可见中线有一纵行凸起，内有肠道贯通，肛门开口于末端。蟹脐的形状随蟹的不同生长时期和性别而异。幼蟹时期，雌、雄均呈狭长形，雌、雄很难区分。当甲壳长达1厘米、宽1.5厘米以上时，雌性蟹脐开始扩宽渐呈圆形，雄性蟹脐则仍为狭长三角形。腹部7节分明（图2-4）。

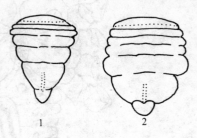

图 2-4　锯缘青蟹腹脐
1. 雄蟹　2. 雌蟹

（三）附肢

头部附肢共5对，分为第一触角、第二触角、大颚、第一小颚和第二小颚。胸部附肢8对，前3对为颚足，后5对为胸足。口腔上缘的口器从里往外依次由大颚、第一、第二小颚和第一、第二、第三颚足等6对双肢形附肢组成。大颚的内肢发达，成臼状，适于咬碎坚硬的食

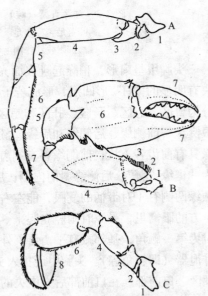

图 2-5　锯缘青蟹的胸足
A. 步足　B. 螯足　C. 游泳足
1. 底节　2. 基节　3. 座节　4. 长节
5. 腕节　6. 掌节　7. 指节　8. 不动指

物。小颚成薄片状，能搬送食物。第一颚足有挠片，能击动水流，以保持鳃内水的流动，帮助呼吸；第三颚足的形状构造，则是分类上的主要特征之一。5对胸足，每肢从身体向末端依次由底节、基节、座节、长节、腕节、掌节（也称前节）和指节等7节所组成。第一对附肢呈钳状，称螯足，粗壮坚硬而强大，用于摄食和防敌。第二至第四对附肢呈尖爪形，较细长，用于步行，故称步足。第五对胸足呈桨状，适于游泳，又称游泳足（图2-5）。

腹部附肢的数目与形状因性别而异。雌性腹肢4对，生于第二至第五腹节上，逐渐变小，为双肢型，边缘生有柔软的细刚毛，卵产出后黏附其上。雄蟹腹部附肢2对，着生于第一、二腹节上，

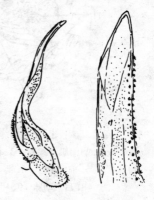

图2-6 锯缘青蟹雄性生殖器(左)及其末端放大(右)

尖细呈针状，为雄性交接器。第一对腹肢粗壮，末端趋尖，外侧面具许多细小的刺，交配时用作输精，又称交尾针或"阴茎"（图2-6）；第二对细小，用于喷射精液。

二、内部构造特性

打开锯缘青蟹的背甲，其内部器官组织便呈现出来（图2-7）。现将锯缘青蟹内部系统构造及其作用分别简述如下。

（一）消化系统

锯缘青蟹的消化系统，可分为消化管和消化腺两部分。

1. **消化管** 包括口、食道、胃、中肠、后肠和肛门。食道和胃又统称为前肠。口在身体腹面大颚之间，有1片上唇和2片下唇；食道短小，与胃相连。胃在身体背面，分贲门胃和幽门胃两部分。前者为一大囊状物，有贮藏和磨碎食物的功能；后者的

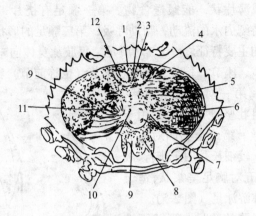

图 2-7　锯缘青蟹的内部构造

1.胃前肌　2.胃　3.胃磨的上齿　4.胃磨的侧齿

5.前大动脉　6.鳃,左侧示其位置　7.心脏

8.后大动脉　9.卵巢　10.心孔　11.肝脏

12.触角腺(排泄器)的囊状部

胃腔很小。咀嚼食物时,借肌肉的收缩使胃齿摆动,把食物磨碎。磨碎的食物经过滤后,易消化的物质被送到中肠和后肠,不能消化的坚硬颗粒或碎壳则由口喷出体外。中肠较细,前后各有细长的盲管长出。肠壁有吸收营养物质的功能,未经吸收的物质和残渣,则经极短的后肠(直肠),由肛门排出体外。

2.消化腺　为肝胰脏,由许多盲小管组成,分为两瓣,各呈三叶状,位于幽门胃和中肠的连接处。其导管开口于幽门胃和中肠的连接处。消化腺能分泌各种消化酶,在胃内协同胃的机械作用,把食物消化成糊状。

(二)呼吸系统

锯缘青蟹的主要呼吸器官是鳃,其位于头胸部两侧的鳃腔内,每侧8片,每片由鳃及许多羽状鳃叶构成。除鳃外,口器中第一颚足和第二对小颚的颚角片在鳃腔里不断划动,以及螯足、步足基部的入水孔、以螯足为主和第二触角基部的出水孔,共同构成了呼吸系统的水流循环，提供呼吸所需要的氧气。呼吸时，第一颚足的外肢煽动，大部分水由螯足基部流入，小部分水则由步足基部流入，水经过鳃腔上的微血管，使水中的氧气渗到血液中，而血液中的二氧化碳则渗于水中流出。

(三) 排泄系统

锯缘青蟹幼蟹期，有 2 对肾脏，即颚腺（又称壳腺）和触角腺（又称绿腺），两者均有排泄功能。

锯缘青蟹成蟹期，只靠 1 对触角腺完成排泄功能。触角腺，位于头胸部前方食道的前面。为左右两个卵圆形绿色的肌肉质贮藏囊，下接一条弯曲盘旋管，管中间为海绵组织，呈白色，以上称腺体部。下接一囊状膀胱，开口于第二触角内侧基节的乳头突，废物即从此处排出体外。除排泄功能外，触角腺还有调节适应海水比重，使体内外渗透压保持平衡的功能。此外，中肠盲管也有排泄功能。

(四) 循环系统

锯缘青蟹的循环系统，由一肌肉质的心脏、数条血管和许多血窦组成。心脏位于后肠盲囊上方、头胸部背面中的围心窦内，有 3 对心孔，每孔都有心瓣控制，以防血液逆流。由心脏发出的动脉共 7 条，其中 5 条向前，分别为 1 支上眼动脉、左右触角动脉各 1 支和 1 对肝动脉。2 条向后，分别为腹动脉和胸动脉。

锯缘青蟹的血液，是无色透明的胶状液体，内含变形细胞或称白血球，但因血中含有血青素（一种含铜的蛋白质，容易与氧结合，也容易释放氧，氧化时呈青绿色，还原时呈白色），一遇空气即可变为蓝灰色。此种色素与血红素功用相似，有传送气体的作用。体内的血液，一部分在血管中，另一部分在血窦中进行循环。心脏收缩时，心瓣关闭，血液由心脏流入各动脉，至躯体各部分，并分成微血管，开口各血窦。由各血窦经静脉汇合而入胸窦。在胸部分出血管，由入鳃血管至鳃，进行呼吸后，再由出鳃管折回围心窦，并通过心瓣控制，使入窦的血液由心孔全入心脏。如此周而复始，循环不息。锯缘青蟹的循环属于开管式。

（五）生殖系统

雄性生殖器官，由精巢与输精管组成。精巢1对，位于消化腺后方，两叶的中间部分融合，精巢下方各有一长而盘曲的输精管。每条输精管与精巢之间，有1个由大量盲管组成的副性腺，输精管末端，则开口于第五对步足基部的交接器。

雌性生殖器官，由卵巢和输卵管两部分组成。卵巢位置与精巢相同。卵巢两叶，左右分开，中央部分相连，呈"H"形。未成熟的卵巢较小，近于白色，随着成熟度的增加，颜色逐渐变为橙色、浅橙红、直至鲜艳的橙红色，俗称蟹黄。成熟的雌蟹，蟹黄充满头胸部的背侧。各叶卵巢，都有一很短的输卵管，末梢各附1个纳精囊，开口于生殖孔。

（六）神经系统

锯缘青蟹的神经系统，是由2对神经节、若干神经和神经索组成。一对神经节位于头部（亦称脑），向前和两侧发出4对神经，依次为：第一触角神经、眼神经、皮肤神经和第二触角神经。向后通过一对围咽神经，从食道两侧发出一对交感神经，通向内脏器官及口器，紧贴食道的后侧，一条细小的横联神经，将左右两条围咽神经连接而形成一个围咽神经环，有神经分布于大小颚及3对颚足。另一神经节，位于腹甲中央，称胸神经节，扁圆形，中有一孔，胸动脉由此孔穿过。从胸神经节向两侧发出较粗的5对神经，依次分别分布到1对螯足，3对步足和1对游泳足。腹部无神经节，只有由胸神经节发出的一条神经索，并分成许多分枝，散布到腹部各处。

（七）感觉器官

锯缘青蟹的感觉器官，主要为触角和眼睛。它们分别起视觉器、平衡器、嗅觉器和触觉器的作用。

1. 复眼　1对，眼下生柄。复眼构造复杂，由数千个视觉单位的小眼或单眼组成。外附角膜，中心为视网膜，视神经分布其上，具有可辨别物体的大小、颜色、活动状态和光线等功能。

2.**平衡器**　位于第一触角的基部，由 1 对窝状囊组成，与外界不相通。内有司感觉的绒毛，也是主要的感觉器官。其上部附有石灰质的颗粒，可起平衡的作用。

3.**嗅觉器**　在第一对触角小节上，生着许多专司嗅觉的感觉毛，借此常在夜间出穴觅食，辨别食物。

4.**触觉器**　锯缘青蟹躯体外缘和附肢上的刚毛，具有触觉的功用。此类刚毛，系表皮细胞向外突出而成，基部有神经末梢分布，所以触觉敏锐。

第三节　锯缘青蟹的生态习性

一、生活习性

（一）栖息与运动

锯缘青蟹喜欢生活于潮间带的泥滩或泥沙的海滩，也栖息于红树林、沼泽地。多夜间活动，白天穴居于泥土穴或岩缝内，其洞穴的大小与个体大小相适应，深浅则随季节、潮区、滩涂堤岸基质的软硬度以及个体大小、强弱而异。在一般的情况下，洞穴冬深、夏浅。从季节活动来看，夏季活动多，冬季活动少。盛夏时往往成群在干潮时竖起步足，使头胸离开滩面而露空乘凉。天气较冷时，多伏于淤泥土中仅露两眼。游泳全凭游泳足，步行依靠 3 对步足。受惊时，步足和游泳足并用，竭力逃跑。锯缘青蟹的运动方向都是横行的，因其头胸甲的宽度大于甲长、同时步足关节向下弯曲的缘故。

（二）对水质环境的适应与要求

1.**温度**　锯缘青蟹为一种广温性的水生动物，生活水温极限为 7～37℃，超过或低于此限，不能生存。生长适宜水温为 15～31.5℃，最适生长水温为 18～25℃。此时，锯缘青蟹活动力强，食欲旺盛，摄食量明显增大（表2-1）。而随着水温的下降，锯缘青蟹活动和摄食量减少。当水温低于18℃时，锯缘青蟹活动的时间缩短，摄食量减少；当水温在15℃以下时，生长明显减慢；当水温降到12℃时，只在晚上作短暂活动，并开始掘洞穴居；当水温降为10℃时，锯缘青蟹行动迟钝；当水温降为7℃时，完全停止摄食及活动，身体藏于泥沙或软泥中，进入休眠或穴居状态，以渡过寒冬季节；如果水温再降低，则会引起死亡。在夏天高温季节，若水温升至35℃时，锯缘青蟹就出现明显的不适状态，干潮时，处于潮间带小水洼里的锯缘青蟹，则会将步足直立，撑起身体乘凉，使腹部不与泥土接触或爬上滩涂。在养殖池内，可以看到很多锯缘青蟹爬到隔网上去避暑；当水温升至37℃以上时，锯缘青蟹不摄食；当水温升至39℃时，锯缘青蟹背甲出现灰红斑点，身体逐渐虚弱而导致死亡（表2-2）。

表2-1　锯缘青蟹在不同水温下的摄食量

月份	水温（℃）	每天平均摄食量（克/只）
8	35～37	17.5
9	27～30	18.1
10	18～25	24.7
11	15～17	14.8

表2-2　锯缘青蟹的生存与水温的关系

水温性质	水温（℃）	生存情况
适宜水温	14～32	生长与活动正常
最适水温	18～29	活动性强，生长快
非适宜水温	8～10	停止摄食，进入冬眠
	5～6	休眠状态
	34～35	躲匿阴暗角落
	38～39	背壳出现红斑，逐渐死亡

2.**盐度**　锯缘青蟹虽栖息于低盐度的浅海，但对盐度的适应范围较广，渐变盐度，其适应范围可达2.6～55。适宜盐度为

5~33.2，最适盐度为 13.7~26.9。如盐度低于 5 或高于 33.2 时，锯缘青蟹常会生长不良。雨季盐度降至 5 以下时，沿岸的蟹常打洞居住，以渡过不良的环境。如锯缘青蟹较长时间生活在低盐环境，使血液的渗透压失去平衡，造成腹部膨胀，6~8 天后即会死亡。因此，锯缘青蟹在每年的 6~7 月雨水过多时，死亡率很高。而在盐度渐变的不良环境里，锯缘青蟹有迁移逃逸的能力。试验证明，锯缘青蟹对海水盐度的突变难以适应，甚至盐度的突变常会引起"红芒"和"白芒"两种疾病（表 2-3、表 2-4、表 2-5）。

表 2-3 比重对锯缘青蟹生存的影响

比重性质	比 重	生存情况
适宜比重	1.008~1.025	活动正常
最适比重	1.010~1.021	活动正常，生长快
非适宜比重	1.005 以下	腹部肿大，6~7 天即死亡
	比重突然大幅度变化	出现红芒和白芒病
	比重逐渐上升或下降至不适应情况下	逃匿或挖穴深居

表 2-4 锯缘青蟹对盐度渐变的适应情况（水温 24~26℃）

盐度变化	渐 降						渐 升						
	5	10	15	20	25	27.5	30	35	40	45	50	55	60
锯缘青蟹只数（只）	4	5	5	5	5	5	5	5	5	4	4	3	2
试验天数（天）	30	25	20	15	10	5	10	15	20	25	30	35	40
存活只数（只）	2	4	5	5	5	5	5	5	4	4	3	2	0

表 2-5 锯缘青蟹对盐度突变的试验
（水温 24~26℃）

盐度变化（‰）	从 27.5 突变				
	5	10	40	50	60
锯缘青蟹只数（只）	3	3	3	3	3
试验天数（天）	7	16	7	7	7
存活只数（只）	1	2	0	0	0

同时还应注意，由于各海区的锯缘青蟹所处的海水盐度不

同，因而形成的适应能力亦有些差异（表 2-6）。例如上海金汇港常年盐度在 5.9～8 之间，锯缘青蟹仍能很好地生长、发育、成熟和交配，但不能产卵、繁殖。珠海等珠江三角洲地区，近几年来利用原有的淡水鱼塘、罗氏沼虾养殖池及在甘蔗种植地新开挖的池塘，养殖池水的盐度有些在 0.5～2，甚至盐度计测不出，进行大规模锯缘青蟹的养殖，同样取得了成功。不管在哪种水环境下养殖，都切忌盐度差突变过大。

表 2-6　不同地区锯缘青蟹对海水盐度的适应范围

地区	适应范围		最适范围		资料来源	备　注
	比重	盐度	比重	盐度		
上海	1.003～1.024	2.6～32	1.0045～1.0065	5.9～8	赖庆生等,1986	5.9～8 可正常养殖
浙江温州	1.005～1.025		1.010～1.012		温州水产所,1980	
福建	1.008～1.025	10～33	1.010～1.021		翁敬木等,1987	
广西	1.006～1.020		1.010～1.015		张万隆,1994	
台湾		5～55		10～30	林世荣,1985	
广东	1.005～1.025		1.010～1.020	12.8～26.2	广东养殖公司,1982	
浙江	1.008～1.025		1.010～1.021		冯兴钱等,1990	
台湾		7～40		15～30	李龙雄,1981	
广西		5～32		12～16	梁广耀,1988	
广东		5～33.2	1.008～1.018	13.7～26.9	张绍敏,1964 吴琴瑟,1992	1.002～1.004 可正常养殖

　　3. 溶解氧　　锯缘青蟹虽穴居生活，但对水中溶解氧仍有一定的要求。当水中溶解氧大于 2 毫克/升时，锯缘青蟹摄食量大，生长和活动正常，而当溶解氧小于 1 毫克/升时，锯缘青蟹则不

摄食，反应迟钝，出现浮头，甚至死亡。蜕壳时，需氧更多，否则将不能顺利地进行蜕壳而造成死亡。

4. pH　pH 为表示水的酸碱度，是反映水质状态的一个综合性指标。pH 的变化，受水中二氧化碳、碱度、溶解氧、溶解无机盐类和有机物含量等的影响而有所波动。如水中游离二氧化碳含量减少，而含氧量提高，pH 就会上升；反之，游离二氧化碳含量增加，或游离二氧化碳含量不变但碳酸氢盐所形成的有机酸含量多，水呈酸性反应，pH 就下降。锯缘青蟹对 pH 的适应范围在 7.5~8.9 之间，并以 7.8~8.4 为适宜。

二、食性与摄食

锯缘青蟹是一种以肉食性为主的甲壳动物，在天然环境中常以牡蛎、蛤类、缢蛏、泥蚶等贝类和鱼、虾、蟹等为食，也兼食动物尸体及少量藻类。在人工饲养的条件下，喜食小贝类及小的杂鱼虾类。据徐君义（1985）报道，浙江乐清湾锯缘青蟹头胸甲长 28~87 毫米，锯缘青蟹 67 只，胃内含食物种类出现的频率，见表 2-7。

表 2-7　67 只锯缘青蟹胃内含食物种类出现的频率（%）

项　　目 ＼ 种　类	双壳类	螺类	方蟹类	其他甲壳类	不知种类残体
各种食物种类	33	25	7	41	5
占解剖总只数出现的频率(%)	49.25	37	10.45	61.19	7.46

锯缘青蟹昼伏夜出，多在夜间觅食。锯缘青蟹感觉器官灵敏，能有选择地寻找食物。在摄食时，除用眼睛外，在第一触角上生有一种具嗅觉的感觉毛，对觅食也起很大作用。当找到食物后，即用一双螯足把食物牢牢地钳住，如为坚硬的贝类，则用螯足将其钳碎后夹取食物送至口边，继而用第一对步足的末端捧着食物，送交给第三颚足，再由第三颚足依次传递给第二、第一颚足，最后搬送给大颚，由大颚将食物切断磨碎。然后，食物经过

很短的食道而进入胃部，这就是锯缘青蟹摄食的全过程。

三、自切与再生

在天然海域中，当锯缘青蟹受到强烈刺激或机械损伤，或在蜕壳过程中胸足蜕壳受阻，蜕不出时，为逃避敌害，常会发生丢弃胸足的自切现象。这种自切现象，是锯缘青蟹为适应自然环境而长期形成的一种保护性的本能。自切有固定的部位，折断点总是在附肢基节与座节之间的关节处。此处构造特殊，既可防止流血又可以从这里再生新足。如人为地在任何一只步足的长节或腕节处，将该足迅速剪断，立即会看到剩余的残肢激烈抽搐抖动，继而不断上翘，而使其自行断落，或将身体高撑起来，借自身的重量将残肢自附肢基节与坐节之间的关节处压断，或用另一侧螯足将残肢钳弃。

锯缘青蟹断掉一二只附肢后，对其运动、摄食、御敌等有所影响，但并不至于危及其生命。经数天后，在断肢处会长出一个半球形的疣状物，继而延长呈棒状，并迂回弯曲。在基节上新生出坐、长、腕、掌和指等5节。这5节形成2个弯折处：一个弯折是长、腕两节之间；另一个弯折是掌、指两节之间的关节，状如"回形针"。各节，均由一层皮膜包被。由于皮膜的粘贴，腕、掌两节与长节贴在一起，而指节折向内面，并与长、腕及掌节粘贴在一起。当这层皮膜脱去之后，各节就能伸展开来。这一过程需经二三次蜕壳才能完成。锯缘青蟹新生的附肢，也具有齿、突、刺等构造，整个形体虽比原来的肢体细小，但同样具有取食、运动和防御的功能。附肢的再生，仅在个体性未成熟阶段的生长期内存在。待生殖蜕壳后，随着蜕壳的终止，不会再生新足。

四、蜕壳与生长

锯缘青蟹的一生，要经历许多次蜕皮或蜕壳。幼体阶段，由于其外骨骼薄而软，称之为蜕皮；经几次蜕皮发育后，外骨骼逐渐变硬称之为蜕壳。锯缘青蟹的生长与变态发育，总伴随着幼体的蜕皮和成体的蜕壳而进行。锯缘青蟹体躯的增大和形态的改变以及断肢的再生，都要经过蜕壳才能完成，同时锯缘青蟹的蜕壳，还可去除体表上的附着物和某些病变。因此，蜕壳不仅是锯缘青蟹发育变态的一个标志，也是个体生长的一个必要阶段。在锯缘青蟹的一生中，蜕壳贯穿于整个生命活动之中，对其生命发展起着重要的作用。

（一）蜕壳的次数

锯缘青蟹一生，要经过 13 次蜕壳，大致可分为幼体蜕皮 6 次，生长蜕壳 6 次和生殖蜕壳 1 次。

（二）蜕壳的过程及体征的变化

锯缘青蟹蜕壳，多在清晨或夜间进行，蜕壳时常选择较安静且较为隐蔽的场所（如洞穴等）进行。

蜕皮或蜕壳，既是身体外部的形态变化，又是内部错综复杂的生理活动。当蟹体蜕壳时，先是体腔内分泌许多起润滑作用的黏液，然后使软甲与旧甲分离。蜕壳之前，由头胸甲后缘与腹部交界处出现裂缝，在口部两侧的侧板线处以及一对螯足长节的内侧面，也出现裂缝。旧壳中的无机盐类及有机物质被重新吸收，使旧壳变软、变薄，尤其是某些部位变得很薄容易裂开。蜕壳前一天停止摄食，寻找适宜的隐蔽场所，准备蜕壳。蜕壳时，身体肌肉不断地收缩，腹部向后退缩，肢体不断摆动并向中央收缩。首先是游泳足先蜕出，继而腹部及步足由后至前顺序蜕出，最后是螯足蜕出旧壳（图 2-8）。

锯缘青蟹在蜕去旧壳的同时，它的内部器官如胃、鳃、肠等也都一一蜕去几丁质的旧皮，甚至胃磨中的齿板也要更新，其中鳃的蜕皮是伴随胸足的蜕壳而进行的。鳃的旧皮蜕出后，新体头胸甲再封闭鳃腔。此外，蟹体上的刚毛均随旧壳一起蜕去，新刚毛由新体长出，与旧刚毛无关。

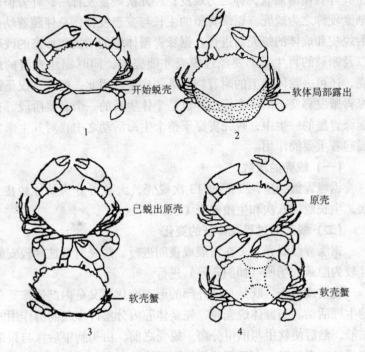

图 2-8　锯缘青蟹蜕壳的顺序
1. 蜕壳初期　2. 头胸部的后半部已露出在旧壳外
3. 身体大部分蜕出旧壳　4. 蜕壳完成

　　锯缘青蟹蜕壳后，肢体下垂，软弱无力，躯体十分柔软，俗称"软壳蟹"，横卧在水底不能行动。待 2～3 小时后，才开始恢复正常状态。经 6～7 小时后，甲壳逐渐变硬。经 3～4 天，则完全硬化。

　　（三）影响蜕壳的因素

　　1. **水温**　锯缘青蟹在水温 15℃ 以下时，不蜕壳；当水温升至 18℃ 以上时，开始蜕壳；当水温升至 25℃ 左右时，为蜕壳盛期。

　　2. **溶解氧**　锯缘青蟹蜕壳时，呼吸非常急促，需要比平常多好几倍的氧气。在水流畅通的地方，水中溶解氧较高（3 毫克/升以上），水温 25℃ 左右时，每次蜕壳时间需 10～15 分钟；如溶氧量降低到 1.67 毫克/升，或碰到其他生物惊扰，或不久前受过伤等等，蜕壳的时间就会延长到 45 分钟或 1～2 小时，甚至会因蜕壳不遂而死亡。死亡的主要原因，是由于氧气不足，蜕壳时间过久，导致体内能量耗尽而无力摆脱旧壳所致。

3. **其他因素** 蜕壳的快慢，与个体的大小有密切关系。如蟹的个体小，则蜕皮时间短；如蟹的个体大，则蜕皮时间长。此外，蜕壳还与体质、饵料种类、质量、数量和饲养技术及生态条件有关。

（四）生长

锯缘青蟹依靠蜕壳，而得以生长。它一生共蜕壳 13 次，在发育初期，平均每 4 天蜕壳 1 次，2 个月后每隔 1 个月才蜕壳 1 次。每次蜕壳，头胸甲可增长 0.4～2.5 厘米，体重可增加 25%～65%。刚蜕壳的蟹体很柔软，吸收大量水分后个体增大。如蜕壳前甲壳宽 8.8 厘米，甲壳长 6.6 厘米，蜕壳后分别增大到 11.3 厘米和 7.8 厘米。增宽率达 28.4%，增长率达 30.0%。体重由 156 克增加到 219.5 克，增重率为 41%。现综合各地资料，取其生物学最小型，将锯缘青蟹的生长情况列为表 2-8。

表 2-8 **锯缘青蟹的生长**（生物学最小型）情况

蜕壳龄	水温 （℃）	所需时间 （天）	体长 （毫米）	头胸甲长 （毫米）	头胸甲宽 （毫米）
Z_1	25.7～26.6	4～5	1.04～1.14		
Z_2	27.3～27.5	2～3	1.41～1.65		
Z_3	27.3～27.6	3～4	1.90		
Z_4	27.6～28.5	3～4	2.49		
Z_5	28.0～28.5	3～4	3.32		
M	26.9～29.2	6～7	3.55（全长）		
C_1	28.2～31.5	4		2.8	3.6
C_2	28.5～31.0	4		3.3	5.1
C_3	27.0～29.0	4		4.7	7.1
C_4	27.0～29.0	5		6.3	9.3

海水经济蟹类养殖技术

（续）

蜕壳龄	水温（℃）	所需时间（天）	体长（毫米）	头胸甲长（毫米）	头胸甲宽（毫米）
C_5	27.0~30.1	8		7.9	12.5
C_6	26.8~30.0	9		11.0	17.5
C_7	27.0~30.0	12		15.0	23.0
C_8	27.0~28.0	12		18.5	30.0
C_9	21.0~28.0	32		26.0	38.5
C_{10}	18.0~26.2	33		30.0	44.0
C_{11}	22.0~28.0	30		35.5	76.5
C_{12}	22.0~28.0	30		46.0	95.6
C_{13}	22.0~28.0	30		61.0	127.0

锯缘青蟹在人工养殖条件下，生长速度很快。赖庆生
（1990）报道，在上海市郊平均个体重 65.5 克的天然蟹种，经
85 天养殖，平均个体重达 247.8 克。在台湾放养壳宽 1.5~3 厘
米、体重 60 克左右的蟹种，经养殖 6~7 个月后，壳宽达 12 厘
米、个体重达 220 克左右，达到商品规格。

吴琴瑟（1989）进行人工养殖锯缘青蟹试验并观测其生长情
况，见表 2-9。

表 2-9　锯缘青蟹在人工养殖条件下的生长情况

养殖天数（天）	放苗时	10	30	60	75	90	96	150	180	观测者
Ⅰ组体重（克）	0.031	5.0					340			吴琴瑟，1989
Ⅱ组体重（克）	0.0182			120	177				574	吴琴瑟，1989
Ⅲ组体重（克）			22			37.5		163		田村正

吴琴瑟（1991）等测定人工池养的锯缘青蟹甲壳宽（L）与
体重（W）的关系如下式：

$$雌蟹\ W = 0.20716L^{3.0071}$$
$$雄蟹\ W = 0.21118L^{3.03709}$$

根据上述公式，可计算出锯缘青蟹的肥满度，从而检查养殖
措施是否得当，以采取相应解决办法，获取更好养殖效益。

影响锯缘青蟹生长的主要因素，除水温等环境因子外，饵料

也是主要因素。因此在养殖中，应给予合理地调配，以达到最佳生长速度。

五、繁殖习性

（一）雌、雄鉴别

对于锯缘青蟹的雌、雄，可从以下5个方面进行鉴别：

（1）腹脐的形状　当锯缘青蟹体长1厘米、体宽1.5厘米以上时，雌蟹腹脐开始宽大，略呈近圆形；雄蟹腹脐狭长，呈三角形。

（2）腹肢　腹肢着生于腹脐内，雌蟹有4对腹肢，肢上有刚毛；雄蟹只有2对腹肢，肢上无刚毛。

（3）螯足　雌蟹螯足较短小，雄蟹螯足长而宽厚。

（4）背甲　雌蟹背甲近圆形，雄蟹背甲近椭圆形。

（5）体长与体重　一般雄蟹甲壳比雌蟹长。在繁殖季节之前，同样大小的锯缘青蟹，一般雄蟹比雌蟹重。

（二）锯缘青蟹的繁殖季节

锯缘青蟹的繁殖季节，因地而异，主要与水温有关。在广东沿海，除了冬季之外，其他时间均可见到抱卵的雌蟹，而3～4月和6～9月是繁殖盛期；在广西沿海，繁殖季节在3～10月；在福建、厦门地区，锯缘青蟹一年的繁殖高峰有两个，一个是5月中旬至6月中旬，另一个在8月中旬至9月中旬；在我国台湾省，终年均可产卵，但抱卵蟹仍以水温较高的3～8月较为常见，4～6月为繁殖旺季；在浙江南部沿海，繁殖季节在4～10月，5月下旬至6月和8月下旬至9月中旬，是繁殖盛期；在上海沿海，锯缘青蟹繁殖季节在5～8月，交配盛期是9～11月。在国外，泰国的锯缘青蟹产卵期是5～9月；菲律宾的锯缘青蟹终年都能繁殖，而以5月下旬至9月中旬为繁殖的高峰期，该地的锯缘青蟹一般5月可达到性成熟，5个月内可产卵3次；在南非，锯缘青蟹的繁殖季节是10月至翌年5月。

(三) 性腺发育与成熟

锯缘青蟹 1 年即达性成熟，交配后的雄蟹及产卵后的雌蟹，大部分不久就死亡，寿命约 1～2 年。卵巢成熟的锯缘青蟹，体重约 700 克左右，大者可达 1 500 克。

根据锯缘青蟹卵巢内外特征的变化，可将其发育情况分成六期（表 2-10）。

表 2-10　锯缘青蟹卵巢发育分期

(冯兴钱等)

卵巢发育分期	头胸甲长×宽（厘米）	卵巢外观		卵巢组织学特征	发育特点
		外形和大小	颜色		
Ⅰ期（未发期）	2.9～4.4×3.4～6.3	极细，直径约为 0.2～0.5 毫米，无皱褶，肉眼难以辨认	无色透明	横切面为中空细管，腔内或管壁上分少量卵原细胞；无明显增殖迹象	卵巢发育和卵子发生处于相对静止期
Ⅱ期（发育早期）	3.7～7.4×5.2～11.3	呈带状，宽约 0.5～4.0 毫米，初期皱褶不明显，晚期逐渐明显	逐渐由初期白浊略透明，转为晚期为乳白色，不透明	初期（早Ⅱ）出现大量处在活跃增殖状态的卵原细胞；晚期（晚Ⅱ）卵巢小管形成，其内含卵黄发生前期卵母细胞和增殖的卵原细胞	卵原细胞活跃增殖期，卵母细胞形成并进行减数分裂和卵黄发生前的准备
Ⅲ期（发育期）	6.3～9.2×9.5～13.0	体积明显增大，宽由 5 毫米增至 20 毫米，皱褶显著	淡黄或橙黄色	卵原细胞增殖极少或无，次级滤泡形成；卵巢内主要为卵黄发生期卵母细胞，卵母细胞增大显著，内含大量卵黄粒，核内染色体丝状	卵母细胞迅速生长和卵黄发生旺盛期

(续)

卵巢发育分期	头胸甲长×宽(厘米)	卵巢外观		卵巢组织学特征	发育特点
		外形和大小	颜色		
Ⅳ期(将成熟期)	7.3～10.0×10.5～14.0	体积接近最大,约25毫米	橘红色	卵母细胞直径接近最大(平均240微米),其内充满卵黄粒,核膜尚清晰,核内无明显染色体,核质均匀,呈浅蓝色	卵母细胞生长和卵黄发生近结束
Ⅴ期(成熟期)	7.7～9.2×11.2～12.9	体积最大,最宽者可达28毫米,卵粒可辨	亮橘红色	卵母细胞直径最大(平均260微米),卵核皱缩,核仁、核膜模糊,核质淡紫色	卵母细胞生长和卵黄发生基本结束,卵核继续分裂
Ⅵ期(排卵后期)	7.5～8.0×11.6～12.5	萎缩,叶片状	灰浊色	滤泡萎缩,泡内含残存少量退化的大卵母细胞及早期卵母细胞,泡壁增厚	排卵后残存卵母细胞退化和重新吸收期

以上分期,是从锯缘青蟹卵巢内部的组织学特征为主要依据,并结合卵巢的大小、颜色等外部形态等特征,而作出的科学划分。在养殖生产实践中,群众积累了丰富的经验,采用目测法来鉴别锯缘青蟹的性腺成熟度,雌蟹性腺成熟度的鉴别方法,见本章第四节锯缘青蟹的苗种生产,表2-29。

(四)交配

在锯缘青蟹一生中,要经过13次蜕壳,其中最后一次蜕壳为生殖蜕壳,交配行为,就是在雌蟹完成最后一次蜕壳后的1小时左右开始进行的。

一般来说,锯缘青蟹在其甲壳长6厘米、宽8厘米、体重

150 克以上时，便可交配。

性成熟的雌蟹，在临蜕壳之前，则有雄性伴随，即追尾现象，并且追尾成功的雄蟹有搂抱雌蟹四处游走的行为。这种搂抱行走，短则 1 天，长则 4～5 天。待雌蟹将要蜕壳时，雄蟹将雌蟹带到一个安全隐避处，并与雌蟹分离，守护在雌蟹周围。看到雌蟹蜕壳完毕，大约经过 1 小时，在雌蟹新壳还没有硬化之前，便向雌蟹进行交配。

交配的一切行为，都由雄蟹主动进行。雄蟹首先协助雌蟹翻转身体，使之成为仰卧的姿态，随即爬上去，让自己的腹部对着雌蟹的腹面，用 3 对步足紧抱雌蟹。此时，雌蟹很自然地打开腹部，暴露出胸板上的一对生殖孔，而雄蟹也趁势打开腹脐，使其末端支撑在雌蟹腹脐基节的内侧，迫使雌蟹的腹脐不能闭合，然后将交接器插入雌蟹的生殖孔内进行输精。其精液在雌蟹的两个纳精囊内贮存起来，以待翌年产卵之时才被释放受精。

交配开始的时间，一般是在夜间，白天可继续进行。在水温 18～21℃、盐度 6.7～7.4、溶解氧 1.49～1.69 毫克/升、pH 7.38～8.12 的环境条件下，锯缘青蟹能顺利交配。在大潮汛，尤其是在起水头，交配较多。当遇到冷空气后，水温急剧下降到最低点并逐渐回升之时，可激发锯缘青蟹的交配性欲。锯缘青蟹在交配期间，停止摄食。

交配持续时间，最短 9～24 小时，较长的达 2～3 天。交配后，雄蟹还守着雌蟹一段时间，以防敌害侵袭，直至雌蟹的甲壳完全硬化，雄蟹方才离去。

在交配盛期，锯缘青蟹有多次交配的现象。不但雄蟹与多个雌蟹进行交配，而且雌蟹也不止与一个雄蟹进行交配，甚至刚刚完成交配的一对，也有重新进行再交配的现象。

（五）产卵与抱卵

经交配的雌蟹，在受精囊内精子的刺激下，卵巢内的生殖细胞开始发育，卵巢迅速增大，如果饵料充足、环境条件适合，在池塘人工养殖的条件下，经过 30~40 天卵巢就可发育成熟，整个头胸甲以及头胸甲前侧缘，直至腹部肛门附近的空间，均为卵巢所占领。如果外界条件适合，便可产卵。

1. **产卵的外界条件** 对锯缘青蟹产卵有直接影响的环境因子，主要有水温、盐度、海潮、底质和水质等。

（1）水温 每年 3~4 月，当水温上升到 18℃ 时，便有锯缘青蟹开始产卵。据测定，锯缘青蟹产卵、受精、孵化的正常水温为 18~31℃，最适水温为 26℃ 左右。在水温低于 15℃、恶化水质等不利环境条件下，雌蟹虽然产卵，但卵不能正常黏附于刚毛上，全部或大部分散落于水中，造成"流产"。

（2）盐度 锯缘青蟹产卵，要求盐度在 20 以上，最适盐度为 28~32。如盐度低于 20，雌蟹则会"流产"，或不能产卵。

（3）海潮 据试验观察，促使自然海区锯缘青蟹产卵的另一个重要因素，是海潮的刺激。大潮汛期间，栖息于低潮带的成熟锯缘青蟹才能产卵。罗远裕等（1986）针对实验室人工饲养条件下的雌蟹不易产卵，而采用露空进行刺激试验，每天露空 1 小时左右，再灌水激起波浪以代替潮波，结果成功地促使雌蟹产卵受精；而对照组 2 只卵巢很丰满的雌蟹，放养于池内，采用常流水，保持水质新鲜，但没有经过露空刺激，经几天后，这 2 只雌蟹因难产而导致死亡。

（4）底质 自然海区锯缘青蟹产卵场，一般是泥沙或沙泥底质。冯兴钱等认为，根据锯缘青蟹产卵习性，即母蟹产卵时，是先将卵子产于地上，然后才将受精卵逐步黏附于腹肢刚毛上，在产卵和黏附的过程中，发现有部分受精卵已被埋入泥沙中而无法黏附到刚毛上来，其黏附率一般只有 35%~50%，如改在水泥池中产卵，黏附率可达 95% 以上。因此，影响锯缘青蟹产卵黏附率的底质，以水泥底质最佳，沙质次之，泥质最差。但是，根据作者近几年来的生产试验，水泥池底铺沙子的池子雌亲蟹的抱卵情况良好;而水泥池底培育的雌亲蟹不能很好的抱卵,这与吴洪喜等(1998)的研究结果相同,见表2-11。

表2-11 不同底质对锯缘青蟹雌蟹抱卵效果的试验结果

(吴洪喜等,1998)

试验组底质	亲蟹数(尾)	培养天数(天)	成活蟹只数(只)	抱卵蟹只数(只)	流产蟹只数(只)	成活蟹抱卵率(%)	成活蟹流产率(%)
沙地质	11	76	9	7	0	77.8	0
水泥地质	10	76	8	0	3	0	37.5

(5)水质 锯缘青蟹产卵时,要求水质澄清、无污染,溶解氧含量高,pH以8.0~8.5为宜。

2. 产卵与抱卵

(1)产卵 雌蟹一般是在夜间22时至凌晨4时之间产卵,一次产卵的时间大约为1小时。产卵时,雌蟹常用步足把体躯撑起,腹脐有节奏地一开一闭地煽动,此时,雌蟹体内成熟的卵子,经输卵管至纳精囊与精子结合进行受精,然后从生殖孔排出体外。

(2)抱卵 排出体外的受精卵大都黏附在腹肢的刚毛上,也会有部分卵子散落入水中。凡受精的卵子,都有两层卵膜,内层为卵黄膜,外层为裹住受精膜外围由卵巢液的胶质黏液囊形成的次级卵膜,因带有黏性,因此能黏附在腹肢的刚毛上。由于卵粒的重力作用和腹脐的活动,黏附在刚毛上的卵外膜被外力拉长,形成卵柄,致使刚毛上的卵群就像许多长串的葡萄。受精卵黏附在刚毛上,受母蟹保护,直至孵出幼体为止。抱卵的母蟹,称为抱卵蟹或称"开花蜅"。

3. 产卵次数与怀卵量

(1)产卵次数 交配过的雌蟹,它的产卵次数与栖息地区与其本身的素质(大小、强弱)以及产卵迟早等有关。只要条件适宜,雌蟹可进行多次产卵。如在台湾省能常年产卵。在天然海区里的雌蟹,多数只产卵(抱卵)1次;但个体大而且早期产卵的，在第一次产卵孵化后，可进行第二次产卵。交配时纳精囊内精子的储备量，可供第二次产卵受精所需要的精子。

（2）怀卵量　怀卵量（抱卵数），是指雌蟹腹肢刚毛上所附着的卵子的数量。其比产卵量（雌蟹从生殖孔产出卵子的数量）要少得多。因为所产出的卵子，不会全部黏附于腹肢刚毛上，其中有不少数量因种种原因而散失丢了。

雌蟹的怀卵量，因地而异。各地的气候、海况等环境因素不同，怀卵量有所差异。更重要的是，在正常情况下，雌蟹的怀卵量与个体大小成正相关。因此，对锯缘青蟹怀卵量的研究，因地区不同和取材个体大小不同，所得出的结果也不尽一致。现将有关资料汇总于表2-12。从表2-12中可以看出，锯缘青蟹的最多怀卵量为400万粒。一般锯缘青蟹所抱卵子的重量为体重的18%，1克重卵子的卵粒数量，大约有4万粒。锯缘青蟹的怀卵量 Q（万粒）与甲宽 L（毫米）之间的关系如下式：

$$Q = 3.386L - 196.32$$

关系系数 $r = 0.91$

表2-12　不同地区锯缘青蟹的怀卵量

国家或地区	个体大小			绝对怀卵量（万粒）	卵径（微米）	资料来源
	头胸甲宽（厘米）	头胸甲长（厘米）	体重（克）			
中国广东		8.0以上	150以上	200		广东省水产养殖公司，1982
中国浙江乐清		9.3		150～200		徐君义，1985
中国浙江南部	108.0 115.0 126.1 136.0 142.5			188.0 204.1 220.0 241.7 414.7		吴洪喜等，1998
中国台湾			236～260	80～400 172～240	340±20 230～400	丁云源、林明男，1980 陈胜香，1977

(续)

国家或地区	个体大小			绝对怀卵量(万粒)	卵径(微米)	资料来源
	头胸甲宽(厘米)	头胸甲长(厘米)	体重(克)			
菲律宾			1 000~1 500	250~400	200	林元华，1982
泰国		9.0~10.93		229~271		Vanich 和 Vauckul 等，1970
日本	17.3 13.5			110 79	400	黄丁郎，1966

（六）胚胎发育与孵化

1. **胚胎发育**　锯缘青蟹的胚胎发育，是在卵膜内进行的。刚排出体外的受精卵为黄色，卵黄丰富，卵表面光滑清晰，原生质均匀。受精卵排出体外后 16 小时左右，才开始卵裂。2、4 细胞期都为螺旋卵裂，且都能看到清晰的分裂沟。64 细胞后胚胎趋向表面卵裂，256 细胞后的胚胎进入囊胚期和原肠期。原肠期以内陷为主，集中和外包为辅形成原肠。继而进入 5 对附肢期、7 对附肢期、复眼色素形成期、准备孵化期。现将不同学者对锯缘青蟹胚胎发育分期及各期主要形态特征变化情况综合于表 2-13。

表 2-13　锯缘青蟹胚胎发育分期及形态特征

发育期 韦受庆等，1986	胚胎发育形态特征	对应期划分	
		王桂忠等，1990	吴洪喜，1990
卵裂期	螺旋型卵裂，卵裂球 2~256 个，孵化 24 小时趋向表面卵裂。卵径均值为 291.04 微米	Ⅰ期	眼点前期
囊胚期	卵裂进入表面卵裂，胚胎进入囊胚期，卵裂球表面密集排列，细胞数已数不清。细胞内卵黄颗粒逐渐移到细胞的向心端，形成卵黄锥。然后，细胞进行切线卵裂，向内分出卵黄细胞，留在外面的细胞成为囊胚层细胞。卵径为 291.52 毫米	Ⅱ期	

（续）

发育期 韦受庆等，1986	胚胎发育形态特征	对应期划分	
		王桂忠等，1990	吴洪喜，1990
原肠期	以内陷为主，集中和外包为辅形成原肠。视叶、胸腹折、两个大颚、大触角、口道和口器相继形成。在卵的一侧出现一很小的隐约可见的透明区，透明区中间部分较窄小，卵径明显增大，约308.72微米	Ⅲ期	
无节幼体期	孵化6天，一对小触角原基形成，2对触角和大颚内侧形成相对应的神经节，尾叉原基出现，背器释放分泌物，使胚胎和旧壳分离，整个胚胎缩短，进行蜕皮。无色透明区约占卵面积的1/5左右。在透明区内清晰可见略呈圆形的胚肢附基雏基，卵径为307.12微米	Ⅳ期	眼点前期
5对附肢期	8天，第一、二小颚形成，小触角、尾叉增长，背器逐渐缩小消失。无色透明区扩大成新月形，约占卵面积的1/4左右，附肢雏基拉长，卵黄区在靠近无色透明区部分色泽开始变淡，隐约可见卵黄块。卵径为311.68微米	Ⅴ期	
7对附肢期	12天，两对颚足出现和分化。大触角成"Y"形，"八"字形排列；视叶神经节、小触角神经节和大触角神经节合并成脑。肠出现。透明区占卵面积的2/5左右。胚体的整个卵黄区色泽变淡并转为透明，卵黄块清晰可见，卵径为319.12微米	Ⅵ期	
复眼色素形成期	视叶下层细胞释放核外染色物质，形成呈弯眉状的棕红色复眼色素带，并逐渐变黑加大。胚体心跳出现，卵黄收缩呈蝶状一块。无色透明区占1/2并进一步扩大，胚体腹部有两条明显体色素带出现。卵径为339.04微米		眼点期

(续)

发育期	胚胎发育形态特征	对 应 期 划 分	
韦受庆等，1986		王桂忠等，1990	吴洪喜，1990
准备孵化期	心跳加快，快到 120～140 次/分。复眼呈椭圆形，视叶长度达卵径的一半。复眼内各单眼分界逐渐分明，呈放射状排列。大颚和第一小颚围绕口道一起构成口器，并开始启动，准备取食；前肠连口道，后肠通肛道，准备排粪。卵黄进一步收缩，变淡，最后卵黄基本吸收完毕，成为溞状幼体，当胚体发育完善后，借腹部的扭动破膜而出。卵径为 365.28 微米	Ⅵ期	心跳期

以上表中三种划分方法，虽期别名称不同，但基本内容是统一的。

2. **孵化** 当胚胎发育完善后，胚体依靠肌肉的收缩，借腹部的扭动，破膜而出，孵化出第一期溞状幼体。破膜孵化的征兆主要有：

（1）在胚胎发育后期，幼体破膜而出的前一天，雌体摄食明显减少，临产的当天则停食。

（2）水面突然出现污泡，这是临产或产出时的分泌物。

（3）卵子的颜色变为灰褐色。

（4）镜检卵子，当胚体心跳达到 160 次/分以上时，预示几个小时内幼体即将出膜。

在溞状幼体出膜之时，雌蟹浮于表层，在池四周游动，并将头部向下，而游泳足向上，腹部几乎与水底垂直，以游泳足作急速游动，并用步足拨开出膜的溞状幼体，使其分散于水中，营浮游生活。

3. **胚胎发育及孵化对盐度和水温的要求**

（1）**盐度** 孵化时的正常海水盐度为 25～35，最适盐度为 26～30。如盐度低于 25 或高于 35，则孵化率低，孵出的幼体活力差,培育后成活率也低。如果抱卵蟹处于盐度为 40.7 的海水中,1 周后所抱的卵将会全部散落。

(2) 水温 锯缘青蟹胚胎发育适宜水温为 22～30℃,最适水温为 26℃左右。王桂忠等(1989)报道,在水温低于 15℃或高于 35℃时,胚胎发育不正常,以致死亡。

水温与孵化时间关系密切,在适温范围内,随着水温的升高,孵化时间则缩短(表 2-14、表 2-15)。

表 2-14　锯缘青蟹受精卵的发育与水温的关系

水温(℃)	受精卵的孵化时间(天)
16	60～65
18	40～45
20	30～35
22	25～30
24	18～20
25	15～18
30	10～15

表 2-15　在不同水温、盐度条件下锯缘青蟹胚胎孵化比较

水温(℃)	盐　度(‰)	孵化时间(天)	孵化率(%)	资料来源
25～32		11～18	80	吴琴瑟等,1990
18～28	19.89～26.20	8～25	95	韦受庆等,1986
24～28	26～28	11		汤全高等,1992
26.2～28.3	26.3～31.8	11～14	84～89	吴洪喜,1990
24.5～31.5	28～32	12		M. P. Heasman 和 D. R. Fielden,
23～25	28～32	16		1983

（七）幼体的发育

锯缘青蟹胚胎刚孵出的幼体，称为溞状幼体（用"Z"表示）。溞状幼体期需蜕皮5次，分5期，在环境条件不适，或饵料数量不足、质量不佳时，也有延期情况的发生。然后，发育成大眼幼体（用"M"表示）。大眼幼体Ⅰ期，蜕一次皮后变成幼蟹。完成整个幼体发育共需蜕皮变态6次。当水温26~29℃时，约需23~24天才可发育成幼蟹（表2-16）。

表2-16　锯缘青蟹幼体的发育速度

发育阶段	水温（℃）	天数（天）
第Ⅰ期溞状幼体	25.7~26.6	3~5
第Ⅱ期溞状幼体	27.3~27.5	2~3
第Ⅲ期溞状幼体	27.3~27.6	3~4
第Ⅳ期溞状幼体	27.6~28.2	3~4
第Ⅴ期溞状幼体	28.0~28.5	3~4
大眼幼体	26.9~29.2	6~7
幼体发育周期	25.7~29.2	21~24

1. **溞状幼体**　刚孵出的幼体很小，其貌似水溞，故称溞状幼体。其身体略呈三角形，分为头胸部和腹部。头胸部具额棘、背棘各一根，较长；侧棘1对，较短。腹部各节，具棘。口器及消化道出现，开始摄食，尾节的后缘棘有辅助摄食的功能。营浮游生活，具强的趋光性，喜聚集于光线较强的地方。颚足的羽状刚毛为主要的浮游器官，头胸部的棘刺，也有增强浮游的作用。颚足羽状刚毛的数量，随着幼体发育而增多。可根据第一、二颚足外肢末端的羽状刚毛数等特征，以鉴别各期溞状幼体（图2-9、表2-17）。

500微米

(1、2)
200微米

(3、4)
300微米

图 2-9　锯缘青蟹溞状幼体
1.Ⅰ期溞状幼体　2.Ⅱ期溞状幼体　3.Ⅲ期溞状幼体
4.Ⅳ期溞状幼体　5.Ⅴ期溞状幼体

表 2-17　锯缘青蟹溞状幼体各期的主要形态特征

形态特征	幼体期别	Z_1	Z_2	Z_3	Z_4	Z_5
体长（毫米）		1.04～1.14	1.41～1.65	1.7～1.9	2.4～2.6	3.3～3.4
颚足外肢末端羽状刚毛数（根）	第一颚足	4	6	8	10～11	12～13
	第二颚足	4	6	8～9	12～13	14～15

（续）

幼体期别 形态特征	Z_1	Z_2	Z_3	Z_4	Z_5
腹肢发育			5 对腹肢开始萌芽	呈小棒状	第 1～4 对双肢型，第 5 对单肢型
复眼	无柄不能动				有柄能动

2．**大眼幼体**　大眼幼体（图 2-10），由第 V 期溞状幼体蜕皮变态而来，也称之为"蟹苗"。因其一对复眼着生于很长的眼柄末端，露出在外而得名大眼幼体。

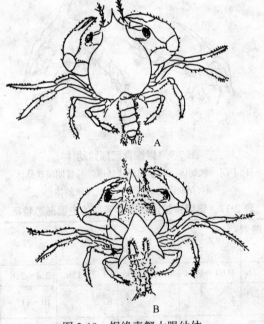

A

B

图 2-10　锯缘青蟹大眼幼体

A. 背面观　B. 腹面观

大眼幼体，分为头胸部和腹部，体呈淡黄色或粉红色且透明。身体背腹较扁，外形开始近似成体，惟其腹部尚未弯贴在下方。其全长约 3.55 毫米，头胸甲长 2.1 毫米，头胸甲宽 1.75 毫米，腹长 1.53 毫米。头胸部背棘和侧棘均已退化消失，头胸部后缘拉长呈大角 1 对。眼柄伸长。触角 2 对，即第一、二触角。口器发育已趋完善，由 1 对大颚，2 对小鄂和 3 对鄂足组成。额棘尖锐，长于第一触角而短于第二触角。5 对步足发达并具刚毛，其构造与成体也很相似，也由底节、基节、坐节、长节、腕节、掌节、指节等 7 节组成。第一步足指节呈钳状，称螯足，适于捕食；第二至第四对步足指节呈爪状，为爬行的主要器官；第五对步足指节较扁，但尚未具游泳功能。

腹部狭长，共 7 节，尾叉消失，仅第五腹节后侧缘保留指向后方的刺 1 根。具 5 对发达的游泳器官——腹肢，其外肢均生有刚毛，内肢具有弧状小刺 3 根。

大眼幼体营浮游生活，为向底栖生活的过渡类型。幼体的形态既能适应于水中迅速游泳，又能适应底栖爬行。食性以肉食为主，杂食为辅，喜食贝、虾、鱼等碎肉，性凶猛，能捕食比其本身还大的浮游动物和底栖动物。在饵料不足时，常会互相残食。在游泳中或静止时，都能用螯足主动捕捉食物。

3. **幼蟹** 大眼幼体索饵洄游到岸边后，经一次蜕壳，腹部弯贴在头胸甲腹面，即变态为第 I 期幼蟹（图 2-11）。幼蟹的形态构造与成体相似，头胸甲长约 2.8 毫米、宽 3.6 毫米，需再经多次蜕壳才逐渐长成成蟹。

幼蟹喜栖息在河口或内湾，营底栖生活，能爬善游，涨潮时觅食，退潮时穴居。幼蟹长大后，才离开岸边水草地带向深水处移动。幼蟹的生长与水温、盐度、饵料等环境因素有关。适于幼蟹生长的水温为 18~31.5℃，最适水温为 30℃ 左右，盐度以 15~20 为宜。当生长条件适宜、饵料丰富，生长就快，蜕壳频率也高，蜕壳后体形增幅也较大；反之，则生长慢。幼蟹生长共分 10 期，历时约 4 个月左右（图 2-11）。

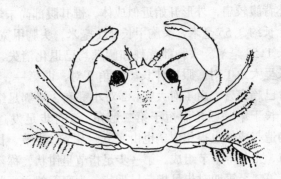

图 2-11　锯缘青蟹幼蟹

第四节　锯缘青蟹的苗种生产

一、锯缘青蟹全人工育苗

随着锯缘青蟹养殖的发展，捕获天然海区的蟹苗已日益不能满足养殖的需要，而且天然蟹苗的丰歉受海况、天气影响很大。因此，人工育苗已引起了重视。20 世纪 60 年代初，福建黄胜南等，研究锯缘青蟹的幼体发育；马来西亚 Ong（1964）对锯缘青蟹溞状幼体到幼蟹的幼体发育，也进行过研究；Duplessis（1971）、Hiu（1974）、Heasman（1983）等，对育苗过程进行了研究。因育苗难度较大，尽管国内外科技工作者做了不少工作，但进展较为缓慢。

20 世纪 80 年代，国内外又掀起了研究锯缘青蟹人工育苗的热潮，我国广西取得较好成绩，但大规模生产性育苗的技术尚未确立，离高产稳产有一定差距。吴琴瑟等，从 1988 年起从事锯缘青蟹人工育苗的试验研究，试验中一雌蟹能育出幼蟹（1～3期）47 770 只，1990 年年产幼蟹 36 万只。据广西珍珠公司报道，1991 年育出幼蟹（$C_1 \sim C_2$）83.84 万只，每立方米水体出苗 7 763 只，高者可达 12 821 只/米³ 水体。作者 1999 年在育苗生产中，300 立方米水体，培育出 4 期以上幼蟹 48.2 万只；2000 年在 500 立方米水体中育出 2 期以上幼蟹 186 万只。如何使育苗做到稳产高产，还有待于深入地研究。当前天然苗资源有日趋枯竭，人工育苗又未形成产业化，影响了养殖业的发展，应加强研究，争取最快地达到苗种商品化生产的要求。

（一）育苗设施的准备

用于锯缘青蟹人工育苗的育苗室、育苗池、亲蟹培育池、饵料培养室、供水、供气、增温、水质分析、生物监测室、附着器等一切设施，均与三疣梭子蟹的人工育苗相同（见第一章）。

（二）亲蟹的培育

1. 亲蟹的来源　亲蟹的来源有两种：①从天然海区捕获的膏蟹或抱卵蟹；②由人工养殖的菜蟳或育肥的红蟳中选出。

在有条件的地方，最好选用天然海区捕获的亲蟹。因海区的亲蟹体质健壮，寄生生物少，孵化率、出苗率高。

2. 亲蟹的选择　作为亲蟹，要求肢体完整、齐全，身体健壮、无病、无外伤，活动力强，指压其腹部，步足有结实感；个体大，一般头胸甲宽 13 厘米，体重 300～350 克以上；蟹体、附肢、鳃无寄生物，卵子上没有钟形虫、纤毛虫和聚缩虫等附着的寄生虫；腹节、刚毛齐全，便于黏附卵子。

选抱卵蟹时要注意，卵块的轮廓形状要完整，腹部不松散；卵上无寄生虫，否则孵化期间卵会变黑、腐败，甚至使母体将卵全部放弃掉。虽可用药物处理寄生虫，但会影响孵化后的成活率；而且抱卵蟹要在不失水的情况下购入和运输，离水时间不得超过 30～50 分钟，否则其受精卵会因脱水而变为死卵，即使有些卵能孵出溞状幼体，但不久也会全部死亡。

在海区选择膏蟹时还应注意：要选已交配过的卵巢完全成熟的雌蟹。其主要标志是甲壳内充满卵粒，鲜红色的卵巢已进入甲壳前侧缘的锯齿。检查方法是在灯光或阳光透视下观察甲壳无透明区，腹节上方与甲壳交界处、肛门处均附有卵。

目前，我国台湾省抱卵亲蟹多来自养成池（菜蟹池）或天然海区外海中，可获得较高的孵化率。在养成池所捕抱卵蟹，一般系与江蓠混养，其水质较为良好，而且池中是雌、雄混养，交配机会较多，受精率及孵化率均为较高。

3. **亲蟹的运输**　亲蟹选好后，用草绳捆绑好，并快速运输。运输方法有无水运输和浸水运输两种。对于短距离运输，可用海水浸湿的纱布等包裹亲蟹，装箱或装在箩筐中进行无水运输，运输时间不超过30分钟；对于较长距离的运输，如运输时间要在5~7小时的情况下，可用塑料桶装海水，放入亲蟹后运输，途中要连续充气，水温最好保持在20℃以下，并注意防止阳光曝晒，如温度过高时，可加些冰块降温。

4. **亲蟹的培育**

（1）培育池的准备　亲蟹培育池，可为水泥池，也可为土池，一般采用水泥池，在室内或室外均可。人工室内育苗，大多数都采用对虾育苗池，效果很好。室外的池子，必须有防雨和遮光设施。池子底部铺设细沙8~10厘米，并用已经浸泡一天以上的砖、石等建成"蟹屋"，以供亲蟹隐居，如必要时，在池顶架搭遮光设施。土池壁为石砌成或混凝土砌成，底质为沙泥或石砾，淤泥或腐殖质一定要少。池底向闸门的倾斜度较大，便于排、灌水，并可露空试滩，可采用涨落潮换水。

小规模的亲蟹培育，可用水容量为0.5~1立方米的水缸、木桶或塑料桶等，上设盖遮棚或备有盖子，以防风雨或烈日照射，底部也铺上细沙。

亲蟹入池之前，新建水泥池要注水浸泡除碱1个月以上才能使用；旧池则要先把池壁、池底洗刷干净，用药物进行消毒。一般用有效氯含量为30%~35%的漂白粉50~100克/米³水体浸泡1小时，然后用清洁海水冲洗干净。

（2）亲蟹的放养　亲蟹运到后，先测定培育池水与运输包装物内的水温，如两者温差大于 2℃ 以上，则应进行淋水过渡。待两者温差小于 1℃ 后，即将包扎绳去掉，并用细铅丝在亲蟹背甲系一环钩（图 1-9）。然后用 200 毫升/米³ 水体的福尔马林液浸浴消毒 5 分钟。最后用长柄钩移放入池中即可。也可不系环，经消毒后直接放入池中。

亲蟹的培育密度不宜太大，一般为 2～3 只/米³ 水体。用缸、桶培育时，原则上每桶只放养 1 只。

（3）培育管理

①饵料及投喂：饵料要多样化，最好用低值小贝类、沙蚕、小杂鱼、虾、蟹等鲜活饵料，并多种饵料交替使用，每天傍晚投饵 1 次或早晚各投喂 1 次。投喂量以次日晨略有少量剩余为宜。

据王桂忠等研究表明，锯缘青蟹在卵巢发育期间，需要从外界摄入大量营养，方能保证卵巢的正常发育。所以在亲蟹的培育过程中，必须供给足够的高质量饵料。此外，所提供饵料的种类，也与卵巢发育有着密切的关系。甲壳动物性腺成熟和排卵除了与性腺抑制素和促性腺激素的作用有关外，还与前列腺素的作用有关。甲壳动物能合成前列腺素，合成此激素时需要二十碳四烯酸。但是甲壳动物合成二十碳四烯酸的能力很弱，主要从饵料中摄取（陈楠生译）。在海洋无脊椎动物的沙蚕、星虫、蛤等组织中含有很丰富的二十碳四烯酸等脂肪酸。多喂食这些饵料生物，可以促进锯缘青蟹的性腺成熟。

②水质调控：水质要新鲜、干净、无污染，水温以 26～31℃ 为宜。如水温低于 20℃，则摄食减少，卵巢发育缓慢。盐度以 25～32 为宜。如盐度低于 22，则雌蟹卵巢发育将受到抑制。在培育过程中，还应充分冲气，使水中保持充足的氧气。经常换水，每天换水量为 50%～100%，换水一般在上午进行，温差不超过 ±1℃，并及时、彻底清除前一天的剩余残饵，以免腐败而影响水质。有条件的地方，可轮池饲养，或 2～3 天大清池、

大换水一次，效果将会更佳。

③其他管理工作：在亲蟹培育期间，除投好饵、调好水之外，还应做好以下几项工作：

a. 培育期间光照不宜过强，否则在蟹体上将附着许多生物，影响性腺发育。因此，在亲蟹培育期要遮光培育。

b. 亲蟹产卵宜保持安静环境，健壮的雌蟹多数在夜间产卵。如有白天或傍晚的蟹产卵，则是产异常卵，卵子无法黏附在腹肢刚毛上，或者附着量很少，没有什么价值。产卵后的亲蟹，体质弱，要加强饵料、水质管理，不然容易引起死亡。

c. 每隔2～3天用高锰酸钾或福尔马林液消毒一次，如有聚缩虫附生时，可用10克/米^{3}水体的孔雀石绿药浴40～60分钟。

d. 每天应仔细检查亲蟹的状态，对未抱卵的亲蟹，如发现有抱卵蟹，要及时捞出专池培育。而对抱卵蟹要经常观察卵的颜色变化，以便做好孵化的准备。刚产的卵，卵径为0.365毫米。卵的颜色变化过程是：橙黄色──→浅黄色──→浅灰色──→灰色──→棕黑──→黑色或灰黑色。

(4) 亲蟹的促熟和促产措施　生产实践证明，目前，促使亲蟹性腺成熟和产卵的方法主要有以下两种。

①干露与灌水交替刺激法：即每天将亲蟹干露1小时，然后灌水。这样连续几天，卵巢充分成熟的雌蟹便能正常产卵受精。

②剪除眼柄法：即用剪除眼柄的方法，也可促使锯缘青蟹提早成熟和产卵，且剪除一个眼柄比剪除两个眼柄的效果更佳。

但在剪除眼柄时，一定要慎重。据王桂忠、李少菁等的研究表明，在剪除眼柄时，必须准确掌握时期。如果切除眼柄时期掌握不准，即使亲蟹能抱卵，孵化率也是很低（＜5％）的。他们的研究结果表明，在锯缘青蟹神经节X-器官的神经分泌细胞中，仅二群C型细胞（C_3和C_4）与卵巢发育有关。X-器官中的C_3细胞分泌物是性腺抑制素，胸神经节中的C_4细胞才与促性腺素的形成和释放有关。在卵巢未发育期和发育早期,眼柄 X-器官中的 C_3 细胞,均有很强的分泌活动(分泌性腺抑制素)。而在整个卵黄合成期间(即卵巢发育期至近成熟期),虽然这种分泌物活动明显下降,但仍有一定的活动水平。许多研究者还认为:在卵黄合成期间,一定量的性腺抑制激素的存在是不可缺少的,因为此时个体的生长活动仍然相当迅速,而个体生长和卵巢发育都同样是耗能的生理过程,适当地抑制卵巢的发育,可以使个体的生长得到充分的保证,为后面的卵巢成熟和卵子排放准备物质基础。因此,眼柄X-器官中 C_3 细胞的分泌物不单只是一种性腺抑制激素,而应该看成是一种生理调节因子。如在不恰当的时期切除眼柄,无疑会造成许多生理功能的紊乱,这也就是为什么用切除眼柄以促进性腺成熟有许多失败例子的原因,所以使用这种方法应该慎重。

据林玉武等研究,切除眼柄的方法有两种:第一种是直接切除法,即用小剪刀或烧红的镊子在眼柄基部用力夹;第二种方法是低温麻醉切除法,即将亲蟹置于 $3\sim4℃$ 下经 $10\sim20$ 分钟,待其"麻醉"(以触眼柄不缩入眼窝为准)后再行切除。切除方式包括单侧切除和双侧切除两种。

试验证明,采用冷冻后切除眼柄,锯缘青蟹处于"麻醉"状态,不但易于施行手术,而且对亲蟹伤害较轻,效果较为理想,亲蟹存活率几乎为 100%。

从单侧与双侧切除眼柄的效应比较来看,双切眼柄引起亲蟹在摄食行为、体色、反应能力等方面都有明显变化,培育中易死亡。试验中接受手术的个体,不管性腺发育程度如何,手术后不久体色均改变为与即将产卵的亲蟹类似的红褐色,同时亲蟹的行为迟钝,但其摄食量却大增,一般性腺发育成熟的个体几乎不摄食,但在切除眼柄后却立即开始摄食,这种摄食量的增加可能属于一种生理平衡机制失控行为,并非按其代谢需求进行摄食,可以说是强迫性地进食。双切柄在诱导卵巢成熟及产卵方面要比单切眼柄的效果更为明显,即较快地达到性成熟和产卵。而单切眼柄在正常繁殖季节，一般不能有效地促使性腺成熟与产卵。但应注重指出的是：双切眼柄虽能有效地促使亲蟹性腺成熟和产卵，但抱卵蟹却常常在临孵化时出现异常蜕壳而死亡。据林琼武的试验，7尾进行双切眼柄的亲蟹，结果除1尾正常孵化和1尾因伤致死外，其余5尾均是孵化前异常蜕壳而死亡，类似的情况在单切眼柄及未切眼柄的抱卵蟹中，则从未出现过。

（三）产卵及抱卵

已交配而未产卵的亲蟹，经上述精心培育，卵巢发育饱满，如外界条件适合，便可产卵（具体内容见第一章锯缘青蟹繁殖习性部分）。

吴琴瑟（1992）报道，在水温25～32℃条件下，卵发育较饱满的雌蟹，采取强化培育、人工催产等技术，可使亲蟹在4～12天内产卵，成功率可达60%以上。如不采取适当措施，会使产卵时间延缓，且产卵率降低。如亲蟹在水泥池中培育时间过长，往往引起卵巢退化，人工育苗无法顺利进行。

产后抱卵蟹的培育方法，见亲蟹培育。对于抱卵蟹要经常观察卵的颜色变化，以便做好孵化的准备。刚产的卵，卵径为0.365毫米。卵的颜色变化过程是：橙黄色→浅黄色→灰色→棕黑色→黑色或灰黑色。一般抱卵蟹再经14～21天的精心培育，胚胎发育至原溞状幼体期，即可移入育苗池让它孵化出膜。

（四）孵化

1. 孵化池的准备　目前生产中多采用对虾育苗池，也可用桶、缸代替。池壁和工具等在使用之前，都应经过10～15克/米^{3}水体浓度的高锰酸钾消毒，再用干净海水冲洗干净。经200目筛绢把二级沉淀海水注入池中，水深1米左右。如果孵化池与育苗池兼用，则进水后还应适当施肥和接种少量单胞藻（具体方法见第一章第四节饵料生物的培养）。

2. 孵化　当抱卵蟹出现临产征兆时（有关临产的征兆和孵化日期的预测，可参阅第一章锯缘青蟹的繁殖习性），应及时把抱卵蟹移入孵化池。抱卵蟹移入孵化池之后，要不断冲气，密切注视其孵化情况。亲蟹孵化一般都是在上午 5～11 时，尤其是早上 6～7 时孵化更为常见，孵化时间多在 1 小时左右。当孵化结束后，应立即把亲蟹取出，放回培育池，并继续投喂精饵培育，为其性腺再发育、进行第二次抱卵做好管理。孵化时水温以 26℃ 左右最为适宜，最适盐度为 26～30。

实践证明，锯缘青蟹受精卵的孵化应注意以下事项：

（1）要认真观察胚胎发育，做好孵化前的准备工作　当受精卵呈浅灰色或深灰色，在解剖镜下观察到卵膜内的胚胎出现眼点和跳动，应抓紧时间作好亲蟹的消毒和幼体孵化池的准备，并对孵化池进行清洗、消毒，然后放入过滤海水。

（2）在孵化之前，要用过滤海水洗净抱卵蟹上的污泥　如发现聚缩虫附着，应使用 5～10 克/米³ 水体的孔雀石绿或 0.5‰～1‰ 的新洁尔灭（原液浓度为 5%）的海水稀释液，浸泡消毒 1 小时左右。否则，将会把聚缩虫带进幼体培育池。

（3）要注意掌握好，孵化池中的幼体密度　经清洗消毒后的亲蟹，把它装进笼内，垂挂在孵化池中进行孵化。孵化时使用亲蟹的数量，与亲蟹的怀卵量、孵化池大小及孵化时应掌握的幼体密度有关。而孵化时应掌握的幼体密度又主要取决于水温的高低，水温在 25℃ 时，孵化幼体放养密度应不超过 50 万个/米³ 水体；当水温上升至 30℃ 时，孵化幼体密度应掌握在 25 万个/米³ 水体以下。怀卵亲蟹用量，可按下列公式计算：

孵化时怀卵亲蟹用量＝应掌握幼体的密度×孵化池水体/

亲蟹平均怀卵量×孵化率（%）

（4）孵化池水温日夜温差不应超过 1℃，发现水中出现刚孵化溞状幼体时，充气量要小，当幼体数量达到预定的要求密度时，应立即把亲蟹移开。

（五）幼体培育

锯缘青蟹幼体培育，是指将孵出的溞状幼体培育成幼蟹的过程。

1. 培育设施及消毒处理 如利用对虾育苗池培育，则其幼体培育设施及消毒处理与三疣梭子蟹相同（见本书第一章第四节）；也可以专建锯缘青蟹育苗池，因锯缘青蟹的亲蟹产卵批量小，专建的育苗池以 10 立方米以下的小池为宜。

2. 培育用水的准备及调控 自然海水要经二级沉淀、沙滤后，再用 100～200 目筛绢网袋过滤，方可注入培育池。池水开始不要注满，一般为育苗池的 2/3 体积即可。

培育池注水后，应根据生产需要，适时加入螯合剂（EDTA）钠盐 3～5 克/米^3 水体，并接种单细胞藻类，如金藻、硅藻、扁藻等种类均可。并将池水调至幼体培育适宜的水质指标范围待用。

3. 幼体的选育及布池 为了提高幼体的成活率，减少污染，选择健康幼体进行培育，是生产中行之有效的措施。具体方法是：刚出膜的溞状幼体，在停止充气的情况下，由于溞状幼体的趋光性强，健康溞状幼体会集群于水的表层和上层。这时，可用塑料桶、塑料勺或圆底筛绢网袋，也可用虹吸方法将表层和上层溞状幼体收集，放入溞状幼体培育池内培育。溞状幼体Ⅰ期入池的密度，约为 2 万～5 万尾/米^3 水体。若不经选优，布池密度则可增大。

4. 幼体培育

（1）饵料及投喂 溞状幼体孵出后，立即开始摄食。因此，适时、适量地投喂适口饵料，可大大提高其成活率。据研究表明，如溞状幼体开始摄饵的时间推迟半天，蜕壳时间则会推迟 1 天，蜕壳成活率也会大大地降低。所以，投喂适口饵料，是育好苗的关键。当前在育苗中，溞状幼体Ⅰ、溞状幼体Ⅱ期的死亡率高，可能与开口饵料有关。椐龚孟忠研究表明，在适宜的水温、盐度、溶解氧、酸碱度、光照、水流和底质等生态条件下，采用生态系育苗技术，大量培养生物饵料，以活体饵料多品种营养互补，采取藻类、轮虫、卤虫、桡足类等动、植物饵料组合，溞状幼体前期，以投喂单细胞藻类、轮虫为主，辅以投喂卤虫、蛋黄；溞状幼体的中后期，以投喂卤虫为主，桡足类和藻类为辅。这样，能使幼体溞状幼体的变态存活率提高到60%以上，可达到批量生产蟹苗，并已被试验性生产所证实。

李少菁等通过对锯缘青蟹幼体发育过程中，对饵料质和量需求的变化、饵料影响与制约各期溞状幼体生长及元素含量以及相应的溞状幼体发育过程的消化道组织化学、消化酶活力、饥饿实验和肝胰腺超微结构的变化进行的研究也表明：在锯缘青蟹溞状幼体培育过程中，其投喂模式应以："溞状幼体的早期以投喂轮虫为佳，溞状幼体Ⅲ、溞状幼体Ⅳ改喂卤虫"。根据溞状幼体消化酶活力和肝胰腺的超微结构研究，初孵溞状幼体已具备较为完善的消化能力，这说明锯缘青蟹溞状幼体一经孵出，主要依靠摄食来满足能量和发育的需要。所以在育苗实际中，溞状幼体孵出后应及早投饵，因短暂的饥饿都会对其存活率和发育产生重要影响。但由于溞状幼体Ⅰ和溞状幼体Ⅱ消化道的形态与功能发育尚未发达与完善，其捕食多为被动行为，轮虫是良好的饵料，且大致以40~60个/毫升为宜。溞状幼体Ⅲ以后，以投喂营养价值高、个体较大的卤虫为佳。此外，在溞状幼体培育过程中，还应注意投喂轮虫和卤虫自身的营养价值，特别是其脂类的营养价值，如需要应进行 EPA/DHA 的强化培育。

巨缘青蟹幼体培育阶段各期投喂的主要饵料及日投喂量见表2-18、表2-19。

表2-18　锯缘青蟹幼体在发育各个时期投喂的主要饵料每只平均日投饵量

(广西珍珠公司)

饵料种类＼幼体期别	Z_1	Z_2	Z_3	Z_4	Z_5	M	C	备　注
扁藻（万细胞）	3	5	7	2	0	0	0	视藻类浓度调整
轮虫（尾）	30	45	60	40		0	0	视残饵调整
卤虫（尾）	0	0	20	35	50	5	0	Z_5 后投喂卤虫成体
牡蛎、虾肉（占幼体重%）	0	0	0	0	0	250	350	

表 2-19　锯缘青蟹幼体各期日投喂量

期　别	螺旋藻 (万个/毫升)	蛋白小球藻 (万个/毫升)	轮虫 (个/毫升)	卤虫无节幼体 (个/尾)	卤虫成体 (克/万尾)
Z_1	1	30	20～30	0.5～1	
Z_2	0.5～1	20	20～50	1～2	
Z_3	0.5	20	20	5～10	
Z_4	0.3	15	15	10～25	
Z_5	0.1	10		30～50	10～20
M				大于100	20～40

(2) 水质调节

①锯缘青蟹幼体培育的水质指标

a. 水温：整个培育期间的水温，可控制在 25～32℃。前期水温要求低些，Z_1 最适水温为 25～26℃，以后逐渐升高到 30℃左右。后期，即大眼幼体，水温可保持在 27～35℃。但应注意：Z_5 期临变态时，水温要求略为低些，保持在 26～28℃。在幼体培育期间，如水温降至 22℃，则幼体发育慢；如水温降至 20℃，则可引起死亡。

b. 盐度：幼体培育期间，盐度以 27～30 最为适宜。早期可以略为高些，Z_1～Z_2 为 27～35；Z_3 以后为 23～31。要注意在幼体培育期间，特别要防止盐度的大幅度升降。

据王桂忠等关于盐度对锯缘青蟹幼体存活与生长发育影响的研究表明，锯缘青蟹幼体有较广的盐度耐受范围，在盐度23～35的范围内，均能发育成仔蟹，但以盐度 27 的成活和生长情况最好。适宜早期幼体（Z_1、Z_2、Z_3）生长的盐度为 23～35；后期（Z_4、Z_5、M）的生长适宜盐度则是 23～31。这种适宜盐度范围前移的现象与陈弘成和郑金华（1985）的研究结果一样。Arriola（1940）曾指出，锯缘青蟹有产卵洄游行为，即锯缘青蟹在交配后性腺成熟时，从河中及咸淡水区游到外海产卵。Hill（1974）和 Ong（1966）也发现，锯缘青蟹有入海繁殖现象。陈弘成和郑金华（1985）在野外观察时也发现，大多数幼体抵达河口沿岸时，已是大眼幼体，之后变态为仔蟹。这些现象都表明，在自然海区中，锯缘青蟹幼体的生长发育过程，经历了从高盐度到低盐度的过渡。鉴于锯缘青蟹幼体随着生长发育，其适宜盐度逐渐下降的特点，在生产性育苗过程中，应及时调节好适宜的海水盐度，以利于各期幼体的生长发育。他们的研究还表明，Z_1、Z_5 和 M 的幼体死亡率较高，而 Z_2、Z_3 和 Z_4 的幼体则生长较为稳定，这说明 Z_1、Z_5 和 M 对环境较为敏感。因此，在育苗中应注意环境条件的控制（表 2-20、表 2-21）。

表 2-20 不同盐度条件下锯缘青蟹各期幼体的
平均蜕皮率及最终蜕皮率（%）

盐度(‰)	15		19		23		27		31		35		39	
发育期	即期蜕皮率	最终蜕皮率	即期蜕皮率	最终蜕皮率	即期蜕皮率	最终蜕皮率	即期蜕皮率	最终蜕皮率	即期蜕皮率	最终蜕皮率	即期蜕皮率	最终蜕皮率	即期蜕皮率	最终蜕皮率
Z_1	3.3	3.3	43.4	43.4	63.9	63.9	72.2	72.2	70.0	70.0	70.0	70.0	52.8	52.8
Z_2		2.2	61.2	26.1	77.5	51.1	75.1	53.9	78.8	55.0	75.9	53.4	59.4	29.5
Z_3		2.2	72.9	18.9	75.2	40.0	90.3	48.4	85.9	47.3	79.0	42.3	67.3	20.0
Z_4		1.1	73.3	13.9	91.5	36.7	95.4	46.1	89.4	42.2	62.4	26.0	55.6	11.7
Z_5		1.1	71.1	10.0	69.0	24.5	78.2	36.1	78.9	33.4	35.0	9.5	6.7	1.0
M		0	18.2	2.2	47.6	12.3	66.5	23.9	56.7	18.9		5.0		0

表 2-21 不同盐度条件下锯缘青蟹幼体各期的蜕皮间期（天）

盐度‰	15	19	23	27	31	35	39
Z_1	9.3*	6.0	5.8	5.6	5.4	6.2	6.7
Z_2		5.5	4.8	4.8	3.9	4.2	5.3
Z_3		4.2*	4.9	4.0	4.3	4.7	4.8
Z_4		3.9*	4.0	4.1	4.1	4.9	4.3
Z_5		5.7*	5.2	4.6	5.4	5.8*	11.0*
M		9.1*	10.5	9.2	10.5	11.2*	

* 系一次试验的结果。

c. pH 与溶解氧：pH 保持在 7.8~8.6 之间，含氧量维持在

4 毫克/升以上，有利于幼体的发育和生长。

d. 氨氮　其浓度应控制在 600 毫克/米³ 水体以下。

②换水：在育苗生产中，换水应视育苗水质的实际状况，酌情掌握每天的换水量（表 2-22）。

表 2-22　锯缘青蟹幼体培育阶段的日换水量

幼体期别	Z_1	Z_2	Z_3	Z_4	Z_5	M	C
换水量（%）	添加	添加	20	30	50	60	100
添水、换水过滤网目（目）	150	150	80	80	60	40	20

③充气量：$Z_1 \sim Z_2$ 期，为微弱充气，池水呈微波状；$Z_3 \sim Z_5$ 期，充气量加强，池水呈微沸状；$M \sim C$ 期，强充气，池水呈沸腾状。

④吸污、换池：在育苗过程中，如果池底较脏，要用虹吸管吸底，清除脏物。必要时换池，防止泛池。

（3）光照调控　把光照强度控制在 1 000 勒克斯左右，避免阳光直射。

（4）附着物的投放　在幼体发育进入大眼幼体后，为了减少幼体之间互相残食，可投放附着基。投放量一般为 2～3 立方米水体投 1 平方米附着基，附着基以孔径 1 毫米的深色平板式结节塑料网衣制作。附着基投放的位置，要求在水面下 20 厘米，距池底 30 厘米。幼体密度过大或幼体发育不整齐时，可每天将附着基上的幼体移出另池培育，使幼体发育同步，减少幼体间的自残。

（5）日常观察　观察的主要内容有：

①水质指标的观测：如水温、盐度、pH、溶解氧、氨氮、重金属离子等，应每天及时检测，并作好记录，发现超标应及时采取措施进行调整。

②幼体观察：在育苗期间，还应经常观察幼体活力、摄食、变态、体表光滑度等情况，如发现幼体异常，应及时找出原因，

并采取相应措施。幼体的发育速度见表 2-16。

（六）幼蟹的培育

幼蟹培育，是指将天然海区捕捞的蟹苗，或人工培育的蟹苗（指大眼幼体），强化培育成幼蟹的过程。并可根据养殖的需要，继续培育成较大规格的幼蟹。

幼蟹培育有以下几种方法：①在原池内培育，如密度过高，可适当起捕部分蟹苗移至其他池内培育；②把成蟹池分隔成若干个小池，作为临时性的幼蟹培育池进行培育，待幼蟹生长到一定规格大小后，计数放入大池养成，再拆除临时分隔的小堤或拦网；③在蟹池充足的情况下，选一口作为幼蟹临时培育池进行培育，待幼蟹培育到所需规格，计数分养，再将该池清池处理，即可作为成蟹养殖池之用；④专用幼蟹水泥池培育。

具体的培育措施，主要包括以下环节。

1. 培育池的建造　培育池宜建在水质良好、海淡水水源方便且无污染的海边陆地，以靠近产苗区为好，交通也要方便。一般进行培育的专业户，可以准备 5～6 口池，以利于分散放苗。培育池的面积不宜太大，一般为 15 平方米（3 米×5 米）或 20 平方米（4 米×5 米），池深 1.0～1.5 米。用砖块砌成，内壁光滑，并在池口向内有"反唇"装置，以防幼蟹外逃。底部铺 3～4 厘米厚的细沙，并在池中放置一些棕榈片、网片和人工海藻等，供蟹苗攀附栖息。海、淡水均从池壁上方以管子通入，随时可以调节池内的海水盐度。池底有一个排水口，数池的总排水沟的一边池壁底部安装一水位调节管，以控制池内水位。

2. 清池　在蟹苗放养之前，应先进行清池。新池必须事先注水浸泡 1 个月以上，旧池则洗净后用药消毒。水泥池用漂白粉（有效氯 30%～35%）50～100 克/米^3 水体浸泡 1 小时，然后用清洁海水冲洗数遍；土池培育时，可用漂白粉（有效氯 30%～35%）30～50 克/米^3 水体，先用少量水调成糊状，再加水稀释，泼洒全池，药性消失时间是 1～2 天；或用生石灰 375～500 克/

米^3 水体，可干洒，也可用水化开后，不待全冷却时泼洒，药性消失时间是 10 天。待药性消失后，即可放养。

3. 进水及池水的淡化　所有进入培育池的海、淡水，必须经过沉淀并用 120 目或 150 目筛绢过滤。蟹苗阶段的盐度（3～5天内）为 30～35 时，此后则要逐渐淡化，每天约加入淡水1/10。待大眼幼体变态成为幼蟹后，盐度可降至 15～20。

4. 蟹苗放养　当蟹苗运到目的地后，先测定池水和盛苗器内的水温。如两者水温温差太大，应进行过渡，使温差逐步减小到 1℃ 以下，才可放养入池。放养密度为 1 500～2 000 只/米^2。

5. 日常管理

（1）饵料及投喂　幼蟹营底栖生活，能爬善游，食性与成蟹相同，以投喂较大的碎贝、虾鱼肉等为主，早晚各投 1 次或在傍晚投喂 1 次。日投饵量为其总体重的 10% 左右，并视其摄食情况而酌情增减。

（2）水质调控

①水质指标：幼蟹培育的水质指标，要求盐度为 15～20；水温保持在 30℃ 左右；pH 为 7.8～8.6；溶解氧在 4 毫克/升以上；氨氮小于 0.5 毫克/升；硫化氢小于 0.01 毫克/升。

②换水：培育期间，保持水质新鲜，每天更换水 1 次，换水量为池水的 1/2～1/5。进水必须经过 120 目或 150 目筛绢过滤。

③清除杂物及残饵：每天清晨，要清除残饵等有机碎屑和死苗，以免败坏水质，使蟹苗在良好的水质条件下发育、生长。

（3）日常观察　每天早、中、晚各巡池 1 次，观察水质变化，检查幼蟹的活动、摄食情况，并要注意是否有敌害以及病害发生，还要检查进、排水和其他设施状况，发现问题，要及时采取措施进行处理。

（4）培育时间　水温在 30℃ 左右时，蟹苗生长速度最快，一般 3～5 天便可变态为幼蟹。再培育 12～17 天，经过 2～3 次蜕壳，即可达到甲壳宽 1 厘米左右的小规格幼蟹苗，出池用于养成。如继续培育 1 个月左右，便可培育成为壳宽 2～3 厘米的大规格幼蟹苗，即可转入成蟹池养殖，或出售给养成蟹者，供其放养。

（七）稚蟹的出池、计数与运输

稚蟹出池之前，需将稚蟹培育水温逐渐降低至室温，先将附着基上的稚蟹提出放入水槽中，然后用虹吸管排水，待池水降至30～40 厘米时，将蟹苗由池底排水孔放入集苗箱。蟹苗计数方法同三疣梭子蟹，一般用重量法。

蟹苗的运输有以下两种方法：

1. **用帆布桶或塑料袋运输**　帆布桶装苗种数量 1～2 千克/米^3 水体，1 个塑料袋规格为 30 厘米×60 厘米，可装蟹苗 0.1～0.2 千克。为防止运输途中蟹苗互相残食，运输容器内可装附着基。

2. **用箩筐或蟹苗箱（木箱）运输**　在其底部铺上一层湿水草，码上一层蟹；再铺上一层湿水草，使幼蟹不致碰伤。不要重叠太多，最后盖上硬框纱窗布，便于途中喷淋海水，以提高运输的成活率。

（八）病害及防治

在育苗期间，病害是造成幼体死亡、育苗生产不稳定的重要因素之一。当前对病害的研究很少，应采取预防为主、防治结合的方针。锯缘青蟹育苗期间常见的病害及其防治方法简介如下：

1. **预防措施**

（1）在育苗期间，如育苗用水中重金属离子含量偏高时，应视重金属离子的含量情况，在育苗用水中加入螯合剂（EDTA）钠盐 5～15 毫克/升，以防幼体重金属离子中毒。

（2）根据水体中致病细菌数量及幼体的健康状况，在水温28℃以上时，要定期施用抗菌素以控制病原菌的繁殖。生产中常用的抗菌素有：呋喃西林、土霉素和氯霉素等。使用方法是几种抗菌素交替施用，施用浓度一般为 0.5～1 克/米^3 水体。

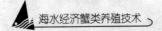

（3）根据水质状况，定期添水、换水，定期吸污，进水时并严加过滤。

2. 常见病害及防治方法

（1）弧菌病

【病原】是由于细菌性的弧菌，侵入幼体血液引起的一种全身性感染而发病。

【病症】患病幼体活动能力明显减弱，多在育苗池水的中、下层缓慢游动，趋光性变弱。幼体摄食量减少或不摄食，胃中食物少，发育减慢，体色变白，在高倍显微镜下，可以看到感染此病的幼体，在血腔内有大量的会活动的细菌。

【危害】多发现在锯缘青蟹的溞状幼体、大眼幼体，幼蟹也有出现。

【防治方法】此病多因环境不适，尤其营养不良，人工代用饵料用量过多，水质不佳所引起。因此，预防的措施应是控制较佳的环境条件，并注意池子、工具的消毒。发生疾病时，可用土霉素 2 克/米^3 水体或氯霉素 1 克/米^3 水体，全池泼洒，具有疗效，连续使用数日，直至病状消失为止。

据陈德胜、林义浩试验研究，如对其使用由深圳旺业实业发展有限公司、香港旺胜生物工程有限公司提供，并指导操作的鳗弧菌、溶藻弧菌与创伤弧菌寡糖分子疫苗（简称弧菌混合疫苗）浸泡锯缘青蟹苗，对预防锯缘青蟹弧菌病有很好疗效。具体方法是：把锯缘青蟹苗放入 10 毫克/升浓度的弧菌混合疫苗尼龙袋中（稀释疫苗用的溶液为海淡比 1：1），充氧浸泡 30 分钟后，放置海水中养殖。

（2）霉菌病

【病原】锯缘青蟹的溞状幼体及大眼幼体，被链壶菌（Lagonidium）等属的霉菌侵袭而引起。

【病症】霉菌的游动孢子附着在幼体上，休眠一段时间后，向幼体内生出发芽管。发芽管膨大、发育成新的菌丝状。菌丝体在幼体内迅速生长，很快地布满幼体全身。

【危害】在死亡的幼体中，常可清晰地看到树状分枝菌丝。也可见到成熟的链壶菌丝体生出细长的排放管，伸到宿主体外，其末端膨大为球形的顶囊。

【防治方法】保持水质清洁，用水严格消毒。患此病时，可用孔雀石绿 0.006～0.008 毫克/升治疗。但据吴琴瑟（1992）的初步观察，锯缘青蟹溞状幼体对孔雀石绿的耐受能力较差，施药后5～6小时，需更换一些水，若不换水，会影响幼体成活率；对此病防治也可用氟乐灵每立方米水体 0.03～0.05 毫克。

（3）丝状细菌病

【病原】由发状白丝菌感染所致。

【病症】受感染的幼体，活动能力减弱，沉入水底导致死亡。

【危害】常见于锯缘青蟹的溞状幼体，大眼幼体也有发现。

【防治方法】此病的发生与水质污浊有关。在有机物过多的水中，易发生此病。因此，使用洁净的海水育苗，对海水进行严格消毒，是预防本病的根本有效方法。

（4）聚缩虫病

【病原】由聚缩虫属原生动物的纤毛虫引起。

【病症】虫体前端呈盘状，具有纤毛的围口带呈反时针方向围绕到胞口，身体后端有一柄附着在锯缘青蟹的卵和溞状幼体、大眼幼体及幼蟹上，形成群体，一旦受到刺激，整个群体会同步收缩。在水温 18～20℃、海水盐度 13 左右，聚缩虫在锯缘青蟹幼体身上会大量繁殖，严重时可超过幼体大小的两倍，使幼体漂浮于水面似白絮状。

【危害】聚缩虫的附着，不但增加了幼体负担，而且还影响了幼体蜕皮发育，严重者可使幼体死亡。

【防治方法】保持水质清洁。在进行卤虫卵的孵化之前要进行消毒，抱卵蟹入池时也要用药物消毒，是预防本病发生的有效方法。幼体一旦发生此病，要采取多换水，投喂优质饵料，水温控制在 30℃ 左右,促使幼体蜕皮,也是行之有效的办法。此外,还可在水温 23~25℃ 时,用 5% 的新洁尔灭原液稀释为 6.7% 的药液,将幼体浸洗 30~40 分钟,可杀死大部分幼体身上的聚缩虫;也可用 5%~12.5% 甲醛浸浴幼体 2 小时;或用 20 毫升/米^3 水的甲醛液全池泼洒,但在 1 天内应进行水体交换,排除剩余的甲醛。

(5) 水螅

【病原】由腔肠动物门、水螅纲、水螅目、水螅属的种类引起。

【病症及危害】据吴琴瑟(1992)报道,在 1992 年 4~5 月进行锯缘青蟹人工育苗时,发现水泥池壁及底部附着相当多的水螅,甚至卤虫卵壳也会附生。水螅能分泌很强的毒液,卤虫幼体放入育苗池内 2 小时左右,会全部下沉死亡。其对锯缘青蟹溞状幼体和大眼幼体的毒害更大,如果水螅大量繁殖,锯缘青蟹幼体会全军覆灭。

【防治方法】目前尚没有好的防治方法。

(6) 华镖溞

【病原】由华镖溞等桡足类引起。

【病症及危害】据赖庆生(1990)报道,在幼体培育池中,华镖溞等桡足类在适宜其生长的优越水体环境中迅速生长繁殖,形成优势种群,与锯缘青蟹的溞状幼体争饵料、争氧气、争水体,扰乱幼体安宁。凡是华镖溞等桡足类在某个培育池中占优势,则溞状幼体培育至第Ⅲ期都很困难。

【防治方法】在育苗之前,要彻底清池消毒,严格过滤育苗用水,防止华镖溞的六肢幼体及卵囊带入育苗池。

(7) 海发藻

【病原】由硅藻类的海发藻引起。

【病症及危害】海发藻形似棍棒,群体呈星状或折线状,在光线充足、水质较肥的海水中,繁殖很快,其对锯缘青蟹溞状幼体危害甚大,常导致幼体的大批死亡。

【防治方法】育苗用海水要经过 48 小时的暗沉淀,发现时可进行多次换水。全池泼洒 0.6~2.0 毫克/升螯合铜,可将藻类杀灭。

(九) 锯缘青蟹全人工育苗实例

1. **实例一** 作者于 1999 年在山东省滨州地区海水良种繁育试验场,进行了锯缘青蟹生产性全人工育苗。具体作法如下:

(1) 设施与设备 1999 年在滨州地区海水良种繁育试验场第一车间,进行生产育苗试验。亲蟹培育池 4 个 (1[#]、20[#]、11[#]、12[#]池),其中:1[#]、20[#]池大小面积为 20 米²,池深 1.5 米,在进水口端铺沙 5 厘米,铺沙面积 15 米²,沙面上搭建砖瓦小 "房" 80 个;11[#]、12[#]池面积为 10 米²,池深 1.5 米,每池搭建砖瓦小房 15 个,未铺沙,池上用黑布遮光。幼体培育池 10 个,大小面积为 20 米²,池深 1.5 米。0.25 米³ 卤虫孵化缸 5 个。1 吨蒸汽锅炉 1 台。15 千瓦罗茨鼓风机 1 台。

由于育苗场位于无棣的徒骇河中上游,河上游常有淡水或污水注入,水浑且水质变化无常。所以,选择水质情况较好时,一次性将水注满备用。其中一级沉淀池及二级沉淀池内接种水草,使用前将水抽至三级水泥沉淀池备用。水源的水质检测指标见表2-23。海水经过以上三级沉淀池及其他方法处理后,经检测,用水符合渔业水域水质标准 (TG35)。

表 2-23 水源水质检测结果

项目	化验值 (毫克/升) 海水	淡水	项目	化验值 (毫克/升) 海水	淡水
镉	0.004 2	0.002 9	锌	未测出	未测出
铝	0.001	0.001	镍	未测出	未测出
铬	0.046	0.019	钙	483	130
铜	未测出	未测出	镁	356	128
氰化物	未测出	未测出	丙烯腈	未测出	未测出
非离子氨	未测出	1.9	石油类	0.07	0.29
硫化物	3	4	盐度	29.2	2
挥发性酚		0.14	pH	8.1~8.3	8.1

(2) 亲蟹运输、培育及孵化

①亲蟹运输：第一批亲蟹于 1999 年 4 月 23 日，由厦门干运 45 只至济南机场后，汽车运抵育苗场放入 1# 池，由于操作不慎死了 2 只；5 月 13 日，由海口空运亲蟹 20 只，也放入 1# 池。亲蟹个体重 251～383 克。

②亲蟹培育：培育亲蟹的饵料，主要是投喂活四角蛤蜊，辅以投喂少量活沙蚕。饵料投喂到未铺沙处，以便于清除，四角蛤蜊收购较多时，在保证成活的情况下可一次性投入，这样既有利于四角蛤蜊的成活，同时四角蛤蜊又可摄食单胞藻及有机碎屑等，使水质变清，便于对亲蟹的观察。根据水质情况，3 天左右清池一次，余 15 厘米水时检查亲蟹的抱卵情况，将抱卵蟹轮流放入 11#、12# 池。然后，将活四角蛤蜊捡出，将死蛤、蛤壳、粪便等物用水冲净，用高锰酸钾或甲醛消毒沙子，再用水冲去残留药物后加水。亲蟹培育水温为 27℃，盐度为 30，pH 为 8.1～8.3，微量充气。

③亲蟹孵化：亲蟹培育期间，随时观察抱卵亲蟹的发育情况，当发现卵团发黑，胚胎心跳 120 次/分以上时，即用 10 克/米³ 水体的孔雀石绿浸泡亲蟹 50～60 分钟，装笼放入幼体培育池中孵幼。在上述培育条件下，从抱卵到孵幼，一般需 11～13 天。

(3) 幼体培育

①育苗池消毒：在育苗池进水之前，要用稀盐酸溶液洗涮，再用干净海水冲刷干净。其他育苗用具，用 50 克/米³ 水体高锰酸钾消毒处理。

②布幼密度：见表 2-24。

③水温：溞状幼体至大眼幼体，水温控制在 25～27℃。

④投饵：为使出膜后的 Z_1 幼体有适口、营养丰富的开口饵料，在布幼之前要接种需投喂的单胞藻。$Z_1 \sim Z_2$ 以单胞藻、微型饲料为主，轮虫、卤虫无节幼体为辅，Z_3 逐渐以卤虫无节幼体为主，Z_5 后开始投喂铰碎的卤虫成体。各期幼体的具体投饵

量见表 2-19。育苗期间检查三级沉淀池中桡足类及沙蚕幼体、幼小沙蚕，大眼幼体后经 40 ～ 20 目筛绢网滤去大型生物或杂质，让上述饵料生物在育苗池中繁殖，供幼体摄食，有时只通过水交换，可达到不需再投饵的程度，幼体变态发育正常。

表 2-24　幼体布幼情况

池　号	亲蟹只数（只）	孵幼数量（万只）	布幼密度（万只/米³ 水体）
18	1	180	6.0
19	1	200	6.6
10	1	230	7.7
9	1	220	7.3
8	1	160	5.3
6	2	300	10.0
5	2	300	10.0
4	1	200	6.6
3	1	260	8.7
2	3	450	15.0

⑤水质调节：由于整个育苗期间都采用优质饵料，投喂数量控制得当，在大眼幼体之前，基本不换水。但要经常检测培育池水质的理化指标，如发现有问题，要及时采取措施。育苗期间各池水质情况见表 2-25。

表 2-25　育苗期间各培育池水质主要理化指标

期别	项目\池号	18	19	10	9	8	6	5	4	3	2
Z_1	pH	8.3	8.3	8.2	8.3	8.3	8.2	8.3	8.2	8.2	8.2
	NH_3—N(微克/升)	48	42	57	50	48	48	57	45	60	48
	溶解氧(毫克/升)	5.9	6.0	6.2	6.3	6.3	5.9	6.5	6.0	6.0	6.4
	盐度（‰）	30.0	29.8	30.1	30.8	30.8	29.8	30.0	30.0	30.6	29.8
Z_2	pH	8.3	8.3	8.3	8.3	8.3	8.2	8.2	8.3	8.2	8.3
	NH_3—N(微克/升)	73	60	64	74	70	71	66	50	62	54
	溶解氧(毫克/升)	6.0	6.2	6.0	6.0	6.2	5.9	5.9	6.0	6.0	5.8
	盐度（‰）	29.8	29.8	30.0	30.2	30.4	29.8	30.0	30.0	30.2	29.6

(续)

期别	池号\n项目	18	19	10	9	8	6	5	4	3	2
Z_3	pH	8.2	8.3	8.2	8.3	8.2	8.1	8.2	8.1	8.1	8.3
	NH_3—N(微克/升)	106	98	131	127	110	107	90	94	120	117
	溶解氧(毫克/升)	6.3	6.2	6.1	6.1	6.3	6.0	6.0	6.1	6.2	5.9
	盐度(‰)	29.0	29.0	29.0	29.4	30.0	29.2	29.6	30.0	30.0	29.8
Z_4	pH	8.2	8.2	8.3	8.2	8.1	8.2	8.3	8.2	8.2	8.3
	NH_3—N(微克/升)	126	119	152	171	132	119	106	108	118	127
	溶解氧(毫克/升)	6.2	5.9	6.0	6.1	6.1	6.0	5.9	6.2	6.2	5.8
	盐度(‰)	28.5	28.6	28.6	28.6	29.1	29.0	29.0	29.6	29.6	29.0
Z_5	pH	8.2	8.1	8.2	8.3	8.1	8.1	8.2	8.2	8.2	8.2
	NH_3—N(微克/升)	178	201	178	194	169	161	146	150	158	174
	溶解氧(毫克/升)	6.1	6.0	6.1	5.9	5.8	5.9	5.8	6.1	6.0	5.9
	盐度(‰)	28.4	28.4	28.5	28.6	28.8	29.0	28.6	29.2	29.6	28.8
M	pH	8.1	8.2	8.2	8.2	8.2	8.1	8.3	8.1	8.1	8.2
	NH_3—N(微克/升)	246	238	301	298	364	241	231	228	328	262
	溶解氧(毫克/升)	5.8	5.7	6.1	5.8	5.9	6.0	6.0	6.1	5.9	6.0
	盐度(‰)	27.0	26.9	27.6	27.6	27.4	28.0	27.2	28.1	28.0	27.3

⑥光照强度：3 000～10 000 勒克斯，前期低，后期高，避免强光直射。

⑦病害防治：幼体的病害，以防为主。亲蟹布池之前，用孔雀石绿 10 克/米^3 水体浸泡 50～60 分钟，育苗用水经甲醛处理，布幼体后连用 2 天氟乐灵，之后细菌性疾病用氯霉素或土霉素、呋喃唑酮等预防。整个育苗期间未有大的病害发生。

⑧投放附着物：大眼幼体为 30% 左右时，开始在水中及池底投放大眼网目网片等附着物，铺满整个池底，并在池水中陆续悬挂满扇贝养成笼。

（4）幼蟹培育　幼蟹发育至第Ⅱ期后，水温逐渐降至自然水温。根据水质检测，进行换水。日投喂 4 次卤虫无节幼体及 2 次铰碎的卤虫成体。投喂卤虫成体的数量一定要控制好，避免投喂过量，以防过多残饵遗留池底污染水质，给蟹苗收集造成困难。

（5）结果与体会

①试验结果：本次生产性试验共育Ⅳ期以上幼蟹 48.2 万只，平均每立方米水体出幼蟹 1 600 只，其中 6# 池出幼蟹 11.3 万只，平均每立方米水体出幼蟹 3 800 只。

②试验体会：通过本次试验体会到，育苗期间，在防止互残上，除及时投喂适口的优质饵料外，附着基的适时投放，可大大提高育苗的成活率，生产中应十分重视。提供充足、适宜的高质饵料的组合，可提高育苗成活率，并能缩短育苗周期。此次育苗生产在水温 27℃ 的条件下，由 Z_1 到 C_1 的发育时间都在 17 天左右，较有关资料介绍的 23～24 天，缩短了 5～7 天。

2. **实例二**　江苏省海洋水产研究所汤全高、吴建平于 1988 年，在室内水缸中进行了锯缘青蟹的人工育苗。具体作法如下：

（1）亲蟹及抱卵蟹的培育　亲蟹于 1988 年 12 月 10 日捕自当地红树林区，已交配，体重 510 克，头胸甲宽 143 毫米，附肢齐全，体质健壮，将亲蟹培育于 0.2 米^3 的水缸中。缸底铺 10 厘米厚细沙，用电磁振动式气泵充气，电热棒加热。1989 年 2 月 4 日向缸中投放入体重 500 克、甲宽 126 毫米的雄蟹一只，3 月 1 日将雄蟹移出。每隔 2～3 天用高锰酸钾消毒一次，聚缩虫寄生时用孔雀石绿药浴。每天换水量占总水量的 50%，并定期全部换水，每天投喂贝肉 2 次，每天测量水温 2 次，抱卵后镜检，观察胚胎发育情况。

（2）幼体培育　幼体在室内的 10 个水缸中进行培育，水缸体积 0.2 立方米，口径 0.53 米，高 0.71 米。培育用海水经 60～250 目筛绢过滤，气泵充气，电热棒加热，培育期间，当晴天室外光照为 19 800 勒克斯时，室内光照为 400～500 勒克斯。幼体投放前两天施肥培养藻类，但由于海水中藻类数量少，未能奏效。溞状Ⅰ期幼体主要投喂经 250 目筛绢搓滤的熟鸡蛋黄，第 1～2 天增加投喂去壳卤虫卵，第 3 天开始投喂卤虫无节幼体。溞状Ⅱ期幼体以后，全部投喂卤虫无节幼体，每日 3 次，卤虫无节幼体在投喂前经孔雀石绿处理。幼体培育第 5 天开始，每天换水 1/3 左右，每 2～3 天吸底污 1 次。每天测量水温 2 次，定期测量盐度，用 150 毫升广口瓶取样观察计数。培育水中呋喃西林含量为 0.5 克/米³ 水体或土霉素含量 1 克/米³ 水体。

（3）稚蟹的中间培育　在水缸内的玻璃钢笼中进行稚蟹中间培育，蟹笼规格为 3.45 厘米×3.45 厘米×40 厘米，内衬 60 目或 80 目筛绢网，笼内另放筛绢网片供稚蟹附着。气泵充气，除投喂卤虫无节幼体外，还投喂贝肉。大潮时将蟹笼提放流水中。定期测定稚蟹头胸甲宽度及测量蜕壳前后头胸甲宽度。

（4）结果

①亲蟹及抱卵蟹培育：雌蟹培育在缸中，水的盐度为 24～30，水温为 19～27℃。经过 84 天培育，于 1989 年 3 月 4 日 01：15 产卵，卵橘黄色，大小均匀，抱卵量大。

抱卵蟹培育的水温控制在 24～27℃，盐度 26～28。镜检可见胚胎发育整齐、均匀，卵子表面较为洁净。第 2 天进入多细胞期，第 4 天 80% 进入囊胚期，第 5 天进入原肠期，第 7 天 90% 出现眼点，第 9 天出现心脏跳动，心率 63 次/分，第 10 天肌肉开始收缩，心率达 120 次/分，第 11 天心率 140 次/分，于 3 月 14 日 17：15 孵出溞状幼体约 300 万只，产幼迅速，1 小时内全部出膜，幼体健康活泼，趋光性强。

②幼体培育：溞状 1 期幼体在水温 23～28℃，盐度 26～28 的条件下，经培育 18～20 天，共蜕皮 5 次，变态为大眼幼体，大眼幼体培育 10 天左右，蜕皮 1 次，变态为稚蟹（表 2-26）。

表 2-26　幼体培育的成活率

幼体分期	培育期平均水温（℃）	培育期水温范围（℃）	幼体数量（万只）	成活率（%）
4 号培育缸				
Z_1	25.4	24.0~26.2	4.0	
Z_2	24.4	22.7~26.4	1.6	40
Z_3	27.5	26.1~28.7	0.6	37.5
Z_4	26.2	24.0~28.6	0.4	66.7
Z_5	28.5	26.8~30.0	0.4	100
M	26.7	24.5~28.8	0.2	50
C	26.8	25.1~28.0	0.05	25
7 号培育缸				
Z_1	25.0	23.5~26.8	3.0	
Z_2	24.4	23.0~25.8	2.0	66.7
Z_3	24.0	23.2~25.0	0.5	25
Z_4	25.0	23.5~26.2	0.4	80
Z_5	27.5	26.5~28.6	0.4	100
M	27.0	25.7~28.4	0.15	37.5
C	26.3	25.1~28.0	0.0495	33.3

　　③稚蟹培育：稚蟹分别放入蟹笼，并置于水缸中培育，培育水温为 25~28℃，盐度逐渐降低至 20 左右，培育期间于 4 月 19 日分养 1 次，稚蟹生长较快，头胸甲宽从 4 月 19 日平均 4.7 毫米，到 5 月 6 日已长到平均 13.1 毫米，最大的达 20 毫米（表 2-27）。观察测量发现，6~7 毫米的稚蟹，蜕壳后头胸甲宽度增大 1 毫米，而 10~12 毫米的稚蟹，蜕壳后头胸甲宽度增大 2~3 毫米（表 2-28），稚蟹培育成活率为 33%。由于大眼幼体变态为稚蟹不整齐，稚蟹差异较大，也由于培育笼内密度较大，稚蟹相互残食严重，致使成活率不高。

表 2-27　稚蟹生长测定

测定日期 （日/月）	头胸甲平均宽度 （毫米）	头胸甲宽度范围 （毫米）	测定数量 （只）	标准差 （毫米）
19/4	4.7	3.5～7.3	21	1.1
29/4	7.8	4.5～13.5	25	2.0
1/5	10.9	6.0～15.0	50	2.0
6/5	13.1	10.0～20.0	88	2.9

表 2-28　稚蟹蜕壳前后头胸甲宽度测定

测定日期 （日/月）	蜕壳前甲宽 （毫米）	蜕壳后甲宽 （毫米）	增长量 （毫米）
24/4	6.2	7.2	1.0
24/4	6.6	7.6	1.0
6/5	10.5	13.0	2.5
6/5	12.0	15.0	3.0

（5）体会　从试验中体会到，在育苗生产中，水温的突变会导致幼体大量死亡。因此，在育苗过程中，要保持稳定的水温；用新鲜流动的海水刺激，有利于稚蟹蜕壳生长；培育期间密度不宜太大，否则，稚蟹相互残食严重。

二、天然锯缘青蟹苗的利用

目前，锯缘青蟹在生产性全人工育苗尚未全面突破，而锯缘青蟹养殖又发展很快的情况下，充分开发和利用天然锯缘青蟹苗资源，即不失时机地组织捕捞锯缘青蟹大眼幼体，并加以强化培育成幼蟹，仍是缓解锯缘青蟹苗种短缺的有效办法和重要途径。

（一）天然锯缘青蟹种苗的捕捞

捕捞方法有多种，浙江沿海捕捞幼体进行培育，育成幼蟹供作种苗用。但福建以南沿海，则难以捕到大量幼体，多数是捕捞20～50克的蟹苗，供给养殖。

1. **锯缘青蟹种苗的捕捞季节**　锯缘青蟹苗种的捕捞季节，因地而异，在南海沿岸从4月起几乎全年都可以捕到，如广东东部每年有2次旺季，即5~7月和9~11月；而在我国的台湾沿海，几乎全年都有蟹苗出现，但4~6月为最多；浙江在4~11月都可捕到天然蟹苗，但旺季是5~6月和8~9月。

2. **捕捞方法**　捕捞方法也因地而异，而且捕捞天然蟹苗各地都积累了丰富的经验。下面介绍几种常见捕捞方法：

（1）**蟹篓结饵诱捕**　这是一种专门的作业，常在内湾或河口中进行，篓由竹编成，蟹易进难逃。诱捕时，把诱饵如牡蛎肉等夹在篓内，沉入海中，经一段时间后，提起蟹篓取出蟹苗。此法捕捞的种苗强健，且方法简单方便，是一种优良方法。

（2）**利用捕食习性进行捕获**　锯缘青蟹涨潮觅食的现象非常明显，随着涨潮成群结队地游到贝类生长繁茂的场地取食。尤其是贝类养殖场周围刚退潮时，极易捕到蟹苗。有的地区利用退潮蟹有匿藏洞穴的习性，在潮间带蟹较多的滩涂或贝类场附近有意识地挖出一些洞穴或踏上一行行脚印，待下次干潮时，就能捕到大量蟹苗。

（3）**网具捕捞法**　网具捕捞方法有三种：

①定置网捕捞：把网具固定在海边滩涂上，当涨潮时，蟹苗随潮水进入网内，即可捕取。

②推辑网捕捞：在涨、退潮时都可操作，并以落潮时捕捞量较大。

③抄网捞取蟹苗：当潮水涨到岸边时，用抄网捞取蟹苗。因蟹苗有傍晚或夜间觅食的习性，所以在傍晚或夜间的捕获量多于白天，并因白天的水温高，蟹苗容易死亡。因此，一般捕捞蟹苗多在傍晚或凌晨3~4时进行，效果较好。

（二）天然蟹种苗的选择

过去蟹苗来源充足，选择较严格。作为育肥的种苗，是交配后的雌蟹及体质消瘦的雄蟹，个大，均在150克以上。但在当前种苗量不足的情况下，许多地区都选择 20～50 克的种苗，经 2～3 个月饲养，也可长成膏蟹或肥蟹。种苗经严格选择后，成活率高，而且也可在较短的时间内养成商品蟹。

1. 锯缘青蟹种苗选择的标准

（1）体质健壮的种苗　体质健壮、无伤残，甲壳青绿色，活力强且不容易捕捉到，肢体完整的个体为质量好的苗种。质量差的种苗，其甲壳为深绿色或绿色，有的腹部和步足为棕红色或铁锈色，步足缺损，尤其是游泳足和螯足的缺损会影响活动和觅食，其他步足不能少于 3 个以上，若步足断了一半或部分伤者，须把剩余的一部分折断至关节处，以防其流出黏液影响水质，甚至会引起死亡。折掉的可在短期内再生出来。凡受到刺、钩、晒伤或带外伤的均不宜放养，否则死亡率高，即使幸存者，也需长时间养成。

（2）无病　辨别病蟹多从足的基部肌肉色泽来看，强壮的其肉色呈蔚蓝色，肢体关节间肌肉不下陷，具有弹性。病蟹则呈黄红色或白色，肢关节间肌肉下陷，无弹性。此种种苗不宜养殖。

（3）剔除蟹奴　腹节内侧基常有 1～2 个蟹奴寄生。蟹奴呈卵圆形，体柔软，专吸寄主的营养维持生活。蟹奴寄生在雌蟹体上，会影响卵巢的发育，不能养成膏蟹。寄生在雄体上，会使其格外瘦弱，不能养成肉蟹。因此选择种苗时，应把蟹奴剔除掉。

2. 锯缘青蟹种苗的鉴别

（1）同类之间的鉴别方法　锯缘青蟹种苗的鉴别，通常按其性腺发育程度加以区别（表 2-29）。

①未交配蟹：未交配的雌蟹，俗称蟹姑或白蟹，一般个体较小，约 150～200 克。主要特征是腹节呈灰黑色，在较强的光线下观察，可见到甲壳两侧从眼的基部至第九个侧齿，看不出带色的圆点。这种蟹不能育成"膏蟹"，可列入肉蟹饲养范围。但如

放进一定比例的雄蟹与其交配，经一次蜕壳，投喂足够的饵料，经过饲养40~50天，则可养成膏蟹。

表 2-29 雌蟹性腺成熟度的鉴别

名 称	性腺发育期	甲壳两侧上缘性腺形状	腹脐上方愈合处中央圆点颜色	备 注
未受精蟹	I	性腺不明显	看不到圆点	未交配
瘦蟹	II~III	有一道弧形卵巢线	乳白色	晚 II 期交配，饲养30~40天，可成为膏蟹
花蟹	III~IV	卵巢呈半月形	橙黄色	系瘦蟹，饲养15~20天，发育而成
膏蟹	V	充满无透明区	红色	由花蟹饲养15~20天而成

②瘦蟹：初交配的雌蟹，俗称空母，一般个体较大，约200克以上。将它放在阳光下观察，在甲壳两侧从眼的基部至第九侧齿间有一道半月形的黑色卵巢腺。另打开腹节的上方，轻压则可见到黄豆大的乳白色圆点，此蟹经饲养30~40天后，则可成为卵巢丰满的膏蟹 。

③花蟹：由瘦蟹经过15~20天人工饲养，逐步发育而成。其卵巢已开始发育和扩大，但未扩展到甲壳边缘上，在强光下观察，则可见到一些透明的地方，尤如一条半月形的曲线。另外在腹节上的圆点已变为橙黄色，即卵巢的形成。经15~20天的饲养，可成为膏蟹。

④膏蟹：又称赤蟹，台湾、福建称红蟳。由花蟹经15~20天的饲养而成，卵巢达到完全成熟的雌蟹，甲壳两侧充满卵巢（俗称红膏），在强光下观察，已无透明的区域。腹节上方的圆点已成红色，即卵已长到腹节，有的在甲壳上也出现鲜艳的红色。

目前广东西部和广西沿海养殖用的种苗，多数是天然苗，重

30~50 克。购苗时，要了解种苗产地的盐度，以便入池之前调节盐度，而减少死亡。雌、雄放入同池养殖，让其自行交配，养殖 2~3 个月，可收获出售。但广东汕头沿海群众，仍选购交配过、体重 150 克以上的蟹育肥。

（2）不同类种苗（即锯缘青蟹种苗与其他杂蟹种苗）之间的鉴别方法　在捕捞的天然蟹种苗中，常会混有许多短尾类的幼体。除少数形状差异较大，易于分辨的杂蟹苗，如隆线拳蟹（别名为和尚蟹）、豆形拳蟹、海蜘蛛、扁蟹和蟛蜞等，可以随时拣除之外，还有许多与锯缘青蟹大眼幼体形态很相似的梭子蟹类的幼体，就比较难以区别。其中以底栖短桨蟹、远海梭子蟹为最多。这些蟹的溞状幼体和大眼幼体与锯缘青蟹的在外形上很接近，但也有差异之处。现将分别简述如下。

①溞状幼体的主要区别

a. 幼体发育期数的差异：锯缘青蟹溞状幼体期可分为 5 期，而远海梭子蟹和底栖短桨蟹的幼体期，只有 4 期。

b. 颚足游泳刚毛数的差异：在最末期溞状幼体的第一、二颚足上，羽状游泳刚毛的数量，锯缘青蟹较多，有 12＋1~4 根；远海梭子蟹次之，有 12＋1 根；而底栖短桨蟹最少，只有 10＋3 根。

c. 尾节双叉上的小棘形态和数目的差异：锯缘青蟹和远海梭子蟹显得较小且呈弯曲状，而底栖短桨蟹则只有 1 对（图 2-12）。

d. 背棘外观上的差异：远海梭子蟹溞状幼体的背棘长度较长，而且与头胸部几乎垂直，在末端形成 90° 的弯折，当溞状幼体Ⅱ期时，背刺外侧出现鲜红色素；而锯缘青蟹和底栖短桨蟹的背棘较短，没有那样的垂直、弯折及鲜红色素。

②大眼幼体的主要区别：锯缘青蟹、远海梭子蟹和底栖短桨蟹的大眼幼体，其形态和颜色的差异见表 2-30。用肉眼、放大镜和低倍显微镜仔细观察，就可将它们区分开来。

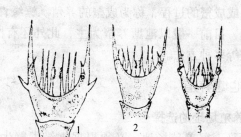

图 2-12 三种蟹大眼幼体尾叉的区别

1. 锯缘青蟹小棘两对 2. 底栖短桨蟹小棘 1 对

3. 远海梭子蟹小棘 2 对，小而弯曲

表 2-30 三种蟹大眼幼体形态的差异

（冯兴钱等）

鉴别特征	锯缘青蟹	远海梭子蟹	底栖短桨蟹
体型大小	最大	较小	最小
头胸甲外形（背面观）	尖顶、宽腹、圆壶状	与两者均有差别	三角形额部略呈三角形
体色	淡黄或粉红色，略透明	黑色	较透明
头胸甲长（毫米）	2.75～3.17	2.29	1.69
头胸甲宽（毫米）	1.68～1.90	1.25	1.53
螯足	最大，尤其指节与掌节特别粗壮	较小	较小
末对步足的指节	扁平	扁平	不扁平与其他步足一样
腹甲棘*大小（微米）	30×26	10×26	无

* 腹甲棘为头胸部左右末端延长部分，呈大角 1 对。

第五节 锯缘青蟹的成蟹养殖

将不同规格的幼蟹（或大眼幼体，但需经中间培育成幼蟹）

养成商品蟹或成蟹的过程，称为成蟹的养殖。锯缘青蟹的养殖形式多种多样，目前一般以池塘养蟹为主，此外还有围栏、围网、水泥池养殖等多种方法。

一、池塘养殖

(一) 养殖场址的选择

选择锯缘青蟹养殖场地，必须根据锯缘青蟹生态习性的要求，尽可能地创造一个冬暖、夏凉的栖息环境和优越的生长、发育生态环境。同时，也应具备为生产经营提供便利的条件。

具体来说，锯缘青蟹的养殖场，应选择在风浪较小的内湾，海水交换良好，潮流畅通，海水密度适宜，不受工农业污染的影响，主要水质指标应符合渔业用水水质标准。同时淡水水源充足，交通方便，蟹苗来源充足，鲜活饵料丰富的场地，均可进行锯缘青蟹的养殖。但需要注意以下几点：

(1) 选择风平浪静，潮流畅通，地势平坦，有排淡、排洪条件，施工方便，工程量小的内湾浅滩或港道两侧。

(2) 池底高程相当于中潮区的潮位，纳潮后水深能保持在1.5米以上。

(3) 底质以泥沙为佳，若池底泥多，应加粗沙或碎贝壳，改良土壤。

(4) 海水比重经常保持在 1.010～1.020（盐度 12.85～26.2），不受陆地地下渗透水的影响。

(5) 附近没有农药厂、化工厂，不受工业污水的影响。

(6) 低值鱼、虾、贝类来源丰富，交通方便，电力供应充足。

(二) 养成池的建造

1. **面积**　一般以 1～3 亩为宜。如面积过大，排灌水困难，且需大量人力、物力。台湾省蟹池小的多数是 350 平方米，一般1～4 亩。目前苗种主要来自天然捕捞，数量有限，规格质量各不相同，育肥的时间也不一致，因而要按不同规格分池饲养。面积过大，种苗不足，既浪费水面，又难于收获。当前不少地区，利用闲置的对虾养殖池养殖锯缘青蟹，面积 20～30 亩。

2. **蟹塘的构造** 可分单塘、双塘和"田"字形塘三种。一个塘一个闸门的称为单塘；两个塘相靠三个闸门，其中一个闸门互通两个塘的叫作双塘；四个塘连成"田"字形，称为"田"字形塘。具体来说，一口锯缘青蟹塘，一般有堤坝、闸、滩、池沟、防逃和防斗设施等部分构成。

（1）**堤坝** 堤坝分为用水泥与石块砌成和用土堆积成两种。用土结构的堤，堤宽大些，经得起风浪冲击，在堤面内侧与堤垂直密集地插入 30 厘米长的竹箔（插入泥中约 10～15 厘米）或用沥青纸顺堤边围起来，防止蟹外逃。用水泥石块砌成的堤，以垂直砌成即可。

（2）**闸** 指水闸，是池塘进、排水的口子，它的作用是控制水位、交换水体、调节盐度、放水收蟹和阻止敌害侵入等。闸门可用水泥和石块砌成，如 2 亩大小蟹塘，闸门宽 70 厘米、高 140 厘米，闸门应设在港中水沟处，灌水能直接从沟中入水，闸门要求坚固耐用，尤其外闸门要能抗台风的侵袭。闸板用木料制成，可连成一块或几块，在闸门内要设竹篱笆或聚乙烯网，以防蟹的外逃。福建蟹塘进口处有一个深水坑，水深 3 米以上，供蟹避暑。

（3）**滩** 滩系指池底，是蟹活动与栖息的场所，池底的形状有平底、斜底和锅底 3 种。其中以锅底形的效果最好，但也有略向排水方向倾斜的。其比降为 1:200～300。小型蟹塘，则为倾斜度较大的斜底和向池中心的锅底。锅底的坡度为 20°，池中央挖有一个长 2 米、宽 1.5 米、深 0.4 米的水坑，并有一宽 0.6 米、深 0.14 米的水沟通到排水闸门。

（4）**池沟** 池沟，既能疏通水流，又可供蟹躲寒避暑，还有利于避免或减少蟹的互相斗殴。沟与滩的面积比例以 1:3 左右为宜，池沟的壁要有一定坡度，沟底平坦，并朝排水方向倾斜。沟分为中央沟、环沟和支沟等。

①中央沟：塘的主沟，进排水闸分设时，中央沟由进水闸通排水闸，并与环沟、支沟相通。中央沟深一般为 0.5 米以上。

②环沟：沿着塘堤开挖的一条沟。为了保护堤坝，沟与堤坝基间应留有一定的距离，一般 3~6 米。环沟有时可代替主沟。

③支沟：支沟是连通中央沟和环沟之间的水沟，其宽度为中央沟的一半。一般蟹塘均无支沟，只有面积很大的塘才有支沟。

(5) 防逃设施　蟹在水质条件不良，即不适宜其生长、生存时，会攀爬堤岸，越塘逃逸。因此，必须在塘堤四周内侧及进排水口处设置防逃设施。目前常用的防逃材料有塑料片、水泥板、竹篱笆、网片、油毛毡和玻璃钢板等。在砖石结构塘堤的上缘内侧，应设有伸出约 20 厘米的反檐；土堤则用竹篱笆、塑料片、水泥板等作为防逃设施，效果较好（表 2-31）。在闸门处，除闸板网防逃外，另在闸门内再设一道篱笆，以提高防逃效果。

表 2-31　三种防逃设施效果比较

(冯兴钱等，1987)

类　　别	效　　果	造价*（元／米）	使用年限
水泥板	良好	10.00	经久耐用
塑料片	良好	0.70~0.92	一年
竹篱笆	一般	2.00~4.00	2~3 年

* 1987 年的价格。

①塑料片：表面光滑，成本较低（但须一年一换），防逃效果好，因此在浙江沿海被广泛采用。但用塑料片作防逃设施时，应注意以下事项：

a. 塑料片的厚度，应在 0.4 毫米以上。如太薄，则经受不住风吹、日晒及雨淋等自然侵袭。

b. 塑料片的宽度，一般为 50~70 厘米，视贴敷的方式而定。采用紧贴堤坡的方式设置时，塑料片宽度应为 60~70 厘米。

塑料片下缘埋土10厘米，外露50厘米以上，此方式抗风能力较强。如采用垂直式贴敷，用50厘米宽的塑料片就可以。塑料片垂直外露40厘米，可防止蟹的外逃。但垂直式易受强风吹刮，而使塑料片受到损坏。

c. 塑料片每隔30~40厘米，用竹筋夹住固定于堤坝边。

d. 塑料片的颜色，以白色或乳白色为佳。

e. 塑料片的下缘，必须与堤壁坡面紧贴，并压盖一些黏土。如有空隙，蟹会由此处逃跑。

f. 塑料片上缘的高度，一般在蟹塘最高水位线之上。

②水泥板：防逃效果好，且经久耐用，但其一次性投资较大，并因直立式贴堤，因此，在强风暴雨下，要特别注意防止水泥板的倒塌。

③竹篱笆：作为防逃材料时，应采用直径2厘米左右的光滑小竹，不宜使用剖开的篾条，因篾条表面粗糙有棱角，蟹易攀爬。竹篱笆既可设置成与堤坝平行，即篱笆下端插入堤基，上端高出塘水面50厘米以上，编连的横绳间距应大于25厘米；也可把竹条密扎插在土堤内侧上方，与堤身垂直，用塑料绳编连好，并每隔1米左右用木桩或毛竹加固。

④聚乙烯网片：作防逃材料，方法是每隔2米左右深插1根竹杆，用以支撑网片，网的下缘埋入堤坝内基，上缘设置向池内折成宽30厘米、夹角45°的倒刺网。

⑤塑料管：台湾省还采用直径5厘米以上的塑料管，平行于堤顶，并贴靠于堤顶的稍下方，或在堤岸上用水泥瓦垂直竖立埋入堤基7厘米许；或在池壁上缘设置反檐等方法作为防逃设施。

（6）防斗设施　为了避免减少蟹的相互斗殴而造成的损伤，在蟹池中应设置一些障碍物和隐蔽物等作为防斗设施。

①障碍物：在蟹池的滩面或沟中，用小竹枝或树枝排插成数行梅花桩、直线桩等障碍物。桩距20~50厘米，桩数视具体情

况而定。可减少蟹的殴斗机会，避免不必要的损伤。

②隐蔽物：根据各地的经验，在池内放置空心陶罐、陶管、水泥箱、缸片或薄石板架，建造人工洞穴和蟹岛等作隐蔽物，以供蟹的栖息活动和蜕壳时隐蔽，对防止殴斗，减少相残有明显的效果。隐藏物既可增加蟹的栖息和活动空间，又可减少其相遇的机会，还可使蟹逃避缺氧或水质不良等情况，蟹还可登上"蟹岛"和在露水滩上栖息。

（三）放养前的准备

1. **池塘的清整**　池塘的清整，主要包括清塘和除害两项工作。即指清除塘内一切不利于蟹的生长和生存的因素。主要清除对象有：有机沉积物、捕食蟹的敌害生物、争食生物、破坏池塘设施的生物及致病生物。清塘除害彻底与否，是养蟹能否获得稳产高产的必要措施之一。

（1）清塘　清塘即清除淤积于池塘中的残饵、蟹的排泄物、生物尸体等有机物。因这些有机物，是造成蟹塘老化和低产的原因之一。大量的有机物在冬季分解很慢，翌年进水后随着水温的升高，便大量分解，既消耗大量溶解氧，又产生各种有毒物质，轻者影响蟹的生活和生长，重者则可造成蟹的死亡。因此，老的养成池塘，尤其是养殖密度较高的池塘，最好是每年都进行一次清淤工作。

具体方法是：当蟹收获之后，应打开水闸，让海水反复冲洗池塘，洗去池塘内的有机沉积物和沟底的淤泥。然后排干池水，封闭闸门，曝晒池底，使残留的有机物进一步氧化分解，污染程度较严重的精养塘，应组织人力或使用吸泥泵，将淤泥清除出去。

在清淤的同时，还应进行池塘的维修工作，即修理堤坝、闸门和防逃设施，清整池底和沟渠，堵塞漏洞等。

（2）除害　主要是清除池塘内有害的致病生物、捕食性生物、争食性生物及其他有害生物等。清除敌害生物的主要措施有：一是收蟹后将塘水排干，封闸曝晒，冰冻一冬，让各类生物基本死去；二是翌年注水时，闸门设置严密的滤水网，防止有害生物进入塘中；三是在蟹苗放养之前，进行药物清塘，杀死敌害生物。用于清塘的药物有多种，下面介绍几种常用药物清塘除害的方法，以供选用。

①生石灰：生石灰不仅能杀死鱼类、杂虾、寄生虫及微生物，而且可改良池塘底质，增加水中钙离子的含量，促进蟹的蜕壳生长。每立方米水体用量为 375～500 克（但实际生产中，由于石灰质量下降或其他原因等，用量要比此数值要大得多），可干撒，也可用水溶化开后不待全冷即全池泼洒，药性消失时间 10 天。

②漂白粉：漂白粉对于原生动物、细菌有强烈的杀伤作用，既可预防疾病，也可杀死鱼类等敌害生物。使用时，先加少量水调成糊状，再加水稀释泼洒。用量是每立方米水体加入含有效氯 32% 的漂白粉 30～50 克，并可用该液泼撒到干露的池塘面上。药效消失时间 1～2 天。

③茶籽饼：主要杀伤鱼类及贝类等，使用时将茶籽饼粉碎后，用水浸泡数小时，按每立方米水体 15～20 克的用量，连水带渣一起泼撒，1～2 小时即可杀死鱼类。药性消失时间 2～3 天。

④鱼藤根：鱼藤根中含有鱼藤酮，对鱼类有强烈的毒性，而对甲壳类毒性却很小。使用之前先把鱼藤根浸于淡水中，每立方米水体用鱼藤根 4～5 克（干重），药性消失时间为 2～3 天。

⑤氨水：高浓度的氨水，可杀死鱼类及致病生物，并有肥池的功用。用量是每立方米水体施氨水 250 毫升，稀释泼洒。药性 2 天消失。

药物清塘时，应注意以下几点：①清塘时间应选择在晴天上午进行，可以提高药效；②清塘之前要尽量排出塘水，以节约用药量；③在蟹塘死角，积水边缘，坑洼处，洞孔内及水位线以下塘堤，也应洒药；④清塘后要全面检查药效，如在 1 天后仍发现活鱼，应加药再次清塘。注意药性消失时间，并经试水证实池塘的水无毒后，方可放蟹养殖。

2. 注水及饵料生物的繁殖　初次注水，一般在放苗之前 30～50 天，采用 60 目锦纶锥形网过滤。池水要少量多次添加，逐步达到 60～80 厘米。应根据当地水质情况，确定是否需要施肥。透明度应保持在 40～60 厘米为宜。

池塘注水后，最好施肥培育生物饵料。饵料生物的种类主要有：单细胞藻类、沙蚕、螺蠃蜚和钩虾等。如施用化肥，每亩施氮肥 1.5 千克、磷肥 0.5 千克。

（四）蟹苗放养

1. 放养方式　借鉴对虾养殖方式的划分方法，锯缘青蟹的养殖方式，也可分为粗养、半精养和精养三种。

（1）粗养　一种较落后的广种薄收的生产方法，面积从几十亩至几百亩，在养殖过程中不投饵，依靠水域中的天然生物饵料，因此，产量低。过去南方沿海少数地方，采取这种养殖方式，但近年来已经不采用了。

（2）半精养　又称人工生态系养殖方法。面积一般为几十亩，基本原理是通过清除敌害生物，促进饵料生物的繁殖，合理放苗。改善水质，创造一个适于蟹的生活和生长的生态环境。同时，补充适当的饵料，以充分发挥和提高池塘的生产能力。这种养殖方式，由于清除了敌害生物（特别是捕食性生物），移入适合于在池塘内繁殖的饵料生物（如蓝蛤、寻氏短齿蛤等壳薄的小贝及沙蚕和一些小鱼、虾），有利于改善池内生态环境，因此，养殖产量较高，经济效益较好，值得提倡。目前，虽与人工生态系养蟹方法不完全一样，但也有某些相似之处。混养品种既是池塘养殖的对象（主要目的），还对综合利用池塘水体，改善生态环境，提高饵料利用率，减少蟹病发生和提高经济效益等，均有明显的效果，同时，混养的种类，有时又是蟹的摄食的对象（饵料生物)。

(3) **精养**　以人工投饵为主,用低值蛋白质换取高价蛋白质的生产方式,是当前我国养蟹采用的主要方法。面积一般在 10 亩以内,多为 3~5 亩。其放养密度较大,养成期间技术比半精养更加严格,须彻底清池除害,投喂优质、充足的饵料,调节水质,提高换水率,所以产量较高。一般生产水平,亩产在 100 千克左右,高者可达 200~300 千克。池塘精养除普通的池养外,还有池内拦养、池内笼养和池内罐养等形式。一般大的蟹塘,可采用竹篱笆或网片等作围栏材料,将其分隔成多个小水池,便于雌雄或不同规格苗种的分养,以减少互相残杀造成的损失;较大规格的锯缘青蟹,也适宜于笼养或罐养。将笼、罐排列于池塘的滩面上,每个笼养蟹 1~2 只。此种方法,管理工作较费时,但蟹的生长快,成活率高。

2.蟹苗的来源和选择

(1) **蟹苗的来源**　蟹苗的来源有两种:一是全人工育苗得来的大眼幼体,经中间培育成适宜规格的幼蟹;二是从自然海区中捕捞的蟹苗或幼蟹。

(2) **蟹苗的选择**　天然蟹苗的捕捞方法及选择标准见第二章第四节锯缘青蟹的苗种生产中二、天然锯缘青蟹蟹苗的利用。

3.放养密度　锯缘青蟹的放养,可分为单养和混养两种形式。这里介绍的是锯缘青蟹单养时的放养密度,而混养时的放养密度,在后面的锯缘青蟹混养技术中另行介绍。

锯缘青蟹养成的放养密度,应根据各地的水温、换水条件、饵料供应状况、管理技术水平等综合因素而确定。如放养密度过大,会因拥挤易发生互相钳斗,引起伤亡;如放养密度过小,则浪费水体。因此,合理的放养密度,不仅可减少互残,提高养成率,而且还能降低养殖生产成本,提高经济效益。一般当年养成的放养密度为每平方米放养 1.5~4.5 只,即每亩放养 1 000~3 000只为宜。秋季以后至翌年的 3 月,水温较低,透明度大,可适当提高放养密度，每亩放苗 1 500～5 000 只。如果水质条件优越，新鲜饵料充足，可适当加大放养密度；反之，则应适当减少放养密度。台湾省是每平方米放养 3 只，相当于每亩放养 2 000 只。菲律宾是蟹与遮目鱼混养，放养密度较稀，每平方米 0.35～2.5 只。泰国每公顷养蟹 1 万只。

4．放养时间 锯缘青蟹放养时间，各地不同。广东、广西等省沿海从 4～5 月和 7～8 月开始放苗，一年可养殖多茬，采取轮捕轮放，捕大留小，全年进行养殖，但其放养旺季是 5～7 月和 9～11 月。

台湾省沿海放养时间多在 4～5 月和 7～8 月，在农历 3 月以前所捕到的蟹苗个体较小，且此时水温尚低，因此不适宜于放养。

上海地区的放养旺季，在端午节和立秋以后。

浙江沿海每年 4～11 月都可在海区捕到天然蟹苗，但幼蟹集中出现是在 6 月底至 7 月中旬和 9 月中旬至 10 月上旬，第一批苗（俗称夏蜉），宜在 7 月中旬前放养，7 月下旬后，必须提高放养苗种的规格，4～5 月是锯缘青蟹放养的旺季。以利当年养成较大规格商品蟹和发挥轮捕轮放、挖掘蟹塘的生产潜力，有的在第一茬锯缘青蟹收获后，又进行第二茬锯缘青蟹育肥。第二批蟹苗（俗称秋蜉），当年不能养成商品蟹，可进行越冬养殖，其放养时间是 9～10 月，经越冬至翌年，再养殖 3～4 个月，即可使锯缘青蟹达到商品规格。如越冬养成放苗数量不足，可在第二年 4～5 月再收购个体重 50～100 克的蟹苗进行补放。

（五）养成管理

1．饵料及投喂

（1）饵料种类 锯缘青蟹以肉食性饵料为主，尤为喜食贝类和小型甲壳类，但有时也摄食一些植物性的饵料。常用的饵料有：蟹守螺（丁螺）、红肉蓝蛤、短齿蛤、褶牡蛎和淡水螺蛳等小型贝类以及小杂鱼、虾、蟹等。也可投喂锯缘青蟹人工配合饲料，其配方见表2-32，其饲养效果见表2-33、表2-34。

表2-32　锯缘青蟹配合饲料配方

含量(%)原料\配方号	豆饼或花生饼	螺蛳或蓝蛤肉	小蟹	小鱼虾	活性污泥	面粉	麸皮	维生素	生长素	虾糠	酵母	食盐	海带根
东海所-Ⅰ	40	35	5	5		3	11.5	0.05				0.5	
苍南所-Ⅰ	40	30	3	5	10	6	4	0.03				2	
苍南所-Ⅱ	40		30	5	5				2	10	3		5

表2-33　配合饲料喂养锯缘青蟹的效果 *

池号	饲料种类	放养（9月1日）			出池（10月31日）			平均增重（克）	生长率（%）	成活率（%）
		数量（只）	甲壳宽（毫米）	体重（克）	数量（只）	甲壳宽（毫米）	体重（克）			
1	配合饲料1号	15	52.1	28.07	10	67.6	57.3	29.23	73.0	66.7
2	配合饲料2号	15	50.7	23.77	12	65.9	50.5	26.73	66.8	80.0
3	河鳗饲料	15	53.3	31.01	11	68.9	64.45	33.44	83.5	73.3
4	沼潮蟹	15	55.7	38.1	13	71.3	78.14	40.04	100	86.7

*　试验在4个室内水泥池中进行，水泥池规格为2.73米×1.62米×1.4米。

表2-34　配合饲料与鲜饵搭配喂养锯缘青蟹的生长情况 *

（赖庆生，1986）

编号	投饵搭配	平均体重（克/只）		增重（克/只）	净增重率（%）
		放养（10月15日）	检测（10月26日）		
1	鲜饵∶配饲=7∶3	128.3	143.5	15.2	11.85
2	全鲜螺蛳肉	100	139.8	39.8	39.8
3	鲜饵∶配饲=4∶6	108.7	118.6	9.9	9.1
4	鲜饵∶配饲=4∶6	122.4	130	7.6	6.2

（续）

编号	投饵搭配	平均体重（克/只）		增重（克/只）	净增重率（%）
		放养（10月15日）	检测（10月26日）		
5	全鲜螺蛳肉	86.4	97	10.6	12.3
6	全鲜螺蛳肉	114.9	132.16	17.3	15.0

* 1～2 号池为室内试验组，水泥池规格 2 米×4 米×0.7 米，每池放养锯缘青蟹 6 只。

3～6 号池为室外试验组，其规格为 0.3 米×0.35 米×0.25 米，由塑料条子制成的周转箱，放在蟹池中，每个箱放养试验蟹 4 只。

从表 2-34 可见，使用人工配合饲料养殖锯缘青蟹是可行的，锯缘青蟹均能正常地生长、发育。目前能应用于生产的人工配合饲料种类很多，有的是利用虾类或其它蟹类的饲料配方加以改进，针对锯缘青蟹各个生长阶段不同的营养需求而开发的饲料，还有待于进一步的研究。

实践证明，用椎螺、红肉蓝蛤和牡蛎做饵料饲养效果很好。每年 8～9 月份椎螺很肥，锯缘青蟹很爱吃，投喂椎螺，锯缘青蟹卵巢成熟很快，肌肉肥满，质量好。蓝蛤一年四季均可捕获到，又可以人工护养，产量高，贝壳薄，锯缘青蟹可以连壳吃下，不必捣碎。将鲜活蓝蛤放入蟹池内，可以存活一段时间，使锯缘青蟹随意觅食。以小杂鱼为主要饵料时，也必须配投适量的小蟹、小虾等甲壳动物饵料。

总之，锯缘青蟹对饵料种类要求不是很严格，各地可根据实际情况选择种类，充分利用当地数量较多、价格低廉的小杂鱼、虾、贝做饵料，但饵料要求新鲜，否则会影响锯缘青蟹的健康，也会污染水质。

（2）投饵量　锯缘青蟹养成期的投饵量，应根据水温、潮汐、水质和锯缘青蟹的活动情况，灵活掌握。锯缘青蟹在水温 15℃ 以上时摄食旺盛，至 25℃ 达最高峰，水温降低至 13℃ 以下时，摄食量大大减少，至 8℃ 左右停止摄食，水温超过 30℃ 摄食量也降低。浙江沿海5～6月和9～10月水温适宜，锯缘青蟹摄食增强，应多投饵。7～8月水温偏高，5月以前和10月以后水温偏低，锯缘青蟹摄食均不旺盛，应少投饵。

锯缘青蟹在大潮或涨潮时，摄食较多，应多投饵；小潮或退潮后摄食较少，应少投饵；大潮汐，换水后，水质好，摄食量增强，因此投饵量甚至可增加1倍；如遇雨水多、池水混浊或天气闷热，食量下降，则要适当减少投饵量；天气寒冷，水温降低到10℃左右，锯缘青蟹活动少、觅食少，要少投饵或不投饵。

锯缘青蟹摄食量还因其发育阶段不同而有所不同，一般是随着个体的生长而逐步增加，但日摄食量与自身体重之百分比，则随其体重增加而下降。一般来说，日投饵量（以动物肉鲜重计）与锯缘青蟹甲壳宽、体重的关系为：甲壳宽3～4厘米，日投饵量约占体重的30%左右；5～6厘米为20%左右；7～8厘米为15%左右；9～10厘米为10%～12%；11厘米以上为5%～8%。

据报道，以小杂鱼为饵时，锯缘青蟹在25℃时，摄食量为体重的10%左右，一般杂鱼投喂量为锯缘青蟹体重的5%～7%。

全池的日投饵量可根据池内锯缘青蟹的平均个体重、个体数或成活率进行计算，而平均个体重、锯缘青蟹数量或成活率，则是凭日常观察、取样测定和养殖生产经验进行估算的。为便于统一比较和生产管理，各种饵料最好将可食部分折算为干重量，以下折算比率可供参考：配合饲料1:1；杂鱼虾2.5～3:1；蓝蛤（带壳鲜重）6:1；鸭嘴蛤、杂色蛤等8:1；贻贝10:1；螺蛳12:1。

在确定投饵量时还应注意：在投饵之前，要全面检查蟹的摄食情况，观察水质、气候等环境条件，然后酌情增减。避免因投饵过多而造成饵料浪费和水质恶化，或因投饵太少而影响蟹的生长、发育和引起同类互残，最佳的投饵量是以吃饱而不留残饵为限。

（3）投饵方法

①饵料质量及处理：要确保饵料新鲜，不投变质腐败的饵

料，以免影响水质和蟹的健康。小鱼虾可直接投喂，如大的鱼虾须切碎后投喂；壳厚的螺或蛤类要打碎后才可投喂；壳薄的小贝，如红肉蓝蛤、寻氏短齿蛤等可投放鲜活的，这样可使蟹能随意觅食，并可避免因吃不完而影响水质。

②投饵位置：饵料要均匀地投放在蟹池的四周边滩上，不能投放在池的中央，避免蟹为了摄食而争斗引起死亡，同时也便于检查饵料的摄食情况及清除残饵。实践证明，最好在池边设若干个食台，以便更好地调整确定投饵量。

③投饵时间：根据锯缘青蟹昼伏夜出觅食的习性，每天分早、晚两次投喂饵料，时间最好在早、晚涨潮后水温较低时投喂，清晨投喂占日投饵量的 20%～40%，傍晚再投喂余量的60%～80%（红肉蓝蛤可一次投放）。利用围栏、瓦罐等方式养蟹，可以利用潮差投喂，可在低潮期或初涨潮时投喂，池内笼养的可通过投饵孔单独喂养，如果养的蟹不多，也可采用在池中培养小鱼虾的方法，以满足蟹的摄食需要，效果也很好。如投喂配合饲料，每天需分 3～4 次投喂。但投喂时应注意：在高温期切忌中午投饵，且每次投饵分 2 次投喂，使强弱的蟹均有得到摄食的机会。

2. **水质调节**　良好的水质环境，是蟹正常生长发育的基本保证。锯缘青蟹一生要经过多次蜕壳才能长成，蜕壳活动多在清晨或后半夜进行，如池水清新，溶氧量高，只需 10～15 分钟就可完成蜕壳；但如果水质条件较差，或受到外来因素干扰，蜕壳时间就要延长，有时可长达 30 小时之久，甚至蜕壳不遂而死。由此可见，水质环境良好与否对锯缘青蟹的成长具有非常重要的意义。

（1）锯缘青蟹养成期的水质指标

①水温：锯缘青蟹生长的适宜水温为 15～30℃，最适水温为 18～25℃，低于 12℃或高于 32℃，均对蟹的生长不利。

②盐度：锯缘青蟹对盐度的适应范围较广，在 2.6～33 之间

均能较好地生长、发育和进行交配，最适盐度为 13～27，由于我国海岸线长，不同地区的锯缘青蟹对盐度的适应范围也有所不同，广东、广西锯缘青蟹对盐度的适应范围为 13.7～26.9；台湾为 10～30；上海为 5.9～8 。因此，各地要因地制宜地将盐度保持在锯缘青蟹最适范围内。但锯缘青蟹对海水盐度突变的适应能力较差，应特别注意。

③透明度：指光线透入水中的程度（深度）。蟹池中的透明度，反映了水中浮游生物、泥沙和其他悬浮物质的数量。养成期池水的透明度以 30～40 厘米为宜。透明度太小或太大，对锯缘青蟹的生活均不利。测定透明度通常使用透明度板（沙氏盘），是由木板或铁板或锌板制成的直径为 30 厘米的圆盘，上面漆成黑、白相间的 4 块，中央设孔，用于穿吊木杆或铁杆或绳索。将圆盘沉入水中，至肉眼看不见此盘时的垂直深度，即为池水的透明度。

④pH：即酸碱度，是一个反映池水理化性质的综合指标。pH 下降，就意味着水中二氧化碳的增多，酸性变强，溶解氧含量降低。在这种情况下，就可能导致腐生细菌的大量繁殖；如 pH 过高，则会使水中氨氮的毒害作用加剧，影响锯缘青蟹的生长。养成期池水的 pH 保持在 7.8～8.4 之间较适宜。

⑤溶解氧：锯缘青蟹赖以生存的最基本条件之一，池水中溶解氧的含量，直接影响着锯缘青蟹的生活和生长。实践证明：养成期池水的溶解氧大于 3 毫克/升时，锯缘青蟹才能较好地生活。因此，在溶氧量不足时，要采取多换水和开动增氧机的办法增加溶氧量。在蟹池中混养一些江蓠，可起到遮阳和增加池水溶氧量的作用。

⑥氨氮：在养成期氨氮含量要保持在 0.5 毫克/升以下；硫化氢含量在 0.1 毫克/升以下；COD 在 4 毫克/升以下。

（2）添、换水 在养殖初期，主要向养殖池内添加水，逐渐将水位提高 1.5 米左右，然后再视水质情况，酌情换水。

换水，是改善水质环境最经济而有效的办法。通过换水，可带走蟹池中部分残饵和排泄物，有利于改善底质；可刺激锯缘青蟹蜕壳，加速其生长；还可起调节池水盐度、水温和增加水中氧气的作用。因此，在锯缘青蟹养成期间，要做到勤换水，一般每隔3~4天换水1次，每次换水量为池水的20%~40%，其中小池要天天换水。如遇天气不好时，可适当延长换水的时间，但最多不应超过7天，以免水质变坏。换水时间最好在早晚，避开阳光强烈照射的中午。要防止换水时，温差太大。大潮汛时，应彻底换水1~2次，小潮汛时，则以添加水为主，以保持水质新鲜，池水对流，促进锯缘青蟹蜕壳生长。换水时，不要排完池水，应保持20~30厘米的水深，否则进水时会将泥底冲起，时间稍长会使锯缘青蟹窒息而死亡。进水时，水流也不能太猛，以免增加水的混浊度。从闸底排水，既能多换底层水，又可扩大水体交换能力，效果很好。

（3）控制水位 池内的水量不足，则含氧量低，水温变化也大，对蟹的生长不利。因此，必须保持足够的水量，为锯缘青蟹创造一个冬暖、夏凉的环境来适应其生活和生长。不同季节，锯缘青蟹对水深的要求也不同，冬季一般在退潮时水深保持在30~50厘米，涨潮时水深应保持在1米以上；寒潮来临时，要再提高水位；夏天炎热时，水深应增至1.5~2.0米。如放养量多时，水深要相应增加。

（4）污物及腐败物的清除 为防止池内污物、残饵及排泄物等败坏水质，要及时将其清理排除。除在巡塘时随时捞取外，还可在退潮时，把池水充分搅混，让腐败物悬浮于水面，开启闸板，使之随着水流排出池外，然后待涨潮水位高、海水较清时，再注入清新海水。

3. 其他管理工作

（1）注意天气变化 天气突变，对锯缘青蟹的威胁很大，特别是暴雨时，池内盐度突变，有时会造成全池蟹的死亡。因此，要经常注意天气的变化，控制一定的水深，以保证锯缘青蟹的正常生长。

（2）坚持巡池检查和日常观测　为了及时了解和掌握锯缘青蟹的养殖情况，必须坚持每天早、中、晚巡池检查制度。

① 检查堤坝、闸门和防逃设施有无损坏，如发现有破损，要及时修补，以免逃蟹。

② 观察池塘水色、水位、池边四周的病蟹和锯缘青蟹的活动、摄食情况，一旦发现异常，应立即采取相应措施。

③ 定时测量水温、溶解氧、透明度、盐度、pH、氨氮、硫化氢等水质指标，并做好记录，如有超标，应及时调整。

④ 定期测量锯缘青蟹的生长情况，一般 10～15 天测量 1次，包括甲长、甲宽、体重等，以便为今后更好地进行锯缘青蟹的养殖积累经验。

（3）防止互相残食　锯缘青蟹性凶好斗，常发生互相残食的现象，尤其是在蜕壳期间，常遭遇强者残食或伤害，这是造成养殖成活率低的主要原因之一。其预防措施为：

① 投足饵料：饵料不但要投足，而且每天早晚的投饵还要再各分 2 次投喂。使身体强者和弱者均有饱食的机会，以免因争食或饥饿而引起互相残食。

② 人造隐蔽物：在蟹池中，预先放入陶管、水泥箱、塑料管、小木箱、竹箩和缸片等隐蔽物。锯缘青蟹在蜕壳前夕，会自寻隐蔽阴暗之处躲藏，避免或减少强者（硬壳蟹）残食，待新壳硬化后才出来活动。投放人造隐蔽物，这是提高锯缘青蟹成活率的有效办法。

（4）间隔毒池　当锯缘青蟹池中发现有敌害鱼类时，可用 15～30 克/米^3 水体的茶籽饼毒池，不但能在不伤害锯缘青蟹的前提下，杀死鱼类、杀灭病原体，反而可刺激锯缘青蟹蜕壳、生长。方法是：每隔半月施用 1 次，浓度从 15 克/米^3 水体，逐渐增大。并注意施放茶籽饼毒池后，3 小时左右加注海水，冲淡茶籽饼浓度，以利锯缘青蟹的生长。

（六）大眼幼体的土池养成

严格地说，蟹苗应该是指大眼幼体，许多短尾类的养殖都从大眼幼体养起，如中华绒螯蟹的养殖就是如此。锯缘青蟹从大眼幼体的生物学特征来看，由于钳状螯足和爪状步足已经形成，使它增强了自我防御能力，而且能爬善游，同时由于鳃的出现使其呼吸系统更加完善，能在短时间内离水时利用空气中的氧气，这有利于蟹苗的长途运输。因此，锯缘青蟹的大眼幼体，完全适宜作为集约式池塘养成的蟹苗。但是，受传统习惯的影响，蟹农对大眼幼体直接养成商品蟹的这种养殖模式不敢问津，甚至误认为没有养殖效益。传统式养蟹（指放养幼蟹）周期短，相对风险低，技术含量少。而新的养殖模式（指放养大眼幼体），养殖周期相对较长，技术要求较高，风险性大，但是经济效益较好。

大眼幼体的池塘养成，在放苗之前要进行池塘消毒，清除有害生物，并繁殖好基础饵料生物。因大眼幼体趋光性强，常常聚集于有光线的地方，在放养池塘后的前几天，应尽量减少池边光源，以免造成局部密度过高，引起自相残杀。在一般情况，3天后幼体开始底栖，钻沙，5～7天后变态为第1期幼蟹。

大眼幼体的放养密度一般为：锯缘青蟹单养，一次性放养大眼幼体苗每平方米4.5～7.5只，如果采取大量出售寸蟹苗以及成蟹捕肥留瘦的轮捕方法，其放苗量可大幅度地增加，每平方米放养15～45只；如以草虾等虾为主的虾、蟹混养模式，则虾苗放养密度为每平方米9～12尾，蟹大眼幼体苗每平方米放养1.5～4.5只；如虾蟹并举的混养模式，则锯缘青蟹大眼幼体放养密度为每平方米放养3.0～4.5只，草虾苗放养密度为每平方米放养4.5～7.5尾。

养成过程中的其它养殖技术，参照本节（五）。

林琼武等（1994—1995）曾进行过锯缘青蟹大眼幼体的土池养成试验。试验1为混养，锯缘青蟹养至商品规格（150克以上）后，捕肥留瘦；试验 2 为锯缘青蟹单养（轮养），1 个月后大量出售或疏养寸蟹苗（40 只左右/千克），68 天开始轮捕商品蟹；试验 3 为混养，以出售商品蟹为主，只疏养小部分寸蟹苗。其试验结果及经济效益情况见表 2-35。

表 2-35 1994—1995 年在人工饲养条件下大眼幼体
池养试验的经济效益情况（元）

试验号	面积（亩）	生产成本						产　值				盈亏情况
		租池	苗款	饵料	管理费	杂费	合计	寸蟹	商品蟹	草虾	合计	
1	10	3 000	4 400	5 000	2 700	500	15 600	1 000	10 500		6 000 17 500	+1 900
2	5	1 500	4 000	6 500	2 700	250	14 950	19 000	11 580		30 580	+15 630
3	10	3 000	14 500	15 000	2 700	500	35 700	1 500	39 810	11 850	53 160	+17 460
合计	25	7 500	22 900	26 500	8 100	1 250	66 250	21 500	61 890	17 850	101 240	+34 990

从表 2-35 可见，锯缘青蟹大眼幼体人工土池养成，试验面积计 25 亩，总投入为 66 250 元，总产出为 101 240 元，投入产出比为 1:1.53，利税占总产值的 34.6%，效益非常显著。

（七）收获与运输

体重 30~50 克的锯缘青蟹种苗，经 2~5 个月的饲养，体重均可达到 200 克以上（国内市场最受欢迎的是体重 250~300 克的个体）的商品蟹，便可收获。

1. 收获时间　成蟹的收获时间，因各地气候及市场销售情况不同而不同。广东、广西多采用轮捕轮放的形式，即达到商品规格的蟹就收获，同时再放养苗种；福建沿海一般在 9~10 月收获；浙江沿海多在 10 月中旬前后收获，浙江南部在立冬之前起捕，最迟也不超过小雪。如为雌雄分养，可在收获前半个月至 1 个月，选池交配而育成膏蟹，以获得更高的价格。在收获时，未达到商品规格的锯缘青蟹，则可继续留池饲养、越冬，到翌年 3~4 月收获，也可以向后拖延，以便养成更大规格的商品蟹或膏蟹。纵览各地情况，菜蟹一般在 9~10 月收获，而膏蟹则在 10~12 月收获。

2. 收获方法 锯缘青蟹的收获，多数采用轮捕轮放的方式，即边收获达到商品规格的蟹，边继续投放种苗，即使一次放苗，也有大小之差，收获也难以在几天内结束。常使用的收获方法有下面几种：

（1）根据锯缘青蟹在涨潮时溯水聚集到闸门附近，企图逃跑戏水的习性，可采取抄网、捞网和笼捕等方法捕获。

①抄网法：锯缘青蟹在闸口戏水，用长柄手抄网捞起膏蟹或肥蟹。也有锯缘青蟹夜间在池边戏水，也可用抄网捕蟹。

②捞网法：捞网是一个用竹筐和网片构成的方形并有一把手的网具。它的规格大小是随着闸门的大小而定。当涨潮时，蟹随潮流逆水集中在闸门口处入网，将捞网提出水面，再将蟹倒入木桶中，这种捕捉方法效率较高。

③笼捕法：捕蟹笼用竹篾编成，呈长方形，其高度和宽度与闸门的高、宽相等。涨潮时，将蟹笼放入闸门处，然后打开闸板，放水入池，蟹即逆流而来进入笼中。等笼中装满蟹或者平潮后，方将蟹笼提起而捕获。注意要在起笼之前，先关好闸门。

（2）根据锯缘青蟹贪食和夜间活动频繁的习性，可采用饵料诱捕、灯光照捕的方法捕蟹。

①饵料诱捕法：其又可分为两种：一种是将饵料直接撒在池边，待锯缘青蟹上来摄食时，用小捞网罩捕。7～8月的晚间，采用此法效果较好；另一种是先在罾网的网衣中间系上诱饵，然后把罾网放入蟹池，每隔一段时间提网捞捉入网的锯缘青蟹。为提高捕蟹效率，可用数个罾网巡回操作，但应注意在放网之前的数小时内，先暂停投饵。罾网绳的上端或系一浮筒，或连于竹竿末端。台湾多用此法捕捉瘦蟹。

②灯光照捕法：锯缘青蟹在夜间喜欢爬上池边或露出水滩，可用灯光照明（如手电筒照射），再以抄网捕之或将池水排至15厘米左右，然后下池照明捕捉。

（3）干池法 清池或大量捕捞出售时，可排干池水，用耙捕、手捉、捅洞钩捕等方法捕获。

①耙捕法：当潮水退至最低时，排水后下池捕蟹。使用的工具是6条35厘米长的铁杆，一端插入与铁杆等长的小圆木中做成的蟹耙和一个椭圆形的小捞网。操作时从蟹池一端开始将耙慢慢地顺蟹池底向另一端耙动，遇到蟹时将蟹挑起，用捞网接住，倒入木桶内。这种捞蟹的方法效果好，但蟹易受伤，操作时应格外小心。

②干池手捉法：又称徒手摸捕法。是古老而又实用的捕蟹方法，无需任何工具，但要有熟练的技术。先将池水排干或排浅，然后下水用手摸捉，当手触及蟹体时，立即用手指按住其背甲中央，锯缘青蟹即会将背前缘抬高，由此可得知其螯足的位置，再用拇指、无名指与小指捉住其背甲后缘，以免被钳伤。一般潜伏于泥沙中的锯缘青蟹，均系尾部朝着浅水处而双螯向着深水处，因此手摸时要自浅水处至深水处，或自深水沟的沟壁上方往下摸。如果反向摸索，则会增加双手被钳伤的机会。

③捅洞钩捕法：锯缘青蟹有挖洞穴居的习性，尤其是在寒冷季节，常潜居于洞穴之中。此时，可将池水排干，用钩捅入洞穴，将蟹钩出捕之。也可用铁锹等挖洞翻泥，再捕捉之。

（4）其他方法

①涵管捕法：利用锯缘青蟹在隐蔽处栖息的习性，可将一些直径13厘米以上，长1~1.5米的塑料管、陶管、水泥涵管或竹筒，平放在水底，每隔一段时间，用抄网将管的一端封住，另一端则举高或使用先端钉有直径较涵管稍小的马口铁板的木棒通入管内，促使管内的锯缘青蟹进入网中。此法对捕获天然锯缘青蟹效果甚佳，也可用于捕捉池养锯缘青蟹。

②铁耙打捞法：在寒冷季节，锯缘青蟹活动能力弱，多潜伏在深水处或隐藏在泥里，在换水时也不游到闸门口"戏水"，而在池水又不能放干的情况下，可采用小船或在岸边用铁耙或竹耙逐幅收捞。

③刺网法：用尼龙刺网定置于池中，待锯缘青蟹游泳碰到刺网时，其足即被缠住而不易逃脱，即可捕之。此法容易弄断蟹足，不够理想，仅适用于起捕大规模养殖的肉蟹。

④须子网捕捞：在池中的不同位置，安置一定数量的须子网，定时从后部的网兜内将进入的锯缘青蟹倒出，然后将达到商品规格的个体绑好放入竹筐中，达不到商品规格的个体，再放回池中继续养殖。

3. 锯缘青蟹的捆绑　收获起来的锯缘青蟹，应放入盛有绿色树枝叶的木桶里，可防止互相钳咬致伤。然后逐个检查，挑选符合商品规格的蟹捆绑起来装入箩筐，不符合要求者放回池中再养。若不立即装运出售，天气暖和时，应存放在荫凉潮湿的地方，冬天则应盖上稻草保暖。

捆绑锯缘青蟹用的草绳，可因地制宜，就地取材。一般在夏天宜用比较清凉的咸水草，冬天则用有保暖作用的稻草。在本地市场出售的，可用塑料绳，既捆绑方便，又受消费者欢迎（塑料绳附加重量比较轻），在浙江南部较常见。台湾中部一带多使用俗称咸草的蔺草或青茅草，而在台湾南部则使用草绳捆绑，绳的直径约0.8厘米。不管用什么草，使用之前应先把草绳放在海水里浸泡2～3周，草绳浸水是使其柔软，并保持运输途中及销售时的湿润状态，使锯缘青蟹不易死亡。

捆绑的方法是以左拇指及中指捉住蟹的背甲后侧缘，无名指及小指则抓住草绳的一端，然后右手拉紧绳子的适当位置，由甲后循背甲左侧缘与步足基部间的空隙紧靠左螯足的基部至正前方，再绕过左螯足基部的腋下，并拉紧绳子，则可将左螯足捆住。绳子再经其口前方至右螯足基部腋下，并穿出腹面，又绕过右螯足之钳状部，回到基部的间隙至背甲后上方，最后将绳子的两端拉紧打结即可。

4. 运输

（1）夏天运输　可分为竹箩运输和加冰装箱运输。

①竹箩运输：用咸水草捆绑锯缘青蟹后，放入竹箩中加盖，再连箩一起浸于清新的海水中数分钟，让锯缘青蟹吐混吸新。在运输途中，为防止日晒、雨淋，每天分早、中、晚洒水3次，以保持湿润。最好用海水洒，也可用盐水或淡水洒，这样可以保持4~5天不死。

为提高炎热夏天运输锯缘青蟹的成活率，可在盛蟹竹箩中心竖立一个竹箩编成的空筒。筒与竹箩等高，筒壁留有很多孔，用以通风透气。装放时把蟹口向着空心筒和筐边，装车时各箩间留存空隙，不要太挤压。运蟹车最好在夜间行驶，天亮到达目的地。

②加冰装箱运输：大量收获时，可将活蟹浸入10℃左右的冷水中，使之行动迟钝，再分别用橡皮筋将其螯足捆绑起来，并用湿木屑填充箱子，用以保持湿润和保温，这样可加冰装箱长途运输。

（2）冬天运输　用稻草捆绑锯缘青蟹后，再用竹箩或塑料箱装运。在寒冷的冬天，竹箩周围要铺稻草保暖，防止寒风冷气侵入，而且蟹口应朝向箩中间，装后加盖麻袋。用汽车运输，则宜在白天行驶，运输时早、晚洒水，以保持湿润，可存活6~7天。

用塑料箱装运时，应先将锯缘青蟹用小蒲包分装，海水浸湿，然后装入五面带孔的塑料箱中。途中每天洒水2次。运输4~5天，不会死亡。

二、锯缘青蟹与其他经济水生生物品种混养

混养，是指在养殖锯缘青蟹的池塘内，同时养殖其他水生经济生物品种，形成互相促进的多品种、多元化的养殖生态结构。近年来，锯缘青蟹与其他经济生物品种混养，在我国东南沿海各地有力地促进了池塘的综合开发、利用和锯缘青蟹养殖事业的迅速发展。实践证明，开展锯缘青蟹与其他经济生物品种混养，对于综合开发利用池塘水体、改善蟹池的生态环境、提高饵料利用

率、减少锯缘青蟹病害发生等，均有重要的意义，取得了显著的经济效益、生态效益和社会效益。

（一）混养类型

从当前锯缘青蟹与其他经济生物品种混养的生产情况来看，主要可分为单品种混养和多品种混养两种类型，混养品种达 10 余种。

1. 单品种混养 即锯缘青蟹分别与鱼、虾、贝、藻等单个品种混养。

2. 多品种混养 即锯缘青蟹与多种经济生物混养在一起。

（1）锯缘青蟹与斑节对虾、江蓠和遮目鱼等同池混养 也有锯缘青蟹与斑节对虾、江蓠、遮目鱼、刀额新对虾混养。其每亩混养量为：锯缘青蟹 333～1 333 只、斑节对虾 1 333 尾、遮目鱼数十尾。平均每 7～8 个月清池并晒坪一次。这种混养方式能够充分地利用池塘的空间、时间及饵料，并可避免多余饵料污染池底。又因江蓠有净化池水的作用，因此可保持池塘较佳的水质条件，而获得较好的养殖效果。一般锯缘青蟹养殖 3 个月后即可收成；斑节对虾养殖 4～5 个月，每千克约达 30 尾时即可收获；遮目鱼经养殖 4～7 个月后可用刺网捕获。

（2）锯缘青蟹与鲻鱼、罗非鱼、脊尾白虾等混养 每亩放养锯缘青蟹 500～800 只、鲻鱼 60～80 尾、罗非鱼 30～40 尾、脊尾白虾 2 000 尾左右。

（3）锯缘青蟹与遮目鱼、鲻鱼、鲫鱼、大阪鲫、罗非鱼等多种鱼类混养 一般每亩放养鱼 30～50 尾左右。放养密度不宜过大，混养的品种视池塘条件而定，以免影响主养品种锯缘青蟹的生长。

（二）锯缘青蟹与中国对虾混养

1. 池塘条件

（1）池塘面积 一般 5～10 亩，大者有 20～30 亩，但不宜过大。

（2）池塘底质　底质以松软的泥沙质为好。

（3）池塘水深　1.2～1.5米，换水能力达20%以上。

（4）池底坡度及池沟　池底应有一定的坡度。池中挖有纵沟或横沟数条，沟宽约2米、深0.5米，以利虾、蟹的生活和放水收捕。

（5）防逃设施　堤坝四周内侧以塑料片、水泥板、竹篱笆或沥青油毡纸等材料设置防逃设施。这样，既经济简便，防逃效果又好。台湾的防逃方法是，在池四周围筑高1米左右的砖墙，墙的顶部设计成屋檐状，向内倒置。

（6）隐蔽物　为防止或减少虾、蟹遭受敌害生物的侵袭，在池中设置竹筒、水泥涵管、砖瓦片、假岛和人工洞穴等为隐蔽、栖息的场所。

2．虾苗的暂养　虾苗暂养，是指将体长0.8～1.0厘米的虾苗培育到体长3厘米左右的大规格虾苗，以提高放养后的成活率。暂养池面积1～2亩，水深1米左右，每亩放养虾苗10万～15万尾。

3．苗种放养及混养形式　如先放养虾苗，则必须在虾苗培育至全长3厘米以上后，再放入蟹苗进行混养；如先放养蟹苗时，则应投放体长3厘米以上的大规格虾苗。这样放养方式，可提高虾苗的成活率。蟹苗放养时间多在5～6月，育肥可在8月以后。虾、蟹放养密度不宜过高，应根据池塘环境条件和养殖需要而定，一般混养池，如每亩放养3厘米以上的大规格虾苗1 000尾左右时，可放养锯缘青蟹苗种800～1 500只；如每亩放养虾苗4 000尾左右时，可放养锯缘蟹苗种500～800只；如每亩放养虾苗8 000尾左右时，可放养锯缘青蟹苗种100～300只。

蟹苗要求甲壳硬、生活力强、十足齐全、无损伤、无疾病，规格以个体重50克左右为宜。锯缘青蟹雌、雄放养搭配比例一般掌握在4～5:1较好。虾、蟹苗的规格要求整齐，不同规格的种苗需分池放养。

混养形式有两种，一是直接混养，使锯缘青蟹与对虾一起生活；二是限制活动范围混养，即把混养的锯缘青蟹，放养在有盖竹篓内，每篓放蟹 2~3 只，把篓均匀地安置在虾塘滩面上。用第二种方法混养，塘内不必筑假岛、人工洞穴，不必设置锯缘青蟹的隐蔽物，投饵时将锯缘青蟹所需饵料分散投放入各篓内即可。

在台湾虾、蟹混养时，是在 3 月放养早期的幼蟹，每亩放蟹苗 15 万只（每平方米 1 只），同时放入斑节对虾苗。放养的虾苗要比蟹苗规格大一些，以免被锯缘青蟹所掠食。

4. 饵料及投喂　在虾、蟹混养时，应以小型贝类、小杂鱼、虾和蟹等为主要饵料，也可投喂部分人工配合饲料。

锯缘青蟹投饵量，可参照锯缘青蟹池塘养殖中的"饵料及投喂"。对虾的日摄食量计算公式如下：

$$W = 0.012\,87L^{1.770\,3}$$

式中　W——每尾虾摄食配合饲料（干重）的克数；

　　　　L——对虾的平均体长（单位：厘米）。

一般虾、蟹混养池的总投饵量，要小于摄食量公式计算值的 20% 左右。在锯缘青蟹放养比例较大的混养池中，投饵量可仅考虑锯缘青蟹所需要的摄食量，不必考虑加投对虾的饵料。具体应根据天气、水质和虾、蟹摄食等情况而灵活掌握。

从养殖实践经验看，虾、蟹相残多因饥饿争食而引起，蜕壳时虾、蟹受到伤害的危害更大。因此，要做到投足饵料，坚持少量多餐、先粗后精的投喂方法，让虾、蟹吃好吃饱，使之生长快、成活率高。

5. 水质控制　在水质良好、饵料充足的情况下，虾、蟹不仅可"和平共处"，而且生长快、病害少，因此调节好水质，是获取虾、蟹混养高产的保证。池中水深保持在 1.2~1.5 米，水质指标分别以海水密度 1.008~1.025（盐度为 10.42~32.74）、水温 15~30℃、pH 7.8~8.5、透明度 30~40 厘米、溶解氧 4

毫克/升以上（不得低于 3 毫克/升）为宜。一般每隔 2～4 天换水 30%～40%，在大潮汛期尽量多换水，小潮汛期以添加水为主。高温期要提高水位，必要时须开动增氧机，以增加水中的溶解氧。此外，还应经常清除池内的残饵和腐败物质，如水质严重时，还可向池内投放适量的铁渣、矿渣，避免硫化氢的产生，达到水质的清新。

6. 日常管理 坚持昼夜巡塘。经常注意防逃、防盗，检查闸门、堤坝等设施，发现破损，及时维修。观察浮头、水色、水位及虾蟹活动情况等，一旦发现问题应及时采取措施，确保安全生产。

7. 虾病防治 对虾的病害较多，如病毒性疾病、黑鳃病、烂眼病、红腿病、聚缩虫病、白黑斑病、痉挛病和微孢子虫病等，其中病毒性疾病、黑鳃病、烂眼病、红腿病和聚缩虫病等 5 种尤为普遍，危害较大。在大水体中，虾病一旦发生，治疗是相当困难的，并终将造成损失。所以，在养殖过程中，应以预防为主，为对虾创造优良的生长环境条件，尽量减少虾病的发生。要做到清池除污彻底，常换水，适量投饵。勤检查，力求早发现，在发病轻、发病少的情况下，及时采取措施，或使用药物治疗。

（1）*病毒性疾病* 中国对虾的病毒性疾病，主要有中国对虾白斑症杆状病毒病（WSSV）、传染性皮下和造血组织坏死病（IHHN）、肝胰脏细小病毒状病毒（HPV）。其中第一种病毒病流行最广，危害最大，外观症状为甲壳有白斑、体色变微红或灰白、停止摄食、游动迟缓，但有时病虾不生白斑。所以要确诊则需取胃部、淋巴器官、造血组织或皮下组织等，做超薄切片，用透射电镜观察，方能找到杆状病毒粒子。

所有对虾的病毒病，至今都没有明显有效的治疗方法，主要采取综合性的预防措施。一是彻底清淤和消毒，进水后繁殖好天然基础饵料；二是培养健康无病毒的虾苗（SPF）；三是放养密度要合理；四是调控和保持好优良水质；五是要投喂优质饵料；

六是要及时检查，发现病情后严防池间传染，还可在池中使用光合细菌及提高对虾细胞免疫能力的药物。

（2）黑鳃病　引起黑鳃病的原因较多，底质、水质受污染而引起镰刀菌大量繁殖寄生于鳃丝上为主要发病原因之一。病虾的鳃，初期呈橘黄色和鲜褐色，以后逐渐转暗，最后变为黑色，造成鳃功能障碍，影响对虾正常呼吸。

防治措施：大量换水；在饵料中添加维生素 C；每 1 000 克饵料中加入 1 克土霉素投喂；用呋喃唑酮 2～3 克/米^3 水体药浴病虾 2～4 次。

（3）烂眼病　此病是由非 O1 群霍乱弧菌侵入虾体及眼球内引起的。发病初期，病虾眼球肿胀，并由黑色变为褐色以至于溃烂，严重时整个眼球烂掉，仅剩下眼柄。随着病情发展，病虾全身肌肉发白，行为呆滞，匍伏于池边，大多在 1 周内陆续死亡。

防治措施：在水体中泼洒漂白粉 2～3 次，内服复方新诺明或氯霉素（饵料中加药 0.1%～0.5%），连喂 7～14 天。

（4）红腿病　由于弧菌侵入对虾血液而引起的全身性感染，故又称败血病。病虾附肢变为红色或暗红色，腹部白浊，背部弯曲。病虾行动迟缓，离群独游，常在池面、池边活动，重者侧倒于水中，以至死于水中。

防治措施：在虾苗放养之前，彻底清塘，养殖过程中保持水质良好，多投喂鲜活饵料；用土霉素药饵方法同治烂眼病；用呋喃唑酮 1 克/米^3 水体全池泼洒 2～3 天。

（5）聚缩虫病　聚缩虫附着虾壳表面，会影响对虾正常生长乃至长期不蜕壳，如附在虾鳃上，则妨碍呼吸。此病是因池中水质不良、溶解有机质过高而发生。

防治措施：增投鲜活饵料，适量投饵和改善水质条件，促使其生长蜕壳；用 5～10 克/米^3 水体砸碎浸泡后的茶籽饼全池泼洒。

8. **收获及效益**　当虾、蟹达到商品规格时，即可陆续捕捞上市，或一次性收获上市。浙江沿海的收捕期多在 10 月下旬前后，广西北海等地为 5 月底至 6 月初和 10 月底至 11 月初（两茬养殖）收捕。锯缘青蟹一般是利用罾网内置饵料而诱捕，或利用养殖池注水之际，锯缘青蟹溯水集中于水闸附近的习性而进行捕捞。放水收捕是目前使用最广的收虾方法，一般在夜间进行，效果较好，适于大规模收获。台湾则多采用投网捕获斑节对虾。

实践证明，锯缘青蟹与对虾混养，不仅可行，而且经济效益显著。如广西北海，1989 年虾、蟹混养 4 229 亩，平均亩产虾、蟹 41 千克，对虾成活率平均为 25％，锯缘青蟹成活率平均为46.6％。虾、蟹混养比单养对虾的产量和效益提高了近 2 倍，有力地促进了对虾塘的综合利用和养虾业的健康发展。

（三）锯缘青蟹与脊尾白虾混养

脊尾白虾隶属于节肢动物门、甲壳纲、十足目、长臂虾科、白虾属。我国共有 5 种白虾，均为经济虾类。产量最大的是生活在浅海的脊尾白虾，分布于全国沿海，其产量仅次于中国毛虾和中国对虾，居第三位。该虾体较大，肉质细嫩，味道鲜美，营养丰富，除鲜食外，还可加工成干制虾米，质量很好。

由于脊尾白虾生长迅速，适应性强，对养殖池塘的要求不高，是优良的海水养殖品种。近年来已进行了脊尾白虾与锯缘青蟹混养，例如浙江省临海市于 1991 年进行了脊尾白虾与锯缘青蟹混养，面积达 2 700 亩，经济效益显著。脊尾白虾与锯缘青蟹混养，主要采取以下措施：

1. **虾苗中间培育**　刚捕获的脊尾虾苗，体长一般在 0.7～1.0 厘米，每千克 6 万～12 万尾。由于虾体幼弱，摄食和适应环境的能力较差，如直接放入大水体养殖，易受风浪、敌害生物威胁而遭受损失，如直接投放锯缘青蟹池中混养，更易被锯缘青蟹残食。因此，需要经过一个小水体的中间培育阶段。

用于中间培育的池塘面积一般为 1～2 亩，水深 0.8～1.0米，可专门修建，或利用大池的深沟，或在大池中设置聚乙烯网箱培育。虾苗约经 20~40 天培育后，体长一般可达 2.5~3.0 厘米，便可转入大池与锯缘青蟹混养。

2. **苗种放养**　如先投放虾苗，则须待脊尾白虾苗体长达 2.5~3 厘米以上再投放锯缘青蟹苗；如先放蟹苗时，可放养经中间培育体长达 2.5~3 厘米以上的脊尾白虾苗。虾、蟹混养时，可采取以锯缘青蟹苗为主体，辅以适量脊尾白虾苗养殖。一般如每亩放养锯缘蟹苗 600~1 200 只时，则混养体长 2.5~3.0 厘米的脊尾白虾苗 3 000~6 000 尾。脊尾白虾在池内能自然繁殖，因此放苗量不宜过多。

3. **养成管理**

(1) 饵料及投喂　脊尾白虾食性杂而广，动植物性饵料均可摄食。一般在锯缘青蟹饵料充足时，不必另外投饵。如锯缘青蟹饵料不足，每亩可日投 1.5~4 千克的农副产品下脚料，并根据脊尾白虾生长、活动及天气等具体情况，酌情调整投饵量。投饵量宜少不宜多，饵料分散投在滩面和池塘的四周，以防止锯缘青蟹争食而相互残杀。

(2) 水质调节　水质好坏直接影响脊尾白虾的生长和存亡。要做到勤换水，通过换水以改善池塘水质，带进丰富的饵料。排水时，应将底层闸板拉起，便于底部污水排出池外。

(3) 巡池检查　巡池时，应注意观察脊尾白虾的摄食、生长、池塘水色等情况，严防泛池。如发现脊尾白虾在早晨浮头，应立即打水增氧和增氧。

4. **脊尾白虾收捕**　当脊尾白虾平均体长达 6 厘米左右时，即可收捕出售。收捕方法有 3 种：

(1) 放水收虾　方法同对虾，但袖网的网目由 1.0~1.5 厘米，逐渐缩至 1.0 厘米，袋网网目以 0.8~1.0 厘米为宜。脊尾白虾对流水反应比对虾差，当池塘沟水接近放干时，脊尾白虾才大部分放出，如一次收不完，可以再进水，再排水，反复几次，直至收完为止。

（2）**车水收虾** 这是一种普遍采用的土办法，可节约生产成本，但较费工，速度慢。方法是：捕虾时，先将池水尽量放干，然后架上水车，逐段车水，脊尾白虾则随着水流经水车槽进入网袋里。

（3）**罾网收虾** 此法，适用于少量脊尾白虾的起捕。操作时选择迎风面，将网放入池底，在网内撒上一些饵料诱虾，当虾游入网内时，即可撑网收捕。

（四）锯缘青蟹与鱼类混养

1. **混养品种** 实践证明，与锯缘青蟹混养的主要鱼类有鲻鱼、遮目鱼、罗非鱼、斑鲦和大阪鲫等。这是因为：

（1）鲻鱼、遮目鱼、罗非鱼等鱼类，主要以底栖硅藻、浮游植物和有机碎屑等为食，在放养量适当的情况下，不仅不会与锯缘青蟹争食，而且可使蟹池内的食物链组成更趋完善，有效地利用了池中的天然饵料生物和腐败的有机物质，起到"清道夫"的作用，减少了池塘中残饵对水质的恶化。

（2）这些鱼类对盐度和水温的适应性均与锯缘青蟹相近，并可与锯缘青蟹同时起捕。

（3）鲻鱼等游泳力强，可促进上下层池水的交换，使空气中的氧气可更多地溶解到池塘中。

（4）只要掌握好鱼苗放养时间、规格和密度，一般不但不会影响锯缘青蟹的成活率和产量，还可增加养鱼的收入。

目前，浙江、福建、广东等省沿海多以鲻鱼、罗非鱼等鱼类与锯缘青蟹混养，在台湾，锯缘青蟹与遮目鱼混养方式很普遍，其养殖效果也很好。在盐度低于8的养蟹地区，锯缘青蟹可以与鲫鱼或大阪鲫混养，同样可以达到净化水质、提高效益的目的。

2. **池塘条件** 一般锯缘青蟹池都可以混养鱼类，但面积以10亩左右为好，水深在1.5米以上，低于1米的池塘不宜混养鱼类。由于水太浅，鱼类游动使池底浮泥上翻，水质变得浑浊，影响鱼、蟹的呼吸。池塘底质最好是泥沙质，因其表面易着生大量的底栖硅藻，俗称为"油泥"，是鲻鱼、罗非鱼的主要食物。

池底略向排水口倾斜，并在排水口处建一个 10～20 平方米的鱼溜，鱼溜连接各条水沟，比池底低约 40 厘米，以便于干塘时鱼类集中而起捕。蟹鱼混养池的水质指标为：盐度 8～30，pH 7.8～9.0，溶解氧 5 毫克/升以上。

3．放养前的准备

（1）清池 方法同单养蟹池。

（2）进水 在清池药物毒性消失后，将原有的水放掉，然后注入新水。开始进水 40～60 厘米，即可施肥培养饵料生物，以后逐渐提高水位。

（3）施肥培育饵料生物 进水后，每亩施鸡粪或猪粪等有机肥料 100～150 千克。施肥后 5～10 天，池中浮游生物大量繁殖，以供鱼苗放养后摄食。

4．苗种放养 鱼类放养时间，因种类、地区不同而不同，可根据具体情况确定。蟹苗放养，在鱼苗放养之后进行。一般来说，当鲻鱼苗达 3 厘米以上、遮目鱼苗 3～6 厘米、罗非鱼苗 6 厘米左右时，即可投放锯缘青蟹苗进行混养。如先投放蟹苗时，则应投放较大规格的鱼种。

混养时，蟹苗的放养密度与单养锯缘青蟹池基本一致，即每亩放养个体重在 30 克左右的锯缘青蟹苗 1 500～2 000 只。在保证锯缘青蟹产量的情况下，每亩投放鲻鱼苗 100～200 尾，或投放遮目鱼苗 200 尾左右。罗非鱼能在池中进行自然繁殖，因此要控制放苗量，放养密度以每亩 100 尾为宜；如能投放单性雄罗非鱼，在池内不会再繁殖，放养密度可适当提高。在锯缘青蟹与鲻鱼、罗非鱼、脊尾白虾等多品种混养时，每亩可放养鲻鱼 60～80 尾、罗非鱼 30～40 尾、脊尾白虾 2 000 尾左右。

5．养成管理 在锯缘青蟹饵料充足的情况下，不必考虑另外投喂混养鱼的饵料。如锯缘青蟹饵料不够充足时，可酌情增投豆饼、米糠、麸皮、鱼用配合饲料等，投饵量以鱼能在 1 小时内吃完为度。每天分上、下午 2 次投喂，在投喂鱼饲料约 1 小时后，再投喂锯缘青蟹饵料，以减少互相争食，提高饵料的利用率。

日常管理工作与单养锯缘青蟹池基本一样，主要有添换水、巡池、调节水色、防病、防逃、防浮头和防盗等。

6. **收获** 锯缘青蟹收获方法同前所述。鱼类的起捕方法主要有：

(1) 逆水装捞 在涨潮时，在闸门内的网框槽上安装好锥形捞网，网框离闸底留空 10 厘米左右，以供鱼类向外游的通道。并在闸门外也安装网闸，以拦住鱼蟹的去路。这样在堤闸进水时，鱼类便从闸门底部逆水而出，再进入网袋而装捕。此法使用较少，主要是平时收获鲻鱼。

(2) 干池起捕 在退潮时排干池水，可收获一批鱼、蟹，而大部分鱼，则集中在出水口的鱼溜中，然后再用拉网或抽干池水捕鱼。为提高经济效益，待锯缘青蟹起捕后，可将鱼类留在池内，继续进水养殖，以后分批捕捞，供鲜活鱼上市。但要注意冬天水温下降，鱼类的致死温度，掌握时机，适时收捕完毕，以免造成损失。

罗非鱼能钻泥筑窝，一旦遇敌或受惊时，便潜入池底软泥中静止不动，仅吻端露出泥外，所以起捕较为困难。目前一般采用排干池水的方法进行捕获，也可带水用电网起捕。

遮目鱼在起捕之前 3~4 小时，要先用"拔仔"（图 2-13）或能让鱼体通过的大目刺网，在水面拉过 3~4 次，利用遮目鱼的

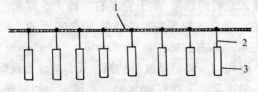

图 2-13 "消肚"用的拔子
1. 干绳 2. 支绳 3. 竹片或木片

怯懦性，使其惊慌而在水面跳跃，并将肠内粪便排除。此后 5～6 小时内，遮目鱼不敢再摄食，从而使捕获的鱼保持新鲜，该过程俗称"消肚"。在夜间起捕时，由于遮目鱼晚上很少摄食，故可不必消肚。

（五）锯缘青蟹与贝类混养

1. 锯缘青蟹与缢蛏混养

（1）池塘要求　一般锯缘青蟹养殖池均可与缢蛏混养，但就其效果来看，以泥质底或泥沙质底的池塘为好，滩面底质过软、过硬均不宜养蛏。滩面过软，污泥沉积过多，容易堵塞缢蛏进排水管，使蛏窒息而死；滩面过硬，给蛏苗钻穴及起捕带来困难。

（2）蛏田建造　蛏田一般建于池塘的中滩处。中滩须经过翻土，翻起的土块用细耙耙碎、耙平，并清除石块、贝壳及其他杂质，然后进水关闸，让海水中的浮泥沉积在滩面上，使蛏田变得松软、平滑，有利于蛏苗的潜钻穴居生活。

（3）培养饵料生物　在播放蛏苗之前 10～15 天，先进水施肥，培养饵料生物。池水深度 20～30 厘米即可，每亩施尿素 2 千克左右，分 2～3 次施放，掌握少量、勤施的原则，使池水逐步变为浅黄绿色或浅褐绿色。

（4）蛏苗播放　蛏苗播放时间，因各地的气候条件和苗种大小不同而不同，早的可在 1 月下旬开始，最迟到 5 月中、下旬。浙江、福建等地蛏苗早，一般在 2～4 月播放蛏苗。播苗密度，要根据季节、蛏苗大小等灵活掌握。一般每亩（实养缢蛏面积）播放 1.0 厘米左右的蛏苗 30 千克左右，播 1.5 厘米左右的蛏苗 40 千克左右，播 2.5 厘米左右的蛏苗 50～60 千克。蛏苗的大小与重量的关系，见表 2-36。

　　播苗，要均匀。蛏苗播放后的第二天，应注意观察掘穴潜泥的情况，一般在第二天就有 90% 的蛏苗潜泥。如发现大量死亡，要及时补苗。鉴别蛏苗质量的方法，见表 2-37。

表2-36 蛏苗大小与重量关系

壳长（厘米）	0.5	1.0	1.5	2.0	2.5	3.0
个数/千克	50 000	12 000	5 000	2 400	5 000	760

表2-37 蛏苗质量鉴别方法

项目	好 苗	劣 苗
体色	壳前端黄色，壳缘略呈绿色，水管带淡红色，壳厚半透明	壳前端白色，壳面呈淡白色或褐色，壳薄且不透明
体质	苗体肥大、结实，两壳合抱自然	苗体瘦弱，两壳松弛
探声	以手击蛏篮，两壳即紧闭，发出嗦嗦声音、响声整齐，再击之无反应	以手击蛏篮，两壳不能紧闭，声音弱，再击之又有微弱声响
行动	放在海水或海滩中，很快伸出斧足，行动活泼，迅速钻土	放在海水或海滩中，迟迟不能伸出斧足，行动迟钝，久久不能钻土

（5）日常管理 在日常管理中，要严格把好进水和水质管理关，保持水质清新。尤其在高温季节，要防止缺氧。投饵船，要采用摇橹的办法，不宜用竹篙，以免破坏蛏田。投饵要均匀，不能成堆滥投而造成池底污染，最好不要在养蛏处投饵。

在蟹池养殖内的缢蛏生长很快，在播种后3个月左右，壳长可达5厘米以上，当每千克达120只以内时，即可乘大潮时的早、晚放水起捕。收获时间，可根据缢蛏的个体大小、肥瘦程度和市场需求，灵活掌握。在锯缘青蟹收获后，蛏子仍可继续蓄水养殖至翌年1月才全部收蛏结束。水质清瘦的池塘，蓄养时每亩施尿素1～1.5千克。

2. 锯缘青蟹与泥蚶混养

（1）池塘条件 一般蟹池有15厘米厚的平坦软泥或泥沙质即可，以含泥90%、含沙10%的软泥底质为佳。池水深在1米以上，水温一般保持在15～28℃，盐度10～30，pH 7.6～8.2。在播蚶苗之前，将滩面翻耕后耙细、耢平。

（2）施肥培养基础饵料 清池后纳入新水50厘米，每亩施鸡粪50千克、尿素10千克，培养水塘中的基础生物饵料，使池水水色变成黄绿色或浅褐色。

(3) 蚶苗播种　泥蚶苗播种时间，可在锯缘青蟹收获后的 11 月下旬至 12 月，较迟在翌年 3～4 月。泥蚶的放养面积掌握在蟹池总面积的 20%～30%，养殖区域是在进水闸附近的滩面或中央滩面上，以保持水流畅通。一般每平方米播放规格 600 颗/千克的蚶苗 0.75 千克，即 450 颗。宜采取蓄水播苗，水位保持在 20～30 厘米为宜。经长途运输的蚶苗，正处于缺氧、缺水状况，投放滩面后极易吮吸池底层腐殖质造成中毒死亡，所以更应该蓄水投苗，以提高成活率。

(4) 饲养管理

①调节水位和水质：蚶苗入池初期，水位应保持在 20～30 厘米，如遇冷空气南下，即应适当提高水位至 60～70 厘米。锯缘青蟹放苗后，水位应提高到 1～1.2 米以上。在养成期间，根据气温、海水盐度等进行水质调节，做到勤换水，保持水质新鲜，以利锯缘青蟹、泥蚶的迅速生长。

②投饵：坚持每天定时、定点、定质、定量投饵，让锯缘青蟹吃饱、吃好，而无残饵。投饵点尽量避开泥蚶放养区。

③清除浒苔：大型绿藻如浒苔等在池中大量繁殖，会严重影响泥蚶的正常生长。因此，应保持池水深度在 1～1.2 米以上，以抑制绿藻繁殖生长。当发现浒苔等杂藻大量繁殖时，要及时、经常进行清理捞除。

④起捕：约经过 7 个月养殖后，泥蚶壳长达 2.5 厘米以上，每千克 200 颗，即达商品规格。从立冬至翌年清明，是泥蚶的收获季节，其中以小寒至大寒最为肥满，血多味美，且气温低，可久藏远运。泥蚶起捕方法较为简单，即在锯缘青蟹收获之后，排干池水，用铁耙将蚶带泥扒入蚶袋中，在海水中洗净即可。

(六) 锯缘青蟹与江蓠混养

藻类与锯缘青蟹进行混养，不仅能增加池水中的溶氧量，改善水质条件，也为锯缘青蟹提供了隐藏场所，减少相互残食的机会。在锯缘青蟹池中混养的藻类，主要品种为细基江蓠繁枝变种，即通常所称的细江蓠。

江蓠是经济价值很高的红藻，在我国沿海均有分布，台湾和北方沿海称之为龙须菜，闽南称海面线，广东、海南等地又称蚝菜、海菜等，具有藻体大、适应性强、生长快等优点而广为养殖。江蓠含有 25% 以上的琼脂质，是制造琼脂的重要原料。锯缘青蟹与江蓠混养比其单养，一般成活率可提高 10%～20%。

1. **池塘条件**

（1）池塘面积以 15 亩左右为宜，水深 1.5 米以上。

（2）池塘进排水方便，有淡水水源则更好，底质以泥沙地为好。

（3）放养前连续更换池水数次，彻底清除底藻，并干池曝晒 10 天左右，以免江蓠苗种放养后被其他藻类附着而影响其发育。

（4）池水盐度在 6.5～30（以 20 左右最佳），最适温度为 20～25℃，pH7.8～8.7，如 pH 低于 7.0，则生长较差。

2. **混养方法**

（1）撒苗养殖　池塘经过常规的清淤、消毒及消除杂藻、整理池边后，即可将江蓠幼苗连同生长基一起整齐地撒播在池塘边上，进行养成。撒苗时每个生长基之间的距离为 30～40 厘米，排列成菜畦式，以便于管理。

（2）筏式养殖　在池塘中间的水面上设置浮筏，夹苗养殖江蓠。浮筏为长方形，长度比池塘的宽度短一些。用竹筒作浮子，浮绠两端绑在固定于池底的木桩上。

苗绳用 33 股（3×11）的聚乙烯绳制成（也可用红棕绳），每个浮筏捆绑苗绳 10 条左右，绳距 10 厘米，苗绳上每隔 10 厘米左右夹苗一簇。浮筏面积约占池塘水面的 30%，这样既能为锯缘青蟹提供避暑和隐藏的场所，又不会影响锯缘青蟹的活动。

3. **日常管理**　在江蓠的养成过程中，不管采用哪种方法，都必须防除敌害，如硅藻、水云和浒苔的附着及螺类的咬噬等。

另外，如发现缺苗，应及时补苗，以确保养殖产量。

进排水前后、大风和台风季节，要经常检查筏架是否牢固，浮缆、苗绳等是否有断股，如有发现，应及时绑扎牢固。在养成过程中，随着藻体的生长，筏子所承受的负荷越来越大，因此要及时增加浮竹，以免浮筏下沉。

江蓠的再生能力很强，如切去藻体一半，仍能保持正常的生长速度。因此生产上采取切割江蓠的办法，可增产 30%左右。

4. 江蓠的收获与加工　江蓠经 3～5 个月的养成，藻体长度达 1 米左右，便可收获。收获时，先洗去藻体上的浮泥、杂藻，然后晒干即可。一般每 8～10 千克鲜藻，可晒成 1 千克干品，干品的提胶率为 20%～30%。

（七）锯缘青蟹与其他经济水生生物品种混养实例

中国科学院南海海洋研究所，在广东省海丰县遮浪沿海一个 9 亩的鱼塘（深 0.3～1.0 米）中进行锯缘青蟹与刀额新对虾、江蓠的混养试验。鱼塘放养，软壳蟹约 1 万只、体长 2～5 厘米的野生刀额新对虾幼虾 10 万尾、投放江蓠 3 150 千克，另挂养 70 厘米×70 厘米×70 厘米网箱 20 个（分别离水面深 20、35、50、70、80 厘米，各挂 4 个）。每天投喂小杂鱼、海产小贝类和米糠等饵料，投饵量为虾蟹体重的 4%～8%。结果收获锯缘青蟹 450 千克、刀额新对虾 470 千克和江蓠 4 100 千克（干重），获纯利润 2.11 万元。实验结果表明，锯缘青蟹、刀额新对虾的排泄物，分解出大量的铵盐（NH_4^+），正是江蓠生长所需的营养物质。锯缘青蟹与刀额新对虾、江蓠混养形成互为有利的共生关系，有利于养殖水质的稳定，同时，提高了产量和经济效益。

三、锯缘青蟹育肥

锯缘青蟹育肥，就是在锯缘青蟹出售之前的一段时期内，采取相应的技术措施，使之很快长肥的过程。通常是指把已交配过的雌蟹经过较短时间的强化培育，使其卵巢完全成熟，成为膏蟹

（红蚶）；或把已达商品规格，但体质消瘦的雄蟹（俗称水蟹），育成肥壮的肉蟹。

锯缘青蟹育肥，多在池塘中进行，此外还可采用笼、罐、罩等多种形式育肥。现仅介绍锯缘青蟹池塘育肥，其他育肥方法见"第二章第五节四、锯缘青蟹的其他养殖方法"。

（一）锯缘青蟹育肥池的条件

用作育肥的锯缘青蟹，常因数量有限，而且规格、质量也不一致，因此育肥时间的长短也不同。要求池塘面积以小为宜，一般为1～3亩，以便按不同规格、质量，分池育肥。育肥池按其构造类型，可分为单池、双池和"田"字形池等3种。"田"字形池（图2-14）的中央，设一个边长为1.5米的正方形小池，通过4道水闸与4个蟹池相通。海水经水沟流入小池，再由小池进入蟹池。起捕时，利用锯缘青蟹溯水的习性，使其进入中央小

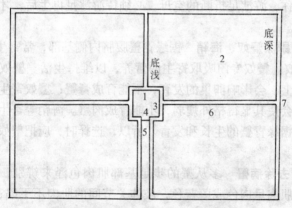

图2-14 "田"字形锯缘青蟹池

1. 中央小池，1.5米×1.5米　2. 养成池　3. 小闸门

4. 闸门，有防逃网装置　5. 进、排水沟

6. 内堤高1米，顶面有"反唇"构造

7. 外堤，内侧用砖砌或土堤，成为斜坡，其顶有

向内"反唇"构造，或者其他防逃设施

池，以便捕捉，池底应向中央方形小池倾斜，以利排干池水。育肥池的池堤，多用水泥或砖石垂直砌成，而池底为泥沙。池内应设隐蔽物，如陶瓷罐等，作为锯缘青蟹避光或躲避骚扰的场所，同时，池内应有不同深浅的水位，以使锯缘青蟹选择栖息。

(二) 用作育肥锯缘青蟹的选择

用作育肥用的蟹，主要是选择已交配的雌蟹和已达商品规格的瘦雄蟹，经过 30～40 天左右的强化育肥、使其育成膏蟹或肉蟹。选择育肥蟹，要注意以下几点要求：

1. **选择蟹体完好无伤，十足齐全** 凡用带刺或带钩捕捞的带有外伤的锯缘青蟹，均不宜用于育肥。有外伤的锯缘青蟹放养后，常患腹脐水肿病，其死亡率高达 70% 以上，幸存者也需要较长时间，才能育成膏蟹。胸足缺损，尤其是游泳足和螯足的缺损，会造成锯缘青蟹活动和觅食困难，直接影响其性腺成熟和增肉。据称，游泳足折断的空母，必须待游泳足再生后，才能育成为红蚶。

2. **剔除蟹奴、海鞘** 锯缘青蟹腹脐内侧基部，常寄生有 1～2 个蟹奴。蟹奴专门吸取寄主的营养，以维持生活。蟹奴寄生在雌蟹体上，会影响卵巢的发育，不能育成膏蟹；蟹奴寄生在雄蟹体上，会使其显得格外瘦弱，不能育成肉蟹。海鞘等寄生后，也会影响锯缘青蟹的生长和发育。所以，选择时，应把蟹奴、海鞘剔除掉。

3. **去除病蟹** 多从蟹的步足基部肌肉色泽来辨别，强壮的蟹，其肌肉呈肉色或蔚蓝色，肢体关节间的肌肉不下陷；病蟹，肌肉则呈红色或乳白色，肢体关节间的肌肉下陷，无弹性。呈红色的称为"红芒病"，多出现在花蟹和膏蟹时期；呈乳白色的称为"白芒病"，仅发生于瘦蟹时期。生病蟹不能放养，以免入池后死亡及传染。

4. **要缩短锯缘青蟹的露空时间** 锯缘青蟹虽有干潮时留在泥滩上的习性，但捕后如果露空时间长，也会引起死亡或放养后死亡，特别是在夏季闷热高温的情况下，更不耐露空。一般气温在28℃以上时，不能超过半天；气温在25℃以下时，也不要超过2天。从捕获到放养的时间越短越好。如果锯缘青蟹的大颚直立、颚足张开、蹬起、脐基胀、口吐白泡沫，则说明此蟹捕捞后离水时间过长，不宜用作育肥。因为当蟹到渗出黄色泡沫时，当天就会死亡。

（三）雌蟹性腺成熟度的鉴别

选择要育肥的雌蟹时，要根据其是否受精及性腺发育程度如何加以区别。按习惯和经验，可分为未受精蟹、瘦蟹、花蟹及膏蟹4种，前3种均可作育肥用的蟹。鉴别方法主要是检查锯缘青蟹甲壳两侧上缘性腺形状和腹脐与头胸甲后缘交接处中央圆点的颜色（表2-29及前面天然锯缘青蟹苗的利用部分）。

（四）育肥蟹的放养

1. **放养季节**　育肥蟹的放养季节，在不同地区有所不同。浙江沿海每年为4～11月均可放养育肥蟹，但放养旺季为9～10月；广东、广西、台湾等地，气候温和，一年四季均可放养，每年可放养5～8茬，但放养盛期在3～7月和9～11月。育肥时间的长短，与水温、盐度、放养规格和饵料质量等密切相关，一般为30～40天，最快的为15～20天即可育成。据广东汕头地区群众的经验，在1～3月间，锯缘青蟹性腺发育最快时，放养18天即可收获；在4～5月，则需要20天；5月以后，需要20多天方能育成；7～9月，由于天气炎热，水温过高，锯缘青蟹生长发育不好，且易死亡；10～12月水温较低，要放养30～40天才能收获。因此，放养季节要根据各地水温、育肥蟹的来源、饵料供应等具体情况而定。

2. **放养规格**　用于育肥的蟹，可分为未受精蟹、瘦蟹、花蟹和水蟹（指体质消瘦的雄蟹）等几种规格，一般要求按类分池放养。选用已交配、个体大（150～200克以上）的瘦蟹进行育肥，较为普遍。瘦蟹育肥的时间短，经济效益好。在用于育肥的蟹紧缺时，则可选用部分未受精的雌蟹放养，但要按雌雄3:1的比例配以雄蟹混养，让其在池中自然交配受精，进而培育成膏蟹。

选用水蟹放养的，经过人工强化培育，也可在短时间内育成肉质肥满、优质的商品肉蟹。

3.放养密度　用于育肥蟹的放养量，要根据用于育肥蟹的不同规格、不同类型放养季节、饵料供应情况等条件来定。如放养密度过大，容易发生相互钳斗而引起死亡；如放养密度太小，则浪费水体，效益较低。在广东汕头等地，12月至翌年2月，气候寒冷，锯缘青蟹活动少，池水较清，每亩可放养5 000只；3～5月和9～11月，水温较适宜，每亩放养3 000～4 000只较为适宜；7～8月，气候炎热，且为台风季节，雨水多，水温、盐度变化大，池水容易变坏，每亩只放养2 000只。台湾放养空母，通常每亩为2 000～3 000只。锯缘青蟹与鱼、虾混养，则密度要减少，一般每亩为500～1 000只。

(五) 育肥蟹的饲养管理

1.饵料及投喂

(1) 饵料种类　锯缘青蟹在育肥期间的饵料，应以低值贝类为主，如红肉蓝蛤、鸭嘴蛤、钉螺、蟹守螺、淡水螺蛳等，也可投喂少量小杂鱼、虾等。各地可因地制宜选择饵料种类，但所投饵料必须新鲜，以免影响水质。

(2) 投饵量　应根据不同的季节、天气、潮汛等的不同而定，日投饵量一般为池内锯缘青蟹总体重的10%～15%。在广东，日投小杂鱼为蟹体重的7%～10%或日投红肉蓝蛤（带壳）为蟹体重的30%～40%；泰国以低值鱼做饵料，日投喂量为蟹体重的5%～7%；在日本，夏季投饵量为锯缘青蟹体重的17%～20%，当水温15℃时，投饵量为体重的7%～9%。

(3) 投喂方法　一般每天早、晚各投喂1次，时间最好在日出或日落前后、涨潮时进行投喂，中午水温较高不宜投饵。饵料要均匀撒在池塘的四周，避免锯缘青蟹为争食而引起伤亡，同时也便于检查锯缘青蟹的摄食情况及清除残饵。

有些饵料要经过处理后，才能投喂。如大的鱼、虾，需经切碎后投喂；壳厚的螺、双壳类，要先压碎壳、冲洗干净后，才能投喂。而壳薄的小贝类，如红肉蓝蛤、寻氏短齿蛤等，可鲜活投喂。

2．水质调节

（1）保持正常水位及换水　添加水量不足，含氧量少，水温变化大，水质易变坏，对锯缘青蟹的生长、发育不利。所以要控制一定的水位，做到勤换水，一般每隔2～3天换水1次，换水时新旧水的温差、盐度差不宜太大。注入的水必须是新鲜、无污染的海水。暴雨后要换水一次，防止池水盐度太低。水位一般控制在1～1.5米，春季保持1米水深，夏季池水保持在1.3～1.7米深，寒潮来临之前提高到1.5～2米左右，为锯缘青蟹生长创造一个冬暖、夏凉的水环境。

（2）清除残饵　残饵应及时清除，以免败坏池塘水质，影响蟹的生长。清除残饵宜在排水时进行，用耙或锄头搅动有残饵的地方，使其随水排出池外，并将贝壳等杂物及时捞出。

3．日常观察

（1）常巡塘　坚持每天早、中、晚三次巡塘，观察池塘水色、水位和蟹的活动、摄食情况，检查闸门有无漏水、堤坝是否牢固、投放饵料是否适量等。尤其要注意蟹有无浮头现象。因为蟹的浮头与鱼、虾不一样，由于蟹有逃避恶劣环境的能力，所以在池塘水质不良时，会爬出水面越堤逃跑。如不能逃跑时，就停留在堤岸边或攀悬在池内的分隔网片上，甲壳前缘接近水面，后缘向上，整齐地排列着。通常浮头发生在夏天高温季节，无风闷热、低气压的傍晚和凌晨，或台风、暴雨到来之前。轻度缺氧、泛池时，一被声音惊动，蟹就马上潜入水中，日出后很快会恢复正常；严重缺氧、泛池时，会延续4～5

小时，蟹对惊动反应迟钝，此时必须采取急救措施，如开动增氧机、换水或投放过氧化钙等，否则泛池将会引起蟹的大批死亡的危险。

（2）定期检查锯缘青蟹成熟情况　为了及时掌握全池锯缘青蟹成熟的程度，要定期抽样检查。如果是用瘦蟹进行育肥，放养10天后，每隔3天抽查1次。抽查方法是，涨潮开闸后锯缘青蟹集中在闸口戏水，可用抄网捞蟹，将蟹放在阳光或强光下观察其卵巢的饱满程度。把成熟的锯缘青蟹挑出放入桶里，将未成熟的个体放回池中继续育肥，并统计出各类成熟度，从而推算出全池蟹的成熟率，这是分析池内锯缘青蟹生长发育情况、掌握合理投饵量、提高成膏率的有效方法。如果池内膏蟹比例大于花蟹，即可收捕，以防蟹膏过满而排卵，降低蟹的质量。如果涨潮进水时，池内锯缘青蟹过多集中于闸门口，游动又剧烈，这说明投喂饵料不足；如果蟹的卵巢区域下方空、上方堕，则是缺食所致，应增加投喂精饵料。

（六）育肥蟹的收获

在饵料充足并精心管理下，瘦蟹、花蟹约经15～40天的育肥，即可育成膏蟹；水蟹、白蟹（指个体重150克以上）经过20～50天的育肥，也可育成肥壮的肉蟹。因此，可以收获出售。膏蟹的卵巢已发育成熟，腹脐基部与头胸甲连接处显著隆起，用灯光或阳光透视，甲壳边缘看不到透明的痕迹，卵巢已进入甲壳两侧缘的锯齿内，俗称入棘，也称八分蚵或九分蚵，此时收获较合适。据群众的实践经验，如果卵巢成熟过度，不仅蟹容易死亡，而且还不利于存放和运输；同时也易导致产卵成为开花蚵（抱卵蟹），蟹的食用价值将会大大降低。

育肥蟹的收获方法很多，除养成中介绍的几种捕捞方法均可采用外，此处补充介绍"田"字形育肥池收捕锯缘青蟹的方法。该法是利用锯缘青蟹的溯水习性，捕获时以抽水机注水，海水经小池进入蟹池，锯缘青蟹就会溯水游入中央小池内，然后视进入小池蟹的数量，决定关闭水闸，再用手抄网从池中捕起。溯入小池的锯缘青蟹，一般有八成以上是膏蟹。因膏蟹的溯水习性较瘦蟹强，所以此法捕捞膏蟹最为理想，不但4口蟹池可轮流收捕，且能任意控制一天的捕获量。

（七）锯缘青蟹育肥实例

1991年10月至1995年2月，刘德经等在福建省长乐市漳港进行了锯缘青蟹育肥及生物学的研究。通过多次育肥试验，锯缘青蟹育肥的成活率达85%～96%，增重率达8.23%～8.7%。1995年1月20日福建省水产厅组织验收认为：从锯缘青蟹育肥面积、成活率、增重率及总产量来看，均达到预定指标，经济效益明显，有推广价值。

1. **锯缘青蟹育肥池**　在漳港潮间带的垦区内，建8口锯缘青蟹育肥试验池，面积最小为285平方米，底质以砂为主。各池均设置进出水闸及围网防逃设备。

2. **育肥锯缘青蟹的规格**　从秋分（9月下旬）开始，收集体重400克以上、已交配过的雌性锯缘青蟹"空母"，进行育肥。

3. **用于育肥蟹的放养量**　1991年10月至1992年3月，放养育肥蟹1 213只，放养密度为平均0.9只/米²；1992年10月至1993年2月放养育肥蟹2 395只，放养密度平均为1.8只/米²；1993年9月至1994年3月，放养育肥蟹5 716只，放养密度平均为2.15只/米²；1994年9月至1995年2月，放养育肥蟹12 622只，放养密度平均为3.21只/米²。

4. **育肥蟹的饲养管理**

（1）清池　8月下旬至9月上旬，排干池水，清淤晒干，1周后翻松土壤，加入5～10厘米厚的细砂。

（2）饵料　以投喂新鲜小杂鱼、绿螂（*Glaucomya* sp.）和斧蛤（*Chion* sp.）为主，其次是投喂珠带拟蟹守螺（*Certhideacingulata*）、凸壳肌蛤（*Musculista senhausia*）和藤壶（*Balanus* sp.）等。

（3）管理 水温在 12℃ 以上时，早晨或傍晚投饵 1 次，每次投饵量为锯缘青蟹总体重的 2%～3%，早上少投，夜间多投，严防暴食。投饵时每天换水 2 次，每次换水量为 1/3～1/2。育肥 20 天，每 5～10 天检查锯缘青蟹卵巢发育情况，及时将甲壳两侧充满卵巢的红膏蟹挑出，放到膏蟹池中暂养。

5．试验结果

（1）环境观测 水温 29.4～8.2℃，水深 45～120cm，底质以砂为主，透明度 20～50 厘米。pH 7.9～8.6、比重 1.010～1.019（表 2-38）。当海区里的海水比重低于 1.008 时，不换水。

表 2-38 锯缘青蟹育肥池环境观测

锯缘青蟹育肥生态条件	试 验 时 间			
	1991.10 至 1992.3	1992.10 至 1993.2	1993.9 至 1994.3	1994.9 至 1995.2
水温（℃）	27.5～9.6	27.2～8.2	29.4～9.1	28.8～8.7
水深（厘米）	80～120	80～110	50～80	45～85
底质	砂泥	砂泥	细砂	细砂
透明度（厘米）	20～30	20～35	40～50	40～50
pH	7.9～8.6	8～8.4	8～8.2	8～8.2
比重	1.010～1.019	1.112～1.018	1.011～1.017	1.013～1.017

（2）适宜水温与比重 据观察，锯缘青蟹的适宜水温为 14～32℃；最适宜水温为 18～29℃；当水温在 5～6℃ 时，锯缘青蟹进入冬眠；当水温超过 38℃ 后，会出现"红芒病"。锯缘青蟹适宜比重为 1.008～1.025；最适宜比重为 1.010～1.021；当比重突变时，锯缘青蟹的胸足基部常出现红色或白色斑点；当比重降至 1.005 以下时，锯缘青蟹腹部吸水肿大，经 6～7 天即死亡（表 2-39）。

表 2-39　水温、比重的变化对锯缘青蟹生存的影响

适宜水温（℃）	14～32	生长与活动正常
最适宜水温（℃）	18～29	摄食量大，活动性强
非适宜水温中	11～14	摄食减少
的活动状态	8～10	活动缓慢，停止摄食
	5～6	进入冬眠休眠状态
适宜比重	1.008～1.025	摄食与活动正常
最适宜比重	1.010～1.021	生长快，活动性强
非适宜比重范围中	比重从 1.015 降至 1.005	腹部吸水肿大，6～7 天后
的生存状态		出现死亡

（3）卵巢发育　10 月中旬刚采捕已交配不久的锯缘青蟹，背甲两侧第 9 侧齿至复眼基部，具有一个半月形的卵巢，腹脐上方有乳白色圆点。这时的锯缘青蟹煮熟后体腔液多，肉瘦质松，仅有一些淡黄色的卵巢；11 月 15 日检查，大多数锯缘青蟹的卵巢向头胸甲两侧伸展，但背甲两侧尚有一些透明，腹脐上方圆点呈黄色；12 月 15 日检查，所有锯缘青蟹卵巢都充满头胸甲，甲壳呈棕色或红褐色，腹脐膨胀，1～3 节显著隆起。打开背甲，体腔液少，卵巢呈鲜红色及深红色，覆盖在消化腺上方及胃、肠两侧，并伸延至腹腔脐基部（1～2）节，煮熟后肉满膏红。

（4）育肥成活率与增重率　育肥蟹每只平均体重在 0.42～0.52 千克，放养密度为 1～3 只/米^2，采取上述育肥方法，锯缘青蟹育肥成活率为 85%～96%，增重率为 4.3%～8.7%（表 2-40、表 2-41）。

表 2-40　1991—1995 年锯缘青蟹育肥期间存活量及净增重量

试验观测时间	放养数量		放养期间死亡量		育肥期间存活量		收成数量		净增重量
	只	千克	只	千克	只	千克	只	千克	（千克）
1991.10～1992.3	1 213	558	182	83.7	1 031	474.3	1 031	494.7	20.4
1992.10～1993.2	2 395	1 216	192	97.5	2 203	1 118.5	2 203	1 210.5	92.0
1993.9～1994.3	5 716	2 999	233	120.0	5 483	2 879.0	5 483	3 126.0	250.5
1994.9～1995.2	12 622	5 309	815	388.5	11 807	4 920.5	11 800	5 340.0	417.5

表 2-41   1991—1995 年锯缘青蟹育肥成活率、增重率、平均产量

试验时间	放养量		放养时平均体重（千克/只）	育肥成活率[①]（%）	育肥增重率[②]（%）	平均产量（千克/亩）
	（只）	只/米²				
1991.10～1992.3	1 213	0.91	0.46	84.99	4.30	247.35
1992.10～1993.2	2 395	1.80	0.51	91.98	8.23	605.25

注：①育肥成活率 = $\dfrac{存活量（只）}{放养量（只）}$ ×100%；②育肥增重率 = $\dfrac{增重量（千克）}{原总重量（千克）}$ ×100%。

6. 锯缘青蟹育肥小结

（1）试验表明于"秋分"或"霜降"期间，选择已交配的锯缘青蟹进行育肥，效果良好。锯缘青蟹育肥池的池底适宜以砂为主，面积 0.5～1 亩，池深 1 米左右，水深 60 厘米左右，便于观察和管理。为防止暴食引起的死亡，日投饵量为育肥锯缘青蟹的总重量的 2%～3% 为适。投饵期间每天应换水 2 次，水温在 12℃ 以下停止投饵，2～3 天换水 1 次即可。日平均水温在 18.15～26.8℃，锯缘青蟹育肥增重率最高。

（2）锯缘青蟹育肥期间的体重增长，不但表现在膏红肉满，而且体腔液含水量显著减少。因此，其肉质部和卵巢的增重率，实际上超过本试验所观测的 8.7%。换言之，其体重增长还应当加上体腔液的减少重量。

（3）本文所述的锯缘青蟹育肥，是指选择已交配过的雌性锯缘青蟹，在人工育肥条件下，培育成为红膏蟹。这与把瘦蟹、小蟹经强化饲养成商品蟹是不相同的。1986 年东海水产研究所在上海低盐度海区进行锯缘青蟹人工养殖，试验结果：锯缘青蟹能在 1.002～1.007 低比重中生长、发育并进行交配（翁敬木等，1987）。这应该认为在河口附近生长的锯缘青蟹，对低比重有着较强的适应力。而且，锯缘青蟹的蜕壳交配适应于低比重的环境条件。所以，每年秋末季节能在河口捕到大量蜕壳交配后的锯缘青蟹。但是，锯缘青蟹卵巢的发育，要有一定的盐度条件，据我

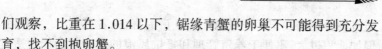

them together人工

们观察，比重在1.014以下，锯缘青蟹的卵巢不可能得到充分发育，找不到抱卵蟹。

四、锯缘青蟹的其他养殖方法

随着锯缘青蟹人工养殖的发展，其养殖形式趋向多样化，养殖技术得到逐步完善。除池塘养殖这一主要养蟹方式外，还有滩涂围养、罩养、箱养、笼养、罐养及水泥池养殖等多种方式。这些养蟹方法各具特色，有一定的推广价值，已在部分沿海地区形成一定的生产规模，并取得了良好的经济效益和社会效益。各地可根据本地区的滩涂、海况条件、蟹苗、饵料供应与社会经济状况、养殖要求、技术管理水平及商品蟹销售途径的不同情况，因地制宜地选择适于自己特点的锯缘青蟹养殖方式，以获取锯缘青蟹养殖的最佳效益，促进养蟹业的健康、快速发展。

（一）滩涂围栏养殖

从20世纪80年代开始，我国东南沿海部分地区，开始流行滩涂围栏养殖锯缘青蟹。该养殖方式的特点是，利用潮差进行自然流水养殖，既可保持海湾的生态平衡，又能保持锯缘青蟹固有的生态习性，生活在这种良好环境条件下，锯缘青蟹生长快、养殖周期短、成活率高。实践证明，这是一项投资少、见效快、经济效益好的养蟹方式，技术容易掌握，深受群众欢迎。目前，按围栏材料的不同，滩涂围栏养殖锯缘青蟹的方式，又可分为围栅养殖和围网养殖两种。前者在广西防城、合浦等县沿海是一种普遍采用的养殖方式；后者在浙江南部沿海的玉环、瓯海、苍南等地较为常见。

1. 场地的选择　场地选择在内湾、岙口的中潮区或高潮区，以高潮区与中潮区交界地段，即小潮水高潮线附近较为适宜。要求湾内浪小、流缓，饵料生物丰富，滩涂平坦广阔，以泥沙底质为好，背风浪的岙口最佳，湾内无大量淡水流入和工业污水的排入。

2. 围养池的建造　根据滩涂、海况条件和养殖的需要，确定

215

适宜围养池的面积。一般以 5～10 亩为宜,大者可达 20～30 亩。但如面积过大,不便于养殖管理和抵抗风浪的袭击。为创造适宜于锯缘青蟹生活的良好环境,保持退潮时围栏内的一定水位,应沿围栏四周修筑宽矮结实的土坝,建成潜水的围养池。一般坝高 0.5～0.7 米,坝底宽 1.2～1.5 米,顶宽 0.6 米左右。在坝的迎潮面一侧,开设进排水口,闸孔通常以水泥沙子涵管代替,也可石砌或水泥浇结而成,供海水进出。池内要挖有深 0.5 米左右的环沟或中心沟,沟面积约占围养池面积的 10%。为便于围养池上部的蓄水,可在池内用小坝隔成“田”字形或梯形的小池,各小池内再挖小沟,并与大池沟渠相通。池内铺设一些缸片、陶管、竹筒等作为隐蔽物,供锯缘青蟹栖息、隐居,以减少自相残杀。

3. **围栏结构** 围栏用竹条做成,深插在潜水坝上,要高出当地最高潮位约 1 米,每支插竹间隔 1 厘米左右,以潮水能自由进出,而锯缘青蟹不能外逃为限。围栅每隔 1 米用木桩或水泥桩固定,竹条上下配有聚乙烯绳拉夹于桩柱上。围栅一侧设有活门,以供养殖管理之用。

围网采用网目 2 厘米、网线 9 股的聚乙烯网片。选择直径 10 厘米左右的毛竹作插杆,去掉毛竹顶端,根部砍削成楔形,牢固地插入土坝中。插杆间隔距离为 2～4 米,每根插杆内外攀绳,以抵抗风浪冲击。将围网沿插杆拉开,上下配纲绳绑在毛竹上,头尾相接,围成一圈。围网要高出当地最高潮位 0.5～1 米,上端加设宽为 0.3～0.4 米,内折成 45°～60°夹角的倒刺网,防止锯缘青蟹越网逃逸。网下端埋入潜水坝内侧泥中 0.4 米左右,并用竹楔子钉住。在围网基部,可采用双层网结构,以防水老鼠咬网而逃蟹。

4. **苗种放养** 要选用当年能养成商品蟹的苗种,除去断肢蟹、软壳蟹和病蟹,经严格挑选计数后入池,有条件的最好雌雄分养。浙南沿海每年 6 月中旬至 7 月上中旬,均可在海区捕到天然幼蟹,这批夏苗当放养密度为每平方米 3 只时,约经 3～4 个月养殖，即可达到商品规格；9 月下旬至 10 月中旬的秋苗，需经越冬，至翌年 4～5 月再入池养成；围养育肥瘦蟹时，放养时间在 8～9 月，放养密度每平方米可达 3～4 只。

广西沿海放苗时间多在 5～7 月和 9～11 月，每年可养 2～3 茬。放养苗种规格为每千克 20～30 只的幼蟹，放养密度为每亩 1 000 只左右，在经 3 个月时间的养殖，一般可达到商品蟹。瘦蟹育肥，1 年可育肥 5～6 茬。

5. 养成管理

（1）投饵 锯缘青蟹喜食甲壳动物和低值贝类，围养时可投喂蓝蛤、寻氏短齿蛤、钉螺蟹、毛虾和小杂鱼等，饵料必须新鲜。广西沿海 8～9 月，钉螺很肥，锯缘青蟹很爱吃，以钉螺（打碎壳）喂养，锯缘青蟹卵巢成熟快，肉肥满，质量好。

投饵量的多少，要视季节、潮流、水质和锯缘青蟹的活动情况而定，一般可按锯缘青蟹体重的 6%～12% 投喂。在大潮或涨潮时，在海区水温适宜（18～25℃）时，要增加投饵量；而在小潮或退潮时，在夏季高温多雨、池水浑浊或冬季天气寒冷时，应酌情减少投饵量或停止投饵。为防止天气异常时饵料短缺，可贮备一些干的小鱼虾或配合饲料。

根据锯缘青蟹的觅食习性，每天投喂 1～2 次，傍晚投喂日投饵量的 60% 以上，清晨可少投或不投。投喂时，把饵料均匀撒在池的滩面上，让强者、弱者均有机会吃到。

（2）水质管理 在大潮水期，海水可自然进出，池内水体可得到充分交换，不必担心水质变坏；在小潮水期，要及时蓄水，水位控制在 0.5 米左右，夏季高温期要勤添、换水，遇有大暴雨时，应及时排出上层淡水，以防海水盐度突降。同时，要定期进行理化因子测定。

（3）日常检查 为保证围养锯缘青蟹的安全、可靠，最关键的是围栏设施的抗风浪能力强和防逃效果好。因此，每天必须有专人巡逻看管，在每次退潮后检查池坝、插杆是否有倒塌、围网、倒刺网等有无破损。如发现问题，应及时修复。锯缘青蟹在夜间活动频繁，潮水上涨时也容易刺激锯缘青蟹越网逃跑，因此，应重视夜间巡查和观察涨潮时锯缘青蟹的活动情况。在大潮汛期间和台风来临之际，要加倍注意，做好防护工作，确保安全生产，做到万无一失。

围养锯缘青蟹的敌害生物，主要有鰕虎鱼、中华乌塘鳢、四指马鲅等，常在锯缘青蟹蜕壳期间侵袭，有的甚至残食硬壳蟹。所以在整个养殖期间，可每隔 15 天左右，选择阴天、无雨的大潮退潮后一段时间，干池捕捉、清除敌害生物。水老鼠常在网脚处咬破围网，可用药饵灭鼠。

（4）防止自相残杀　锯缘青蟹有自相残杀的习性，通常是因为放养密度过高，投饵不足或生活环境不适等原因引起。因此，要控制适当的放养密度，投足优质饵料和改善其生活环境。在围养池内，可设置缸片等作为隐蔽物，以供锯缘青蟹隐居。每个小缸可敲碎为两片，凹面向下轻按在滩面上，缸片成垄状排列，并插上树枝作标记，以保证管理人员的安全。

6. **收获**　围养锯缘青蟹，要适时收捕出售。因为雄蟹经多次交配后，肉质消失，外壳硬厚，变成外强中干，失去肉蟹的食用价值，而且体弱后易出现成批死亡。交配后的雌蟹，经 30～40 天饲养便可养成膏蟹，若任其过熟会导致排卵成为"开花蟹"。浙江沿海，一般 9 月中、下旬开始收捕雄蟹，要求在 10 月底前将池内锯缘青蟹收捕完毕。广西沿海常年水温较高，一年四季均有放养。因此，多采取轮捕轮放的形式，适时选捕锯缘青蟹。收获的雌蟹，最好转入池塘育肥，以获得更高的经济效益。

（二）罩网养殖

罩网养殖（图 2-15），是在潮间带滩涂上挖池，上面罩盖网片进行锯缘青蟹养殖的一种方式。罩网养蟹，除有围网养蟹利用涨、退潮自然换水的优点外，还因其有设施坚固、抗风浪能力强和面积小、适宜一家一户进行小规模养殖的特点，而深受浙江部分养殖户的欢迎。

罩网养蟹池，呈正方形，面积一般为 10 多平方米，池内开沟和垒土堆，池周筑埂，埂高 0.5 米左右。池的四角用 4 根毛竹交叉支撑成尖顶形，池中央的小土堆上插立 1 根毛竹柱，维持罩体的稳固。竹架外覆盖网目 1 厘米、网线规格为 3 厘米×3 厘米的聚乙烯网片，网片四周边缘埋入土埂约 0.5 米，网罩一侧设有一活动口，供投饵和管理之用。

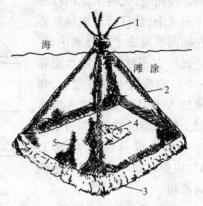

图 2-15 锯缘青蟹罩网养殖

1. 毛竹 2. 网片 3. 矮土坝 4. 蟹岛（供锯缘青蟹休息）5. 网门（养殖者进出之处）

罩网养蟹，不仅适宜在内湾滩涂，而且由于其抗风浪能力强，也适宜在开放式海区养殖。锯缘青蟹的养成和育肥，均可采取罩网养殖方式，罩网内锯缘青蟹放养密度为每平方米 4~5 只，涨潮时水深 2 米左右，退潮后水深约 0.5 米。除涨潮时带进罩网内的小鱼、虾等供锯缘青蟹摄食外，还应适当投喂人工饲料作补充。

罩网养殖锯缘青蟹的环境条件良好，锯缘青蟹生长快，省饵料，低成本，经济效益高。

（三）箱养

鉴于锯缘青蟹性凶好斗，且蜕壳时常被强者所残食的情况，台湾澎湖地区创造了用水泥箱养蟹的方法。水泥箱形如空心砖，由水泥、粗砂和细石等调制而成，箱体长 60 厘米、宽和高均为 28 厘米（图 2-16），箱内每格空间为 27 厘米×24 厘米×26 厘米。除中间隔层及底壁外，箱的四周均设有一直径为 2 厘米的圆孔，以便水流通过。每箱附有一厚 2 厘米、大小与箱子相吻合的水泥板作盖子，顶盖上留有两条长 15 厘米、宽约 1.5 厘米的沟缝，以供投放饵料。使用时,先将水泥箱浸泡于海水中,数日后再成排放置在潮间带滩涂上或海塘中,平均每平方米水面放置水泥箱6个。箱底铺上少许细沙,每格放入1只甲壳宽约3厘米以上的蟹苗或空母,即每平方米水面可放养锯缘青蟹12只,放养后即可按时或在退潮时给饵。

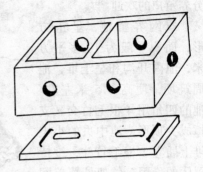

图2-16 锯缘青蟹养殖水泥箱

浙江省苍南县沿海群众,曾用形似啤酒箱的用木条或竹条制成的箱子养殖锯缘青蟹,箱体规格为长50厘米、宽60厘米、高20~25厘米,每箱放养锯缘青蟹2~3只,将箱置于潮间带的洼地,退潮后仍有部分箱体浸在海水中。广西壮族自治区合浦县,采用扁平木条制成缝隙的大木箱,半埋(固定)在滩涂上,视木箱大小投入适量的蟹苗,在箱内养殖。

1. 箱式养蟹优点

(1)可避免或减少锯缘青蟹之间互相残食和蜕壳后被侵害的机会,可获得较高的存活率。

(2)每平方米放养锯缘青蟹可达12只,比池养每平方米放养锯缘青蟹2~4只,放养密度大大增加。

(3)在浅海潮间带,可利用涨、落潮更换海水。

(4)开箱收蟹,捕获方便。

2. 箱式养蟹缺点

(1)饵料必须逐箱投放,投饵和检查残饵等工作费时、费力。

(2)水泥箱较笨重,制作成本也较高。

(3)水泥箱在搬运和受潮间带海水冲击时,易破碎。如采用木箱等以代替水泥箱进行养殖锯缘青蟹,不仅成本较低,且效果良好，可值得推广。

（四）笼养

笼式养蟹的原理与箱式养蟹的原理相类似，在浙江、广西等地沿海均有使用。按材料不同，可分为竹笼和网笼。笼子用竹片编织、钉制而成的称为竹笼，规格很多，如 0.25 米×0.25 米×0.25 米；0.6 米×0.4 米×0.5 米；1 米×0.5 米×0.5 米（长×宽×高）等的笼子，每笼放养锯缘青蟹 1～4 只。浙江省苍南县赤溪群众采用规格为 2 米×0.6～0.8 米×0.3～0.4 米的大笼，并将笼分隔成双排小格，共 12 小格，每小格放养青蟹 1 只，笼盖上设有投饵用的孔或活门，笼四角绑有浮绳，以便起笼操作。养殖时，将笼子排列放在天然海区风浪较小的内湾或海塘内（塘内可混养适量的对虾和白虾），日投饵量为锯缘青蟹体重的 10% 左右，饲养 20～30 天，可增重 25%～30%。体重约 50 克的小蟹，经 3 个月左右养殖，可长至 200 克以上的成蟹，回捕率可达 100%。

网笼是用 8～10 号镀锌铁丝或塑料圈作笼架，外面再围以较粗的聚乙烯绳编织而成的网片，规格为长 0.6～0.8 米、宽 0.3～0.4 米、高 0.5 米，每个笼可放养 200～300 克重的锯缘青蟹 2～3 只。

印度是先把小蟹苗放在竹编成的篮式笼内养殖 3 个月，然后移入由木板条制成、内分 10 个隔间的盒式笼内继续饲养，投喂的饵料是杂鱼和蛤肉。

（五）罐养与坛养

1. 罐式养殖锯缘青蟹　在海南省万宁港北港已相当普遍，广东省湛江市坡头区、广西壮族自治区合浦县和浙江省苍南县沿海，也有这种养殖方式。海南万宁采用专门制造的高、宽各为 20 厘米左右的鼓形瓦罐，周围有小洞能使海水流通，顶部有盖，平时缚好固定，盖中有直径 3 厘米左右的圆孔，便于从孔中投喂饵料；或利用现有的菜坛，周围打孔后养蟹。每 1 个罐，放养锯缘青蟹 1 只，把罐置于低潮带或最低潮不露出的内湾中养殖，每亩水面可放罐 3 000 多个，养殖 2～3 个月，锯缘青蟹便可达到商品规格。

浙江省苍南县沿海，使用豆腐陶罐养蟹，其规格为口径14.5～17.5厘米、筒径26厘米、高4～28厘米，罐口用铅丝编网或废旧塑料网衣或中央挖有小孔的木板封盖，口盖可活动操作，便于投饵和检查锯缘青蟹的摄食、生长情况。每罐放养锯缘青蟹1只，罐斜置于潮间带滩涂上或池塘里，退潮后罐内仍留有少量积水。投喂招潮蟹、小鱼虾等饵料，每天投饵2次，日投饵量掌握在锯缘青蟹体重的8%～10%，以稍有残饵为宜。注意经常清洗罐内残饵。广西沿海是把有多个进、排水孔的瓦瓮半埋（固定）在有红树林遮蔽的滩涂上，用塑料盖封住瓦瓮口，每个瓦瓮放养1只锯缘青蟹。

罐式养蟹的特点是，可避免锯缘青蟹互相残杀，养殖成活率高；投饵易掌握，采取精管细养，锯缘青蟹生长快。但缺点是，管理麻烦，费时费力，且容易被盗。

2. **坛式养殖锯缘青蟹**　浙江水产学院科研处张义浩等，于1994年、1995年进行了锯缘青蟹的坛式养殖试验，取得了较好的效果。

（1）养殖坛的结构及设置　改进后的陶瓷坛子结构及设置如图2-17所示，底径30厘米，口径20厘米，坛壁中部四周有4个直径2厘米的孔洞，为通水和通气孔；离坛底3厘米处，为了进水和排出污泥，在坛壁四周分别开有3条宽2厘米、长15厘米的槽孔；在养殖期间，坛口加盖水泥盖子，水泥盖子下面凸出部分可以陷入坛口径内；在盖子和坛底中间，开有直径5厘米左右的孔洞，为通过桩头固定坛子所用。养殖坛用木棍或竹棍以打桩形式固定在滩涂上。经多次试验证明，坛内必须设立既可活动又有固定形状的饵料台。为此，特设计成如图2-17中5所示的梯形活动式饵料台，用水泥制成，厚4厘米，上端外径14厘米，下端外径1厘米，中间开一直径5厘米的孔洞，套在桩头上，放入养殖坛底部。饵料台下方的梯形设计，可为锯缘青蟹提供隐蔽处，罐内可存留一定量的泥沙和积水，使整个养殖更适合锯缘青蟹栖息生活。

（2）锯缘青蟹的选择与放养　坛养锯缘青蟹选自浙江沿岸最为常见的锯缘青蟹〔*Scylla sarrata* (Forskal)〕，一般选择个体较大、肢体完整、健康活泼的个体做试验，每坛放 1 只，雌雄随机放养。

1994 年 6～11 月进行了改进后的坛养与塘养对比试验，坛养以放养 600 坛（只）为 1 亩计，塘养以放养 1 500 只为 1 亩计，坛养与塘养为在同一海区、同一批孵化出的幼蟹进行试验。

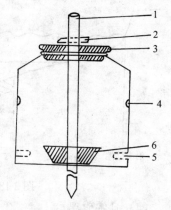

图 2-17　养殖坛结构及设置示意图

1.柱子　2.固定栓　3.水泥盖子　4.孔洞　5.饵料台　6.槽孔

1995 年 9～11 月，进行了锯缘青蟹不同规格坛养育肥试验，在原海区设置 300 只养殖坛，分别放养大、中、小 3 种规格的锯缘青蟹 100 只，饲养管理相同，研究其育肥效果，计算出平均生长率，以确定较佳的坛养青蟹规格和时间。

（3）坛养的海况条件　试验海区位于浙江省舟山市普陀区虾峙门航道西北侧，滩涂平缓，底质较硬。养殖坛设置在中潮带下方，如图 2-18 所示。

坛养海区具有一定的潮流，大小潮流海水都能经过，涨潮时海水能满过养殖坛，每昼夜约 18 小时（相当于每一潮水约 9 小时），退潮后养殖坛每昼夜约露水 6 小时（相当于每一潮水约 3 小时），露水时坛内约积水 1～2 厘米。

试验期间养殖坛内水温为 14～28℃，比重 1.006～1.020，pH 7.8～8.4。涨潮时，试验区海水含氧量为 6.0～8.5 毫克/升，退潮后养殖坛内水中含氧量常为 2.0～3.8 毫克/升，最低时达 1.0 毫克/升。

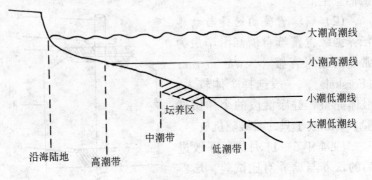

图 2-18　坛养海区

（4）日常管理

①投饵:每天投喂以张网中的新鲜小鱼、小虾、小蟹等为主,兼投沙蚕、海蚯蚓、螺蛳等,如无鲜货时,投喂以解冻的小青鲇鱼、虾皮、豆饼、麸皮等。日投饵量,早期为锯缘青蟹体重的 8%～10%,9 月以后约为锯缘青蟹体重的 5%～7%。每次投饵之前,先要检查锯缘青蟹活动及摄食等情况,以及时调整投饵量。

②经常清洗:清洗最好使用小型潜水泵,用软管喷水,冲洗坛内四壁、饵料台及坛底污泥、残饵等,尤其是遇到海水特别浑浊,淤泥沉积多时,要随时排除。

③定时检查蟹体病害等情况:对寄生的蟹奴、线虫、附着的海鞘、藤壶等要及时剔除,对进入坛内的敌害生物要立即加以清除,对病危的锯缘青蟹要采取静养措施,对死蟹要及时捞出。

（5）结果分析

①生长情况

a. 1994 年锯缘青蟹坛养与塘养对比试验:试验从 6 月 23 日（大潮汛）放养小蟹开始,到 11 月 28 日起捕全部结束。坛养每个月抽样测量一次（这里取第二个月测量数据,以便与塘养相比较）,塘养每 2 个月抽样测量一次,抽样数都为 100 只,结果见表 2-42。

表2-42 锯缘青蟹坛养与塘养生长情况对比试验

测量结果		壳宽(厘米/只)		体重(克/只)			平均生长速度及百分比				减少数及回捕率		
		大小范围	均值	大小范围	均值	增宽(厘米)	(%)	增重(克)	(%)	死亡(只)	逃亡(只)	回捕率(%)
坛养情况	1994年6月23日放养600罐/亩	5.5~7.5	6.4	52~95	68							
	8月22日抽样	6.7~9.1	8.1	76~146	112	1.7	26.6	44	64.7	79		
	10月23日抽样	8.2~10.6	9.6	98~235	175	1.5	18.5	63	56.25	61		
	11月27日起捕	9.0~11.8	10.7	134~286	210	1.1	11.5	35	20.0	52		68
塘养情况	1994年6月23日放养1 500只/亩	5.5~7.5	6.4	52~95	68							
	8月23日抽样	6.3~9.4	8.2	72~128	105	1.8	28.1	37	54.4	102	264	
	10月24日抽样	7.5~10.8	9.7	91~243	169	1.5	18.3	64	61	118	126	
	11月28日起捕	8.7~12.2	11.0	123~295	213	1.3	13.4	44	26.0	65	34	53

从表 2-42 来看，改进后的坛式养殖锯缘青蟹生长正常，从放养时的平均壳宽 6.4 厘米，经 5 个月饲养，平均壳宽长到 10.7 厘米，体重从放养时的平均 68 克增加至平均 210 克，已达到商品蟹规格。从比较来看，收获时坛养锯缘青蟹与塘养锯缘青蟹的平均壳宽和平均体重增加没有明显的差异，但坛养锯缘青蟹的回捕率明显高于塘养锯缘青蟹的回捕率。

b. 1995 年锯缘青蟹不同规格坛养育肥试验

9 月 3 日把预先从塘养锯缘青蟹中挑选出来的大、中、小 3 种不同规格的锯缘青蟹各 100 只，放养到坛中，每月每种规格锯缘青蟹随机抽样测量 50 只，11 月 18 日起捕，结果见表 2-43。

表 2-43　锯缘青蟹不同规格坛养育肥试验*

测量日期	9 月 3 日		10 月 1 日		11 月 2 日		11 月 19 日		平均生长率						死亡数（只）
									壳宽（毫米/天）			体重（克/天）			
	壳宽（厘米）	体重（克）	壳宽（厘米）	体重（克）	壳宽（厘米）	体重（克）	壳宽（厘米）	体重（克）	9月	10月	11月	9月	10月	11月	
大规格	8.1	116	9.2	165	10.7	230	11.4	261	0.40	0.48	0.44	1.81	2.1	1.93	11
中规格	6.4	87	7.4	127	8.7	183	9.3	197	0.36	0.42	0.40	1.48	1.81	1.45	15
小规格	4.6	52	5.4	77	6.4	112	6.9	125	0.24	0.32	0.28	0.93	1.12	0.81	28

* 表中数值均取平均值，放养时锯缘青蟹壳宽大小相差在 ±0.2 厘米以下。

表 2-43 可以看出，放养平均壳宽为 8.1 厘米大规格的锯缘青蟹，其增长率最快的为 10 月，每天增重 2.1 克，而放养平均壳宽为 4.6 厘米小规格的锯缘青蟹，每天只增重 1.12 克，相差 0.98 克；再看壳宽的生长，同样是 10 月，大规格的每天增长 0.48 毫米，而小规格的每天只增长 0.32 毫米，相差 0.16 毫米。可见，坛养蟹放养规格越大，其生长率越高，死亡数也越少。

②坛养效果评价：通过几年来的研究，又经过对陶瓷养殖坛的几次改进，终于形成了如图 2-19 所示的坛养装置，该装置又

经过两年的试养实践，证明有以下特点：

a. 适合锯缘青蟹的生活环境：锯缘青蟹是分布在潮间带以穴居为主的海滩生物。坛式养殖正是从模拟锯缘青蟹穴居生活环境的角度出发，专门设计制作出特殊的陶瓷坛子，固定在浅海潮间带，造成一个类似洞穴的环境，内有一定量的泥

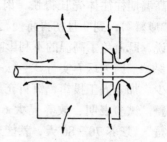

图 2-19　锯缘青蟹养殖坛水流模式图

沙，设有锯缘青蟹喜欢的隐蔽处、饵料台、进出水孔，使坛内能保持水流畅通，环境清新，基本上符合锯缘青蟹生态的要求。对进入坛内多余的泥沙以及淤泥杂物、锯缘青蟹吃剩的残饵污物等，也有一个自动排污系统，其进出水流和干露时的通气状况可用图2-19的模式图来表示。由于潮水涨落和海浪的冲击作用，该养殖坛内一般不会积泥，不会堵塞，水流能正常流通，坛内外水质能完全一致；潮水退下时，坛内仍能保持洞穴环境，空气新鲜，环境适宜，锯缘青蟹行动、摄食、栖息等都能符合其自然习性。

b. 锯缘青蟹回捕率高：坛养锯缘青蟹死亡率虽较高，表2-43为32%，比同期试验的塘养锯缘青蟹死亡率19%高13个百分点。但是塘养锯缘青蟹逃亡数量多，表2-42为28%，加上死亡数，总回捕率仅为53%，而坛养在经常养殖下不存在锯缘青蟹逃跑问题，总回捕率为68%。参见其他同类的生产性塘养，逃亡率多在30%～40%，总回捕率一般在36%～65%之间，可见坛养回捕率要比塘养高。

c. 以放养大规格"瘦蟹"进行育肥为最佳：锯缘青蟹养殖一直存在着高温期难过，大规格的"瘦蟹"易死的问题，将塘养和坛养结合起来，有利于解决这个问题。我们在7～8月将小规格的锯缘青蟹放养于大水体的池塘里，渡过高温期（锯缘青蟹在

高温期往往体壳长得快，肉质长得少，因此常将此时的蟹称作"瘦蟹"），到9月初再将瘦蟹放入陶瓷坛中育肥，这样对坛养来说，既避免了高温的不利影响，又使体弱壳大的"瘦蟹"得到了保护。因为坛养实行"一坛一蟹"，锯缘青蟹蜕壳时受外界干扰少。加上人工投饵，饵料充足，锯缘青蟹长肉快，容易养成商品蟹。试验表明，放养壳大6.5～8厘米、体重100克左右"瘦蟹"，坛养70～80天，就能达到壳大9～11厘米、体重200克以上符合商品规格的大蟹。这样可以缩短养殖周期，减少死亡率，提高经济效益。

③经济效益分析：这里以1994年坛养与塘养试验作比较，两者的主要成本（包括所用材料及基建费、蟹种、饲料、养殖费等）及收益见表2-44。

（6）试验小结

①用特制的陶瓷坛子模拟锯缘青蟹穴居的生活环境，选择合适的沿海滩涂饲养锯缘青蟹是可行的，它简便易行，管理方便，能充分利用沿海的浅滩、荒涂，一次投资，可多年养殖受益，是一项极为适合沿海滩涂养殖的实用技术。

②我们经过几年的坛式养殖研究，认为锯缘青蟹养殖坛结构及设置以第二章图2-17所示较好，它符合于锯缘青蟹自然生活习性，能保持坛内水流畅通，污泥不致堵塞，有利于锯缘青蟹的生长育肥，有利于饲养管理。

③锯缘青蟹坛养与塘养比较结果认为，两者基本投资差不多，但是坛养回捕率高，对基本建设及饵料的利用率也高，从长远（5～10年）核算，坛养年利润高于塘养年利润的35.5%（表2-44）。

（六）水泥池养殖

在水泥池中养殖锯缘青蟹，分为室内、室外两种。在福建省泉州市沿海常见滩涂水泥池养殖锯缘青蟹。水泥池设置在中、低潮带，池的面积多数为150～350平方米，池从滩面挖下2.5米

表2-44 锯缘青蟹坛养与塘养经济效益比较

养殖方式 \ 比较项目内容	坛养(1亩) 名称	数量	金额(元)	塘养(1亩) 名称	数量	金额(元)
一、当年生产费用开支 (一)当年生产费用开支 小计			2 650			5 625
其中：1. 小蟹种	1. 小蟹种	600(只)	1 200	1. 小蟹种	1 500(只)	3 000
2. 小鱼、小虾等饵料	2. 小鱼、小虾等饵料	450(千克)	450	2. 小鱼、小虾等饵料	1 125(千克)	1 125
3. 养殖管理费用	3. 养殖管理费用		1 000	3. 养殖管理费用		1 500
（二）当年固定资产折旧费 小计（坛养以10年折旧，平均每年数；塘养以3年折旧，平均每年数）			470			1 473
其中：1.	1. 陶瓷坛子	600(只)	3 000	1. 挖塘建塘费	1(亩)	1 500
2.	2. 坛子设置费		200	2. 塑料网围费	300米	1 620
3.	3. 水泥饵料台	600(只)	300	3. 拦网桩杆等	300(根)	750
4.	4. 水泥盖子	600(只)	300	4. 闸门板材等		350
5.	5. 固定桩头	600(根)	900	5. 砖块水泥等		200
小计			4 700			4 420
二、当年产值	锯缘青蟹商品蟹	85.7(千克)	3 856	锯缘青蟹商品蟹	169.8(千克)	7 641
三、当年纯收益			736			543
四、当年投入、产出比 1. 投入			3 120			7 098
2. 产出			3 856			7 641
3. 投入、产出比			1∶1.24			1∶1.08

229

深，铺沙 0.5 米，池边设有投饵台和排污设施，池顶用网片围盖起来，以防止锯缘青蟹外逃。

随着我国海水养殖的发展，沿海建起了数以千计的育苗场，育苗水体几十万立方米，投资几亿元，但由于这些育苗场苗种生产单一，每年只育 1～2 茬苗，只能使用 2～3 个月，育苗池、厂房设备等利用率较低，人力的浪费也较大，所以很多育苗场效益低。为探索育苗场的综合利用问题，浙江省苍南县马站对虾育苗场进行了室内水泥池养殖锯缘青蟹的尝试。原对虾育苗池，规格是 5 米×5 米×1.5 米，依据锯缘青蟹的生活习性，模拟自然生态环境，在池底的 1/2 处铺垫厚约 20～35 厘米的细沙，斜向排水孔，并在沙上投放一些砖、瓦和海泥等，形成洞穴和假岛，供锯缘青蟹隐蔽和栖息生活。池水深约 40 厘米，以育苗用沉淀池提供清洁海水，每隔 2～4 天换水 1 次。以招潮蟹、钉螺和小鱼虾为饵料，投饵量为锯缘青蟹总体重的 8% 左右，投饵的时间在每天傍晚。1988 年 7 月 15 日放养壳宽约 5 厘米的锯缘青蟹 175 只，10 月 30 日收获锯缘青蟹 34.1 千克，个体平均重 238.5 克，成活率达 81.7%，获纯利 320 元。此方法养蟹的水环境好，锯缘青蟹生长快，成活率高，是综合利用育苗设施的有效途径之一。由于一般对虾育苗场均有充气、加热等设备，因此今后有待在增加放养密度、冬季养殖或育肥方面进行尝试，为工厂化精养锯缘青蟹开创了新路子。

五、锯缘青蟹越冬

锯缘青蟹是一种广温性的底栖动物，其对水温的适宜范围为 15～30℃，最适宜的生长水温为 18～25℃。当水温低于 16℃ 时，锯缘青蟹的活动时间缩短，摄食量明显减少；当水温降至 14～12℃ 时，锯缘青蟹只在晚间作短暂活动，并开始挖洞穴居；当水温降至 10℃ 左右，锯缘青蟹行动缓慢，反应迟钝；当水温降至 7℃，则完全停止摄食与活动，整个身体藏在泥沙里，进入休眠状态，以渡过不良的环境；当水温连续几天低于 6℃ 或低至 3.5℃ 时，锯缘青蟹则会死亡。因此，所谓锯缘青蟹越冬，就是利用人为因素，创造适宜的水温环境条件，使当年未能达到商品规格的锯缘青蟹或已交配过的雌蟹，安然地渡过寒冷的冬天。

（一）锯缘青蟹越冬形式

由于自然条件不同，各地所采取的越冬形式也不一样。按越冬蟹的规格大小，可分为幼蟹越冬、成蟹越冬和亲蟹越冬；从越冬形式看，可分为室外越冬和室内越冬；从越冬池结构和供热保温方法来看，又可分为土池越冬、水泥池越冬和大棚越冬、加热越冬等。

在我国东南沿海，天然锯缘青蟹苗种资源丰富。据调查，浙江沿海每年 4～11 月都可在海区捕到天然蟹苗，但幼蟹出现的旺汛期有两个：一是 6 月中旬至 7 月（夏至、小暑前后），俗称"夏蜱"；二是 9 月中旬至 10 月中旬（秋分前后），俗称"秋蜱"。"秋蜱"苗的数量虽不如"夏蜱"多，但也不可低估。1985 年，仅苍南县沿海就捕获"秋蜱"苗近百万只，这批蟹苗因当年不能养成，需要经过越冬，至翌年再饲养 3～4 个月后才能达到商品规格。通过越冬，既提高了蟹苗的利用率，又为第二年提前开始养成和提高经济效益创造了条件，因此在目前锯缘青蟹人工育苗技术尚未完全应用于生产的情况下，进行幼蟹越冬的意义尤为重要。在广东、广西、海南、福建和台湾等沿海各地，冬季的自然水温较高，锯缘青蟹一般均能在天然气候条件下安全越冬。浙江南部沿海，气候比较温和，只需稍加人为因素，如采取提高池塘水位等办法，锯缘青蟹就可在室外土池中越冬，且越冬的成活率较高。浙江椒江以北沿海，由于冬季寒冷，温度较低且持续时间较长，一般需设有增温、保温设施的室内水泥池越冬。也可在搭有塑料薄膜大棚的室外池塘中进行锯缘青蟹越冬，但其效果不很理想。

（二）锯缘青蟹越冬设施

1. 土池 多采用原养殖池进行越冬，也可另建专门的越冬池。池塘面积从几十平方米至几亩不等，但不宜过大。池塘以东西走向、避风向阳为好，池底有机质少，为泥质或泥沙质。池内挖有环沟和中央沟，沟宽 1~2 米，沟深 0.5~1.0 米，滩面水深为 0.7~1.5 米。

2. 水泥池 室内水泥池越冬锯缘青蟹，可利用现有的虾蟹类、贝类、紫菜等育苗设施。池子大小依据具体情况，以 10~60 平方米为宜，池底铺垫一层 20~40 厘米为泥沙，适当设置一些陶管和砖瓦，形成洞穴和"蟹屋"，以供锯缘青蟹栖息、匿居。野外水泥池的池底为沙泥质，池壁是砖、石和水泥结构，水深在 1.5 米以上。

3. 加热保温设施 根据气候条件和锯缘青蟹越冬对水温的要求，可在越冬池北堤上用稻草或泥土筑高 1~2 米的挡风墙，抵挡寒冷的北风；在室外池塘上可搭建以毛竹做棚架、塑料薄膜覆盖的弧形"保温棚"，薄膜四周边缘用泥土封压，棚顶再披盖一层破旧网，以防大风吹掀。大棚两端留有通风和管理用的活门。有条件的，还应配备充气设备，所充入的气经过热处理，使池水既增氧又增温；在室内越冬，除在水泥池上架搭平顶形的薄膜棚外，还可用电热棒、鱼池加热器、锅炉供热等方法，进行加热、保温，以维持池内水温的适宜和稳定。

（三）锯缘青蟹越冬方法

1. 越冬前的准备 在 11 月上、中旬气温开始下降时，需整修越冬池，先把池水排干，清除池内的污泥，修补池坝，曝晒池底数日；检查供排水、充气设施等。水泥越冬池要经多次浸泡洗刷，并用 20 克/米³ 水体的高锰酸钾溶液或 50~100 克/米³ 水体漂白粉溶液消毒，经数小时或 1 天后，再用海水清洗干净。

2. 锯缘青蟹入池 越冬锯缘青蟹，要求体肢无伤、无残、无病，入池之前最好经 200~250 毫升/米³ 水体的福尔马林溶液浸泡 2~3 分钟。放养密度以每平方米 2~4 只为宜。

3. **越冬管理** 锯缘青蟹越冬期间管理工作，主要是控制水环境、投饵、换水和巡池等。为使锯缘青蟹安然越冬，水温要控制在9℃以上，并以11~12℃为宜；盐度以10~30较好，防止池水盐度突变；pH 7.8~8.5；溶解氧保持在3毫克/升以上；光照度宜稍暗，切忌强光刺激。

锯缘青蟹在越冬期间深居洞穴，洞长可达1.5~2米，因此一般池内滩面水深控制在0.5米左右即可。为改善水环境，增加池底的硬度，以免软泥埋没洞口，可在天气较暖之时，进行短暂的干水曝晒池底。如遇寒潮下雪、冷空气，则应提高水位，以保持底层水温的相对稳定。越冬期间，以新鲜的小杂鱼、甲壳类和贝类肉为饵料。当水温在12℃以上时，日投饵量为锯缘青蟹体重的3%~8%；12月下旬至翌年2月，当水温降至12℃以下，应减少投饵，当水温降至10℃时，则可停止投饵；春季当水温回升到14℃后，越冬锯缘青蟹陆续出洞活动和觅食，此时要适当增加投饵量。

一般在大潮汛时换水，视水温、锯缘青蟹活动情况及水色变化，决定换水时间和换水量，一般每周换水1~2次，换水时水温差不得超过±1℃。室内越冬池可根据水质和换水量的情况，掌握充气增氧时间，一般每天早晨4~5时和傍晚18时左右均要开动增氧机，每次1~2小时，大棚加盖保温的小水泥池，可在晚间进行连续充气，增加池水溶氧量。

越冬期间必须坚持每天巡池，注意水温和水色变化，观察锯缘青蟹的动态，检查闸门、堤坝等设施，及时清除残饵。

(四) 锯缘青蟹水泥池大棚越冬实例

沈江平等于1995年11月至1996年2月在浙江省慈溪市庵东东海海鲜养殖场，进行了锯缘青蟹越冬试验，获得较好的效果。具体作法如下：

1. **水泥池及大棚条件** 用于试验的12口水泥池，均由水泥砖砌而成。水泥池坐北朝南，北面水泥墙紧临9号塘堤，避风向阳，水泥池高度，南墙 0.6 米，北墙 1.2 米，地下挖深 1 米，棚顶用玻璃钢瓦覆盖，池底沙质海泥约 30 厘米，各池面积均为 25 平方米（5.95 米×4.2 米），棚呈"梯形"，各池均有完好的进、排水设备。

2．越冬蟹的放养 1995 年 11 月 25 日先后共收购健壮锯缘青蟹 900 千克，平均规格为 0.35 千克/只（平均价格 52～60 元/千克），放养密度为 8.5 只/米²。由于 1 月管理不慎，因严重缺氧而使两池锯缘青蟹全部死亡，其他各池相应也有部分死亡，计死亡 250 千克。因此，补放锯缘青蟹 5 000 只，每只 30～50 克（平均每只 3 元）。锯缘青蟹入池之前 1 周，盐度为 12，水温为 8～10℃，水色呈淡黄色，溶解氧在 5 毫克/升以上。

3．越冬管理 越冬期间管理工作，主要是控制水温、换水和巡视等，一般不投饵。水温控制在 8～10℃ 之间。如水温过低，会被冻死；而如水温过高，则会激起锯缘青蟹的活动，而争食导致相互残杀。因此，当水温低于 8℃ 时，用红外线灯光加热；当水温高于 10℃ 时，则通过换水、通风以降低水温。大潮汛时，根据水温、水色决定换水时间和换水量，一般 1 周换水 1 次，换水量一般控制在全池的 20%～50%，换水时池内外水温差不要超过 ±2℃，根据水质情况，一般每天早上 3～4 时和晚上 18 时用小充气泵增氧 2 小时左右，使池水溶解氧保持在 3 毫克/升以上。池水盐度一般控制在 10～15 之间。平时，做到勤观察、勤记录，发现异常情况，及时采取措施。

4．试验结果 经过近 3 个月的越冬暂养，自 1996 年 2 月 3 日至 18 日起捕出售，共捕获商品锯缘青蟹和锯缘青蟹种分别为 600 千克和 4 000 只，规格基本没有变化，越冬成活率分别为 66.7% 和 80%，按商品锯缘青蟹实际售价平均为 200 元/千克，锯缘青蟹种 6 元/只计算，总收入为 14.7 万元，扣除锯缘青蟹总成本 6.54 万元，大棚及设备折旧、工资、电费等费用约 3.3 万元，总净收入达 4.86 万元左右，投入产出比为 1∶1.49，获得了较好的经济效益。

根据试验取得的显著成效，笔者认为锯缘青蟹水泥池大棚越冬成功的关键，应抓好以下技术环节：

(1) 彻底清理池底污泥　用于锯缘青蟹越冬的水泥池，应先去除池底污泥，然后铺上 30 厘米左右适合于锯缘青蟹栖息的近海沙质海泥，然后按 160~240 克/米^2 的生石灰彻底消毒池底，并在放养越冬蟹之前换水 2~3 次，使 pH 稳定在 8 左右，盐度 10~15，为锯缘青蟹入池创造适宜的栖息场所。

(2) 把好越冬蟹的质量关　越冬蟹应选择体质健壮、附肢齐全（尤其是螯足和游泳足不能缺损）、壳体无伤痕的个体。此外，越冬蟹离水时间不宜过长，以近海捕捞或临近池塘起捕经短途运输的越冬蟹为宜，以防止脱水；如是刚起捕的带泥蟹，则须在澄清海水中暂养 1~2 小时，使其吐出泥水，并应在 12 小时内放养入池。锯缘青蟹脱水与否，可根据螯足的关节（长节与腕节间）加以判断，即螯足弯曲时此关节饱满，用手按有弹性，且恢复快，表示正常，没有脱水；相反，如有皱纹，无弹性或弹性差，恢复慢，则表示严重脱水，不宜越冬。

(3) 谨防池水缺氧　越冬水泥大棚里的水温应控制在 8~10℃，在大潮汛时，视水温、水色决定换水时间和换水量，一般 1 周换水 1 次，换水量控制在全池的 20%~50%，透明度 30 厘米左右。每天早、中、晚应巡池 3 次以上，密切注视水色变化及蟹的活动情况，一旦发现异常，应及时采取相应措施。根据实测结果，棚外海水入池后几小时，水中溶解氧即会明显下降（30% 左右）；鉴于越冬池通风条件差，自然增氧少，因此池水极易发生缺氧，如试验中两个池子因严重缺氧而导致越冬蟹全部死亡，其他池也死亡一部分。因此，在越冬期间，一定要注意水中的溶氧状况，如有条件可用溶氧仪测氧，如无溶氧仪应密切注意水色变化，如发现池水突然由淡黄色转变为红色、灰色、转清、甚至发黑，即表明池水严重缺氧，须开启充气泵、增氧机，或换水，以防止泛池；此外，如发现池中蟹有异常活动迹象，则也表明池水出现缺氧征兆，也应及时采取措施。

（4）做好预防蟹病工作　越冬期间，一般无需投饵，但为保持 pH 和预防蟹病，每隔半个月左右要用生石灰溶化全池泼洒进行消毒，用量为 20～30 克/米^2；如发现死蟹或病蟹，应立即消除，并应对症下药。实践表明，在越冬期间，只要保持良好的水质，并做好药物预防，就可有效地防止常见病的发生。

六、锯缘青蟹养成、育肥期间的病害防治

在锯缘青蟹养殖的过程中，由于池底污泥严重，气候变化，水温和盐度突变，以及有害生物的产生，因此，如不及时采取防治措施，不仅会影响锯缘青蟹正常的生长、发育，严重时发生疾病，还会危及锯缘青蟹的生命，造成大量死亡。因此，病害防治工作，是锯缘青蟹养殖管理的关键一环，必须引起养蟹者的高度重视。

当前，对锯缘青蟹养殖中发生的病害及其防治，研究还不多，应采取预防为主、防治结合的方针，尽量排除致病因素，增强锯缘青蟹体质和抵抗力，减少病害的发生，以达到养殖高产、高效益的目的。

1. 弧菌病

【病原】该病病原已发现有多种革兰氏阴性细菌，其中有数种弧菌，包括能使人类食物中毒的副溶血弧菌。

【病症】病蟹身体瘦弱，呈昏迷状态，往往大批死亡。从病蟹中刚抽出的血淋巴，用高倍显微镜观察，通常可以看到细菌。在组织中，特别是腮组织中，有血细胞和细菌聚集而成的不透明的白色团块，在濒死或刚死的病蟹体内，有大型的血凝块。

【防治方法】此病尚无特效治疗方法，应以预防为主。在捉拿蟹时要小心，避免受伤，防止细菌侵入体内。养蟹的器材应经常洗刷消毒，保持清洁。养蟹用水，应定时消毒处理。发病时，

同时内服添加复方新诺明或氯霉素0.1%的药饵，连喂7～14天。

2. 甲壳溃疡病

【病原】蟹类的甲壳溃疡病的病原是一些能够分解几丁质的细菌。

【病症】病蟹的甲壳上有数目不定的黑褐色溃疡性斑点，在蟹的腹面较为常见。溃疡处有时呈铁锈色或被火烧焦的样子，所以也叫壳病、锈病、烧斑病。早期的症状，为一些褐色斑点，斑点的中心部稍凹下，呈微红色。到晚期，溃疡斑点扩大，互相连接成形状不规则的大斑，中心处有较深的溃疡，边缘变为黑色。溃疡一般达不到壳下组织，在蟹子蜕壳后就可消失，但可继发性感染其他细菌或真菌病，引起病蟹的死亡。

【预防方法】预防措施，主要是在蟹的捕捞、运输、饲养过程中，操作要细心，防止受伤；放养密度不要太大；发现病蟹后，应及时隔离治疗或除掉。

【治疗方法】可全池泼洒孔雀石绿加甲醛溶液，使池水中孔雀石绿为0.05～0.1毫克/升，甲醛20～25毫升/升，泼1次或隔1～2天再泼1次；也可全池泼洒氯霉素1.5～2毫克/升或土霉素2.5～3毫克/升，连用5～7天；在全池泼洒药物的同时，将氯霉素或土霉素混入饵料中投喂，每千克饵料加0.5～1克，连续投喂5～7天。

3. 拟阿脑虫病

【病原】此病病原为蟹栖拟阿脑虫（*Paranophrys carcini*）。虫体呈葵花籽型，前端尖，后端钝圆。虫体大小平均为46.9微米×14.0微米，最宽在后1/3处。虫体大小与营养有密切关系。全身具11～12条纤毛线，多数略呈螺旋行排列，具均匀一致的纤毛。身体后端正中，有一条较长的尾毛。体内后端靠近尾毛的基部，有1个伸缩泡。身体前端腹面，有1个与体形略相似的胞口。蛋白银染色的标本可看到口内有3片小膜，口右边有1条口侧膜。大核椭圆形，位于体中部。小核球形，位于大核左下方，或嵌入大核内。繁殖方法，为二分裂和接合生殖。

拟阿脑虫对环境的适应力很强，但不耐高温，生活的水温范围为 0～25℃，生长繁殖的最适水温为 10℃ 左右，生长繁殖的盐度范围为 6～50，pH 为 5～11。

【病症】拟阿脑虫最初是从伤口侵入蟹体内的，到达血淋巴后，迅速大量繁殖，并随着血淋巴的循环，到达身体各个器官组织。在疾病的晚期，血淋巴中充满了大量虫体，使血淋巴呈浑浊的淡白色，失去凝固性，血细胞几乎被虫体吞噬。虫体进入到鳃或其他器官组织后，因虫体在其中不停地钻动，使鳃及其他组织受到严重的机械损伤，最终造成锯缘青蟹的呼吸困难，甚至死亡。

【诊断】对感染初期的锯缘青蟹，主要从伤口刮取溃烂的组织在显微镜下找到虫体来诊断。在感染的中后期，虫体已钻入了血淋巴，并大量繁殖，布满全身各个器官组织内。在显微镜下观察，可以看到大量的拟阿脑虫在血淋巴及其他组织中游动。

【预防措施】锯缘青蟹用淡水或甲醛溶液 300 毫升/升浸泡3～5分钟；严防锯缘青蟹受伤；应投喂鲜饵，并要经消毒处理；用水应严格过滤；发现病蟹立即捞出，防止虫体从死蟹内逸出，扩大污染。

【治疗方法】在患病初期，即虫体仅存在于伤口浅处时，尚可治愈；当虫体已进入血淋巴中大量繁殖时，则无有效治疗方法。用淡水浸泡 3～5 分钟；用孔雀石绿和甲醛合剂全池泼洒，使池水中孔雀石绿浓度为 0.05 毫克/升，甲醛溶液浓度为 25 毫升/升，12 小时后换水。

1999 年作者在育苗生产时，购进越冬蟹 60 只，外伤较多，入池水温 18℃，在逐渐升温的过程中，越冬蟹死亡严重，对濒死蟹、刚死蟹进行镜检，发现血淋巴及其他组织如鳃、肌肉等已感染大量的拟阿脑虫；对活力差的受伤蟹镜检，也有不同程度的感染。用孔雀石绿及甲醛溶液处理，未能有效地控制越冬蟹的死亡。当水温升至 23℃ 后，对越冬蟹镜检，发现很少有拟阿脑虫检出；当水温升至 25℃ 后，用显微镜观察，对濒死蟹、刚死蟹及活力差的受伤蟹，均未镜检出拟阿脑虫。因此，在育肥蟹、越冬蟹或亲蟹培育期间，如发现拟阿脑虫后，应快速将培育水温提升至 25℃ 以上，可以很好的控制拟阿脑虫的感染。

4. 微孢子虫感染症

【病原】由微孢子虫感染而引起的病症。

【病症】未解剖之前可从病蟹附肢关节或蟹脚的外壳上看到呈粉红色的病变，在灯照下可透视到肌肉呈白浊样病灶。当剖开后可更清楚看到肌肉以感染程度的不同而呈广泛性苍白、浑浊，触感呈柔软或糊状。体内血淋巴液由具黏性与蓝青色的正常外观转变为浑浊且凝固时间延长的变性血淋巴。病蟹不能正常洄游，在环境不良时容易死亡。取变白不透明的肌肉，做水浸片或涂片后用吉姆萨染色，在显微镜下看到孢子，即可确诊。

【防治方法】尽量减少养殖过程中的各种紧迫因子的发生，是预防此病发生的最有效方法之一；发现病蟹后及时清除，以免健康蟹摄食后受到感染，同时将养蟹的池塘等设施用漂白粉彻底消毒。捞出的病蟹，应煮熟或深埋在远离水源或养蟹的地方，以防止病蟹肌肉中的孢子散出后进入养蟹水体而引起流行病。

此病尚无有效的治疗方法。

5. 饱水病

【病因】此病是因池水太淡，导致锯缘青蟹生理机能失调而引起的。

【病症】锯缘青蟹的步足基节和腹节的部位，呈水肿状。在内湾捕获到锯缘青蟹亦有发现此病。

【防治方法】保持池水盐度在适宜范围，可预防此病的发生；发病时，必须将病蟹分开饲养，以免传染；及时调节池水盐度，使轻病者得到挽救。

6. 白芒病

【病因】本病出现在瘦蟹（初交配的雌蟹），是由于海水盐度突然变低而引起锯缘青蟹的不适应症。

【病症】病蟹步足基节的肌肉呈乳白色（健康者呈蔚蓝色），折断步足会流出白色的黏液。

【防治方法】加大换水量，改善池塘水质，保持海水盐度在适宜范围和相对稳定，是预防此病发生的根本方法。发病时，使用土霉素等制成的药物饵料（每千克配合饲料中加药0.5~1克）投喂，有一定效果。

7. 黄芒病

【病因】此病被认为是赤潮生物所导致。

【病症】锯缘青蟹步足基节的肌肉呈粉黄色。

【防治方法】防止池水污染和赤潮水进入蟹池。病情较轻时，可用含土霉素的药物饵料投喂治疗。

8. 红芒病

【病因】其病因是由于内湾海水盐度突然升高、渗透压等生理机能不能适应而引起的。

【病症】病蟹步足基节的肌肉呈红色，使步足流出红色黏液。此病多出现在卵巢发育较成熟的雌蟹（花蟹和膏蟹），实际上是卵巢组织腐烂，未死先臭。

【防治方法】预防措施是，控制池水盐度在适宜范围，并注意盐度的相对稳定；一旦发现病蟹，就应分开饲养；如能采取加注淡水等方法，及时调节池水的盐度，其病情可得到一定程度的缓解。

9. 黄斑病

【病因】此病可能是由于投喂变质饵料及池水盐度降至5以下所致。

【病症】在锯缘青蟹螯足基部和背甲上出现黄色斑点，或在螯足基部分泌出一种黄色黏液，螯足的活动能力减退，进而失去活动和摄食能力，不久即死亡。剖开甲壳检查，在其鳃部可见像辣椒籽般大小的褐色异物。发病时间，多在水温偏高和雨水较多的季节。

【防治方法】预防的措施是，投喂饵料要新鲜，多投喂活体饵料如蓝蛤等；加强池水盐度、水温的管理；发现病蟹，应及时捞出隔离饲养，以防蔓延；多换新鲜海水。

10. 蜕壳不遂症

【病因】可能与以下因素有关：

（1）缺氧。锯缘青蟹蜕壳时，呼吸非常急促，需要特别多的氧气，在水流畅通的地方，每次蜕壳仅需 10～15 分钟。而在静水低氧或遇惊扰，强刺激的条件下，就会延长蜕壳时间，甚至蜕壳不遂而死亡。

（2）缺乏钙质、甲壳素、蜕壳素等，锯缘青蟹蜕壳所必需的物质。

（3）锯缘青蟹体质差、离水时间太长和水温等不适宜。实践中发现，在干旱和离水时间较长的锯缘青蟹中，发现此病的较多。这可能是旧壳与新体之间水分干涸，造成连贴的缘故。

（4）池水盐度高，换水量少，久未蜕壳，而引起蜕壳困难。

【病症】青蟹的头胸甲后缘与腹部交界处已出现裂口，但不能蜕去旧壳，而导致蟹的死亡。后期的成蟹常发现此病，严重地影响养殖的成活率，损失很大。

【防治方法】在蟹池中设法调节最适宜的盐度，加大换水量，保持水质新鲜和氧气充足；投放少量石灰；在饵料中添加含钙质丰富的物质，多投喂小型甲壳动物和贝类，对于防治锯缘青蟹蜕壳不遂有良好的效果。

11. 蟹奴

【病因】由蟹奴寄生在锯缘青蟹体上而引起的疾病。

【病症】蟹奴（*Sacculina* sp.）（图 2-20）属蔓足类动物，雌雄同体，体柔软而呈椭圆的囊状，褐色，既无口器，也没有附肢，只有发达的生殖腺及外被的外套膜。蟹奴寄生在蟹的腹部，虫体分蟹奴外体（sacculina externa）和蟹奴内体（sacculina interna）两部分，前者突出在寄主体外，包括柄部及孵育囊，即通常见到的脐间颗粒；后者为分枝状细管，伸入寄主体内，蔓延到蟹体躯干与附肢的肌肉、神经系统和内脏等组织，形成直径为1毫米左右的白线状分枝，用以吸取蟹体营养。

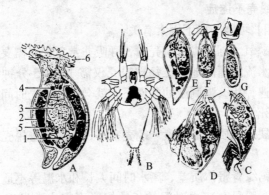

图 2-20 蟹 奴

A. 成虫的纵切面 B. 六肢幼体

C. 金星幼体 D～G. 用刚毛固着以后各发育阶段

1. 神经结 2. 外套深处的卵块 3. 卵巢

4. 精巢 5. 副生殖腺 6. 根状突起

【危害】病蟹虽一般不会引起死亡，但影响生长和性腺发育，甚至有的蟹到成熟期也看不见精巢和卵巢，凡被感染的蟹均失去生殖能力。被寄生的雌蟹，不能育成膏蟹；被寄生的雄蟹，则使其显得格外瘦弱。感染严重者，蟹肉有特殊味道，不能食用。渔民称这种病蟹为"臭虫蟹"。

【防治方法】

（1）选择苗种时，应把蟹奴剔除掉。

（2）放养之前，要严格清池，通常用漂白粉等药物杀灭池内蟹奴。

（3）经常检查蟹体，发现锯缘青蟹被蟹奴寄生，应立即将病蟹取出，并用 0.7 克/米³ 水体的硫酸铜和硫酸亚铁合剂（比例为 5:2）泼洒全池，进行清除。

12. 鳃虫

【病原】 由鳃虫寄生于宿主体上，引起宿主疾病。

【病症】 鳃虫（*Bopyridae*）为等足类动物，通常寄生在蟹类的鳃腔内。雌雄体形差异较大，雌性个体较大，不对称，常怀有大量的卵，使卵袋膨大。雄性个体细小，对称，常贴附在雌体腹面的卵袋中。鳃虫一旦吸附于宿主体上就不甚活动，寄生在蟹的鳃腔者，可使蟹的头胸甲明显膨大隆起，像生了肿瘤一般。

【危害】 其危害主要有：

（1）不断消耗寄主的营养，使之生长缓慢、消瘦。

（2）压迫和损伤鳃组织，影响呼吸。

（3）影响性腺发育，甚至完全萎缩，失去繁殖能力。

【防治方法】 本病主要发生在蟹种时期，发病率较少。目前惟一的办法是，在蟹种放养时剔除病蟹，无其他药物防治方法。

13. 海鞘

【病原】 由海鞘附着在锯缘青蟹体上。

【病症】 海鞘（*Ascidia* spp），为尾索动物，外形很像一把茶壶。壶口处为入水管孔，壶嘴处为出水管孔，壶底便是身体的基部，附生在其他物体上，行固着生活。身体表面有一层粗糙坚实的被囊，使身体得到保护并维护一定的形状。在入水管孔的下方，有一片筛状的缘膜，其作用是滤去粗大食物，只允许水流和微小食物进入咽部。咽部内壁有纤毛；背壁（出水管位于背方）和腹壁又各有一沟状构造，分别称为背板和内柱，能分泌黏液黏着食物。食物被黏成小粒后即随纤毛推动的水流，进入胃和肠中。消化后的食物残渣，经出水管孔排到体外。海鞘常附着在锯缘青蟹腹部的侧基部，影响其生长、发育。

【防治方法】在选择苗种时，应把海鞘剔除；适当降低盐度；勤换水，保持水质清洁。

14. 茗荷（儿）

【病原】由茗荷（儿）附着锯缘青蟹体上引起疾病。

【病症】茗荷（儿）（*Octolasmis*）（见图2-21），属有柄蔓足类动物，头部侧扁，固着的一端称吻端，相反的一端称峰端，两边由5片壳板组成。最顶端的一对称背板；吻端基部的一对称楯板；峰端壳板一块包左右两侧，其中线上有纵脊一道，犹如山峰，故称峰板。各壳板之间有软膜相连，间片楯板之间有外套的开口。体外观似白兰花蕾。茗荷，常附着在青蟹的鳃部或口肢上。如果池水盐度较高，久未蜕壳的蟹，其鳃往往附着很多茗荷，影响锯缘青蟹的正常呼吸，严重者会因窒息死亡。

图 2-21　茗荷(儿)

【防治方法】降低池水盐度，或加大换水量；投足饵料，促使蜕壳。因为锯缘青蟹蜕壳时，会将茗荷一起蜕掉。少量锯缘青蟹被茗荷等附着，也可将其放在10%的福尔马林溶液中浸浴杀灭。

15. 乌塘鳢

【病因】乌塘鳢，摄食锯缘青蟹，为其敌害生物。

【危害】乌塘鳢 *Bostrichthys sinensis*（Laceped），俗称蚶虎（闽南语）、蟷蜅虎（温州瓯语）。隶属于硬骨鱼纲、鲈形目、鰕虎鱼亚目、塘鳢鱼科、乌塘鳢属。乌塘鳢鱼体延长，前部圆筒形，后部侧扁；尾柄长而高；头颇宽，略平扁；口宽大，前位，倾斜；前鳃盖骨边缘光滑无棘；犁骨具齿；体及头部均被小圆鳞；无侧线；尾鳍基底上端有一带白边的大形黑色眼状斑。我国产于南海、东海和台湾海峡。肉味美，营养价值高，是沿海名贵的食用鱼类。

乌塘鳢，为近内海暖水性小型鱼类。大多栖息于近内海滩涂的洞穴中，也栖息于河口或淡水内。摄食虾类、小蟹和蟹类。捕食蟹类时，有意让蟹咬住尾鳍，突然抛尾，将蟹壳打破，然后食之。由于乌塘鳢主食蟹类，所以是锯缘青蟹养殖最主要的敌害生物，危害很大。

　　【防治方法】每立方米水体用鱼藤根 4～5 克（干重）或茶籽饼 15～20 克严格清池，并注意在蟹池死角、洞孔内亦应施药杀鱼；注入池中海水用筛网过滤，以防止乌塘鳢等敌害生物侵入蟹池；蟹池中发现敌害鱼类时，也可用茶籽饼毒池，浓度为 15～30 克/米^3 水体，施药后 3 小时左右加注海水，冲淡茶籽饼浓度。

第三章

日本蟳养殖

日本蟳 [*Charybdis*（*Charbds*）*japonica*]，隶属于节肢动物门（Arthropoda）、甲壳纲（Crustacea）、十足目（Decapoda）、爬行亚目（Reptantia）、短尾派（Brachyura）、梭子蟹科（Portunidae）、蟳属（*Charybdis*）。是一种肉质丰满、嫩而鲜美，经济价值高的大型海产蟹类，遍布我国沿海，历来为我国的主要捕捞对象之一。日本蟳属于近海岸的蟹类，移动性小，生长快，且繁殖期长，可多次产卵，亲蟳容易获得，适合于养殖和放流增殖，目前日本蟳的养殖越来越受到重视。但因对其资源的过度捕捞，自然苗种生产很不稳定，大小规格也不一致。因此进行日本蟳人工育苗及养殖技术的研究与推广，对于促进水产养殖向着多样化和高效化发展，具有重要意义。同时，由于日本蟳耐低温、耐干露能力强，易于活运，其生物学最小型 3.5 厘米以上均可上市，是元旦、春节可上市、肥满度较高的活体甲壳类之一，推广日本蟳养殖，可增加活体甲壳类在淡季中的上市量，对于增加市场供应的花色品种，均衡上市，丰富和提高人民群众的生活水平，具有重要意义。

第一节 日本蟳的生物学特性

一、外部形态结构特征

日本蟳，头胸甲呈卵圆形，表面隆起。较小的个体，整个表面具有绒毛；成熟的个体，后半部光滑无毛。胃区、鳃区具有通常的几对隆脊，但有时前胃区正常隆脊的两侧，各有1短的斜行隆线。额稍突，分6区，中央2齿稍突出，第一侧齿稍指向外侧，第二侧齿较窄。额的轮廓，其形状在不同的生长阶段，有很大的变化，额齿前缘随着生长而逐渐趋尖。内眼窝齿大于所有额齿，背眼缘具2缝，复眼缘具1缝。前侧缘具6齿，均尖锐而突出，腹面具绒毛，第一前齿外缘稍凹，末齿最尖，指向前侧方。第二触角基节长，具1颗粒脊。第二颚足长节的外末角钝圆形，

图 3-1 日本蟳

稍向外侧突出。两螯粗壮，不对称。长节前缘具3壮齿，腕节内末角具1壮刺，外侧面具3小刺，其中的2枚位于隆脊的末端，掌节厚，内、外侧面隆起，背面具5齿，指节长于掌节，表面具纵沟。游泳足长节长约为宽的1.5倍，后缘近末端处具1锐刺。雄性第一腹肢末部细长，弯指向外方，末端两侧均具刚毛。腹部三角形，第六节宽大于长，两侧缘稍拱，尾节三角形，末缘圆钝。雄性个体较雌性个体大。体色与栖息环境有关。一般为青黄色、青红色、青绿色等（图3-1）。

二、内部构造特性

日本蟳，体内具有完整的消化、呼吸、循环、神经、生殖等系统。

（一）消化系统

消化道，自口经过一很短的食道与胃囊相通，后面连接一条细直的肠道直通腹部末端的肛门，胃的两侧有左右两叶肝脏，土黄色，占据了头胸甲的大部分。

（二）循环、呼吸系统

打开头胸甲，可见到内脏中央有一个近五角形的透明心脏，其前后端均有动脉与各个器官相连，血液是无色透明的胶状液体，含变形细胞(或称白血球)，但因血中含有血青素，一遇空气，即可变为蓝灰色。此种色素，也有传送气体功能，与血红素功能相似；头胸甲左右侧为鳃腔，具6对灰白色的鳃，当水流经过鳃腔上的微血管时，溶解在水中的氧气渗透到血液中，而血液中的二氧化碳则同时渗于水中流出，进行了气体交换，完成了呼吸。

（三）生殖系统

雌蟹具有卵巢1对，当成熟怀卵时，卵巢几乎充满整个头胸甲，一直延伸到侧刺内，为橙黄色，遮盖消化腺的大部分。输卵管的末端有受精囊，开口于胸板愈合的第3节。雄性在头胸甲前侧缘肝脏表面有对乳白色回转弯曲的长带状睾丸，与螺旋形输精管相连，末端即为射精管，开口于游泳足基部的雄性生殖孔。

（四）排泄系统

排泄器官，在幼蟹时为小颚腺和触角腺，而在成蟹时，尤其是在最后时期的个体，只靠 1 对触角腺进行排泄。此外，后肠也具有一部分排泄的功能。

第二节 日本蟳的生态习性

一、生活习性

（一）栖息环境与生活方式

1. **底质** 日本蟳栖息于低潮线附近、有水草或沙泥、石块的水底。一般喜欢沙质或砾石，不喜欢泥质。在水质清新、水流湍急处聚集较多。日本蟳性好争斗，一般各自占据一定面积为地盘。

2. **水温** 日本蟳对低温的适应能力较强，生存的水温范围为 3～32℃。在 5～30℃ 时，活动自如，反应敏捷，附肢有力。摄食活动和摄食量，随着天气的转凉和水温的下降而减少，当水温在 14℃ 时，摄食量开始下降；当水温下降到 9℃ 以下时，基本停止摄食。此时在养殖池内，尤其是白天水浅且透明度较大时，日本蟳的整个身体几乎都藏匿在沙泥里，只露出一对眼睛或部分背壳。因此，可利用这种习性，在水温低时，进行收获，可放干池水，捡拾即可。

3. **盐度** 对盐度的耐受范围为 6.5～45.5，其中在盐度 9.2～45.5 范围内，日本蟳对外界刺激反应敏感，活动基本正常。

4. **pH** 海水 pH 是反映海水理化性质的一个综合指标，是影响日本蟳渗透压调节机制的因素之一。日本蟳适于在弱碱性的水中生活，最适宜 pH 为 7.9～8.6，但耐受 pH 范围较广，为 3.6～10.5。在养殖池中，当二氧化碳的含量发生变化时，pH 就会向高低不同的方向发展，这与藻类的光合作用有关，也与塘内生物的呼吸有关。单胞藻类大量繁殖(呼吸二氧化碳)就会使 pH 向碱性方向变化;相反,生物呼吸及有机物的氧化过程中放出二氧化碳,就会使 pH 下降,池水就向酸性转化。所以,pH 的变化,实际上就是水中理化反应和生物活动的综合结果 。pH 下降就意味着水中二氧化碳的增多,酸性变大,溶解氧含量降低。在这种情况下,就可能导致腐生细菌的大量繁殖;反之,pH 过高,将会使水中氨氮毒害作用加剧,给日本蟳的生长带来不利和威胁。

5. **溶解氧**　溶解氧是日本蟳赖以生存的最基本条件,池塘中溶解氧含量不仅直接地影响着日本蟳的新陈代谢,而且也与水化学状态有关,是反映水质状况的重要指标 。养殖池中溶解氧的含量应大于 3 毫克/升,最低不得小于 2 毫克/升,当溶解氧下降到 1 毫克/升时,就会出现浮头现象,继续下降就可能造成日本蟳的大量死亡。

6. **耐饥饿能力**　日本蟳的耐饥饿能力与其所处的水温密切相关,当水温为 15～21℃时,其半数死亡时间约为 30 天;随着水温的升高其耐饥饿能力下降,当水温为 30℃时,其半数死亡时间约为 6 天。

7. **耐干露能力**　日本蟳的耐干露能力较强（表 3-1）,在常温（18～19℃）情况下,经 10 小时,成活率可达 90%,并且随着气温的下降,而成活率提高了。据此特性,日本蟳完全可以以活体的形式供应市场。

表 3-1　日本蟳耐干露能力试验结果

气温(℃) ＼ 成活率(%) ＼ 时间(小时)	2	4	6	8	10	12	14	16	18	20	22	24
8	100	100	100	100	100	100	100	90	80	50	30	10
18～19	100	100	100	90	90	70	30	0	0	0	0	0
30	50	10	0	0	0	0	0	0	0	0	0	0

二、食性

日本蟳基本上属于底栖动物食性，偶尔摄食浮游动物，如桡足类。姜卫民（1998）曾对渤海自然海区日本蟳的食性进行过研究，发现日本蟳的摄食范围很广，它的食物包括 33 个种类（表 3-2）。根据尾数百分比（N%）和出现频率（F%），它的食物主要有双壳类、甲壳类、鱼类、多毛类和头足类，其他多为次要和偶尔食物。并且，日本蟳的食物组成随着时间的变化而有明显的变化（表 3-3）。8 月食物组成较为简单，10 月食物组成范围较广。8 月的摄食率也低于 10 月，分别为 89.36％ 和95.65％。在人工饲养时，能摄食各种低值贝类，如寻氏短齿蛤、蓝蛤、花蛤、青蛤、小杂虾蟹、小杂鱼以及人工配合饲料等，而且还同类残食。日本蟳喜欢傍晚和夜间活动、摄食，早上、傍晚摄食量最高（表 3-4）。日本蟳的摄食量，也随着季节的变化而变化，在水温适宜范围内，随着水温的升高，摄食量逐渐加大，而在低温季节，则摄食量降低或停止摄食。

表 3-2　渤海日本蟳的食物组成

食物种类	尾数百分比（N%）	出现频率（F%）
桡足类	1.69	1.61
等足类	1.50	1.21
端足类	1.31	2.02
管栖端足类	0.75	0.81
介形类	0.19	0.40
麦秆虫	0.94	1.61
涟虫	0.19	0.40
长额刺糠虾	7.89	8.06
日本臭海蛹	0.19	0.40
澳洲磷沙蚕	0.38	0.40
其他多毛类	8.26	11.29
皮氏绒螺	0.75	0.81
玉螺	0.19	0.40
其他腹足类	1.69	2.42

（续）

食物种类	尾数百分比（N%）	出现频率（F%）
明樱蛤	1.13	1.21
其他双壳类	26.27	26.82
曼氏无针乌贼	0.19	0.40
日本枪乌贼	6.96	12.10
双喙耳乌贼	0.19	0.40
绒螯细足蟹	2.06	3.23
泥脚隆背蟹	0.38	0.81
其他短尾类	5.44	8.47
大蝼蛄虾	0.75	1.21
长尾类	8.27	10.89
口蝼蛄幼体	0.38	0.81
其他甲壳类	10.32	14.52
黑鳃梅童鱼	0.38	0.81
鰕虎鱼	0.38	0.81
其他鱼类	9.94	17.34
蛇尾类	0.56	0.40
海胆	0.38	0.40

表 3-3　渤海日本蟳食物组成的季节变化

食物种类	1992 年 8 月		1992 年 10 月		1993 年 5~6 月	
	尾数百分比（N%）	出现频率（F%）	尾数百分比（N%）	出现频率（F%）	尾数百分比（N%）	出现频率（F%）
桡足类			3.26	2.90		
等足类			3.26	2.90		
端足类	2.94	6.38	1.09	1.45		
管栖端足类					3.31	3.17
介形类			0.36	0.72		
麦秆虫			1.81	2.90		
涟虫			0.36	0.72		
长额刺糠虾	22.79	22.53	3.99	5.80		
日本臭海蛹			0.36	0.72		
澳洲磷沙蚕			0.72	0.72		
其他多毛类			12.68	15.22	7.44	11.11
皮氏绒螺	2.94	4.26				

（续）

食物种类	1992 年 8 月		1992 年 10 月		1993 年 5～6 月	
	尾数百分比（N%）	出现频率（F%）	尾数百分比（N%）	出现频率（F%）	尾数百分比（N%）	出现频率（F%）
玉螺	0.74	2.11				
其他腹足类			1.81	2.90	3.31	3.17
明樱蛤			2.17	2.17		
其他双壳类	19.85	31.91	27.90	25.36	29.75	30.16
曼氏无针乌贼			0.36	0.72		
日本枪乌贼			9.42	16.67	0.83	1.59
枪乌贼					8.26	14.29
双喙耳乌贼			0.36	0.72		
绒螯细足蟹			1.09	0.72	6.61	11.11
泥脚隆背蟹			0.72	1.45		
其他短尾类	7.35	12.77			15.70	23.81
大蝼蛄虾			1.45	2.17		
口虾蛄幼体					1.65	3.17
长尾类	19.85	29.79	2.54	3.62	8.26	12.70
其他甲壳类	11.03	27.66	13.04	13.77	3.31	6.35
海胆			0.72	0.72		
蛇尾类			1.09	0.72		
黑鳃梅童鱼			0.72	1.45		
鰕虎鱼			0.72	1.45		
其他鱼类	12.50	21.28	7.97	15.22	11.57	19.05

表 3-4　暂养日本蟳昼夜摄食量变化情况*

时间（时）	08～11	11～14	14～17	17～20	20～23	23～02	02～05	05～08
总摄食量（克）	46.4	18.9	31.0	27.8	16.5	12.6	4.8	21.6

*　试验用蟹 16 尾，试验饵料为龙头鱼

三、蜕壳与生长

（一）蜕壳

日本蟳的蜕壳，对其本身来说是极其重要的，影响它的形

态、生理和行为的变化，为其完成变态发育以及生长所需要，又是导致畸形、死亡、被捕食的重要原因。日本蟳的甲壳，由位于其下的真表皮上皮细胞分泌而来，由三层结构组成。最外层为薄薄的上表皮层；然后为较厚的、钙化程度较高的外表层；最内为厚的内表皮层。甲壳及真皮层在蜕壳过程中变化复杂，以其结构、形态学变化，结合其行为，可将蜕壳过程分为五期。

A期（蜕壳后期）：蟹体刚自旧壳中脱出，新壳柔软有弹性，仅上表皮、外表皮存在，开始分泌内表皮，真表皮上皮细胞缩小。大量吸水，使新壳充分伸展至最大尺度。短时不能支持身体，活力弱，不摄食。

B期（后续期）：表皮钙化开始，新壳逐渐硬化，可支持身体，身体不再增大；内表皮继续分泌，真表皮上皮细胞开始静息。日本蟳开始排出体内的水分，并开始摄食。

C期（蜕壳间期）：表皮继续钙化，内表皮分泌完成，新壳形成，真表皮上皮细胞静息；蟹开始大量摄食，物质积累，体内水分含量逐渐恢复正常，完成组织生长，并为下次蜕壳进行物质准备。

D期（蜕壳前期）：此期为蜕壳作形态上、生理上准备，变化最大，可分为五个亚期：

D_0期：真皮层与表皮层分离，上皮细胞开始增大。

D_1期：真皮层上皮细胞增生，出现贮藏细胞。

D_2期：旧壳之内表皮开始被吸收，血钙水平上升，新表皮开始分泌，摄食减少。

D_3期：新表皮继续分泌，旧壳吸收完成，新表皮与旧壳分离明显，停止摄食。

D_4期：新外表皮分泌完成，蟹体开始吸水，准备蜕壳。

E期（蜕壳期）：身体大量吸水，旧壳破裂，蟹子弹动身体自旧壳中蜕出。

蜕壳过程是由激素调节，通过中枢神经系统来控制的。由y-器官合成分泌的20-羟蜕壳激素，是主要的活性蜕壳激素，其合成、分泌受 x-器官——窦腺复合体产生的蜕壳抑制激素（MIH）调控。在蜕壳间期后期，MIH 分泌减少，导致y-器官蜕壳激素释放，在蜕壳前期中达到高峰，在蜕壳之前下降。

日本蟳的一生要经过多次蜕壳或蜕皮。在幼体阶段，随着蜕皮，形态结构不断变化，由蟳状幼体Ⅰ期至蟳状幼体Ⅵ期，再变态发育为大眼幼体，最后由大眼幼体蜕皮发育成第Ⅰ期幼蟹。幼蟹之后是通过蜕壳来达到生长、成熟及交配的。

（二）生长

日本蟳的生长，是通过蜕皮来完成的，其生长速度有赖于蜕壳的次数和再次蜕壳时甲宽与体重的增加程度。饵料的好坏，温度等环境因子是否适宜，直接影响日本蟳的生长速度。

有关生长测量如下：

甲宽（I）：头胸甲的最宽处长度，最宽处若为齿时，则自齿的基部量起。

甲长（L）：头胸甲前缘至后缘中线的长度。

体重（W）：日本蟳的总湿重。

日本蟳甲宽、甲长及体重之间的关系见表3-5。

个体的相对增重率及 W/I 的变化规律，见表3-6。从表3-6中可以看出，随着甲宽的增加，无论雌雄，其个体相对增重率总趋势逐渐变小，雄蟹甲宽9.5厘米之后，相对增重率又变大。从 W/I 值的变化规律看，雌雄的 W/I 值都随甲宽的增加而增加，但不是直线上升；就同一甲宽组比较，雄性较雌性增重快。

日本蟳全年肥满度（表3-7），最高的月份是 11 月；12 月起至翌年 2～3 月，因正值越冬期，肥满度下降；3～5 月，水温回升，摄食量增大，性腺逐渐成熟，所以肥满度又逐渐增加；6～7月雌性肥满度较低，这是雌体产卵并已孵化；8～9 月部分雌体又要繁殖，所以肥满度较高；10 月虽产过卵的雌蟹消瘦，但有一部分产卵后死亡，另一部分未参加产卵，因而，10 月的雌体肥满度也呈较高水平。

表 3-5　日本蟳甲宽、甲长及体重之间的关系

甲宽范围（厘米）	平均甲宽（厘米）	平均甲长（厘米）	平均体重（克）
	0.57	0.47	0.04
	0.68	0.53	0.075
	0.91	0.70	0.22
	1.05	0.81	0.25
	1.50	1.09	0.64
	3.33	2.3	9.2
3.5~3.9	3.80	2.60	11.8
4.0~4.4	4.2	3.0	15.9
4.5~4.9	4.6	3.2	19.7
5.0~5.4	5.2	3.7	29.8
5.5~5.9	5.7	4.1	34.6
6.0~6.4	6.1	4.3	48.7
6.5~7.0	6.8	4.6	63.2
7.5~8.0	7.6	5.2	88.9
8.1~8.5	8.3	5.7	135.5

表 3-6　不同甲宽组的相对增重率与 W/I 值

甲宽组（厘米）	个体出现频率(%)		平均体重（克）		相对增重率（%）		W/I 值	
	雌	雄	雌	雄	雌	雄	雌	雄
2.5~3.5	0.37	0.37	5.70	8.80			1.78	3.03
3.5~4.5	5.58	2.23	11.48	12.68	101.40	44.09	2.89	3.07
4.5~5.5	9.29	6.32	25.48	25.88	121.95	104.10	5.07	5.13
5.5~6.5	19.59	14.87	41.69	44.05	63.62	70.21	6.92	7.31
6.5~7.5	15.96	12.64	60.63	70.00	45.43	59.09	8.75	10.01
7.5~8.5	5.95	4.83	91.49	94.52	50.90	35.03	11.75	11.91
8.5~9.5		1.12		117.57		23.78		13.59
9.5~10.5		1.86		181.22		54.14		18.60

表 3-7 日本蟳肥满度的周年变化（%）

月　　份	肥满度	肥满度
10	20.58	23.86
11	22.91	24.11
12	21.27	22.21
1	17.67	19.96
2	18.25	19.16
3	18.75	20.74
4	18.98	18.01
5	21.46	21.56
6	19.47	20.23
7	17.36	20.34
8	20.11	19.67
9	21.78	21.36

日本蟳在自然海区的几个形态参数的关系（W：体重；I：甲宽；L：甲长）：

1. 体重与甲宽的关系

$$W♀ = 1.066\ 2I^{2.111} \quad (r = 0.932)$$

$$W♂ = 0.925\ 7I^{2.286} \quad (r = 0.946)$$

2. 体重与甲长的关系

$$W♀ = 1.027\ 0L^{2.626} \quad (r = 0.961)$$

$$W♂ = 1.865\ 0L^{2.772} \quad (r = 0.949)$$

3. 甲宽与甲长的关系：

$$I = 0.259\ 8 + 1.333\ 7L \quad (r = 0.951)$$

$$I = 0.149\ 2 + 1.376\ 3L \quad (r = 0.965)$$

（三）自切与再生

自切，是指日本蟳遭遇天敌或相互争斗中受困时常常会自行脱落被困的附肢，而迅速逃逸。在附肢受机械损伤时，也会自行钳去残肢或使其脱落。在水质环境污染、突然受到强烈刺激时，也可观察到自切现象的发生。自切是其的防御手段，是一种保护性适应。自切时步足由于肌肉的收缩而弯曲，自其底节与坐节之间的关节处，从腹面向背面裂开、断落。在断落处，由于几丁质薄膜的封闭作用及血液的凝聚，而使创伤面自行封闭，几乎没有血液的流失。

再生，是指自切的附肢经过一段时间后，大多可以重新生出。在自切残端处新生的附肢由上皮形成，初时为细管状突起，逐渐长大，形成新的附肢。一般要经过2～3次蜕壳，才可能恢复到原来的大小。再生的速度和程度，与个体及环境有关，未成熟的个体再生较快，成熟后的个体，因不再蜕壳，也就不再具有再生能力了。

四、主要敌害生物

日本蟳的幼体，像大多数甲壳类的幼体一样，营浮游生活，自卫能力很差，是所有摄食浮游动物的鱼虾类的饵料。成体后的日本蟳，体形威武、性情凶猛，成为海洋中的捕猎者，一般的生物都不会对它形成伤害，但在其刚蜕皮后，容易受到同类或肉食性鱼类等的捕食。

第三节 日本蟳的繁殖习性

一、雌雄鉴别及性比

（一）外部形态区别
日本蟳为雌、雄异体。

1. **雌性外部形态特征** 雌性腹部宽大，略呈扁圆形（图3-2），第2～5腹节各具一对双肢型附肢，各附肢形态相似，大小相近，内外肢上密生刚毛，具有抱卵作用，其余腹附肢退化。雌性具有一对生殖孔，位于第六胸节腹面中部，在生殖孔上方各有一个三角形的突起，交配时雄性生殖肢就钩住这个突起。

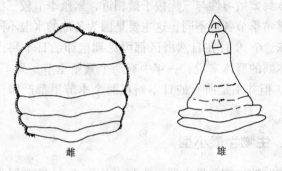

雌　　　　　　雄

图 3-2　日本蟳雌雄腹部区别

2. **雄性外部形态特征**　雄性腹部狭长，呈锐三角形（图3-2），其附肢基本退化，仅存两对附肢，着生于第 1～2 腹节上，并特化成生殖肢。第一腹肢基部宽大末端细长，弯曲向外方，末端两侧均具刚毛。第二腹肢小，末端常有一簇细毛，它伸入第一腹肢卷折而成的细管内，交配时具有推动精荚的作用。

（二）内部结构区别

1. **雌性内部结构特征**　雌性具有一对卵巢，位于肠道上方，心脏下方。卵巢外侧各伸出一条输卵管至囊状的受精囊，然后再开孔于第六胸节的腹甲上。

2. **雄性内部结构特征**　雄性具精巢一对，位置与卵巢相近。精巢近后端处各发出一条输精管，输精管分前腺质部与射精管两部分。射精管开孔于第五步足的基节上，雄性生殖孔上有皮膜突起（阴茎）。交配时，阴茎不直接和雌体接触，而搁在特化成交接器的第一腹肢基端输送精荚。

（三）雌雄性比

在自然海区中，日本蟳雌雄的性比基本上为1:1。

二、繁殖季节

日本蟳繁殖习性与三疣梭子蟹相近，繁殖季节较三疣梭子蟹略迟。繁殖季节各地不同，这主要是因为各地的水温不同而引起的。山东，6～9月在自然海区都可见到抱卵的日本蟳；对浙江近海日本蟳的群体来说，一年中有两个繁殖季节，为4～5月和8～9月。但并不是所有的日本蟳在两个季节里都产卵，很多个体仅在4～5月繁殖。

三、生物学最小型

日本蟳的生物学最小型，头胸甲长为3.5～3.8厘米，首次产卵群体的头胸甲长为3.5～5.5厘米。

四、性腺发育

1. **精子发育** 日本蟳的精子是由精巢内精原细胞经初级精母细胞、次级精母细胞而发育形成的。无鞭毛，不能活动。精子成熟后，通过输精管下行至贮精囊，在输精管中相互聚集，外被薄膜形成精夹。精巢的发育，在时间上早于卵巢发育，在适温期内交配，将精荚输送于雌蟹的受精囊内待用。

2. **卵子发育** 日本蟳卵巢发育，分成六期。各期发育主要特征如下：

Ⅰ期（未发育期）：卵巢极细、透明，肉眼难以观察。

Ⅱ期（发育早期）：刚开始卵巢宽度细小，约0.5～1.0毫米，半透明。卵巢内有大量处于活跃增殖期的卵原细胞，卵原细胞随着分裂向卵巢中央迁移，形成一个由许多处于分裂期的卵原细胞，聚集而成的"增殖中心"，随后部分卵原细胞继续增殖，另一些卵原细胞则分化成卵母细胞。卵母细胞的细胞核显著膨大，具有一个明显的核仁，这时卵巢宽度增大到1.0～2.0毫米，并出现明显皱褶，且颜色变为乳白色。

Ⅲ期（发育期）：卵巢宽度显著增大，为 2.0～4.0 毫米，颜色呈淡黄色到橙黄色。卵巢从心脏下方向前延伸，并形成皱褶，整个卵巢呈"W"形。卵巢内主要为卵母细胞，卵母细胞周围存在滤泡细胞，卵原细胞增殖极少或停止。卵母细胞开始积累卵黄。

Ⅳ期（将成熟期）：卵巢宽度显著增大，为 2.0～5.0 毫米，长度也显著增大，卵巢充满头胸甲，前端延伸到壳的前端及两侧，颜色呈橘红色。卵巢内的卵母细胞大量积累卵黄粒，体积迅速增大，卵径约 450 微米，核仁、核膜尚清晰，用针刺破卵巢，卵子不能分离。

Ⅴ期（成熟期）：卵巢宽度增至 5.0～10.0 毫米，并迅速增厚，充满头胸甲所有的空间，体积达最大值，成熟系数也达最高值，颜色呈橘红色。卵巢内卵细胞直径增至 520 微米左右，核仁与核膜模糊或消失。用针刺破卵巢，卵粒流出，此时卵粒分离。

Ⅵ期（恢复期）：卵巢排卵后萎缩，呈半透明管状结构。卵巢内具有少量卵母细胞，与发育早期有点相似。

五、产卵、受精方式

成熟卵子通过受精囊与其内储的精子受精。然后受精卵从雌性生殖孔产出体外，流向腹部，抱于腹部的 4 对附肢上。雌蟹产卵的时间，一般在 21 时至凌晨之间。刚排出的卵呈橘黄色，随着胚胎发育，颜色逐渐加深，近出膜时呈淡灰色。

六、产卵量、精卵大小、形状

日本蟳抱卵量一般为 1.83 万～80.65 万粒，平均约 20.19 万粒。抱卵量的多少，与头胸甲的长度有关，一般来说，头胸甲越长，抱卵量越多。如果抱卵蟹遇上不适环境，所抱卵子也会脱落。卵子属中黄卵，卵黄颗粒直径约 14 微米。卵巢内的卵细胞，基本上是同步发育的，成熟后一次性排卵。卵子在体内受精，刚产出的受精卵近圆球形，浅橘黄色，卵径 280～294 微米。卵膜内、外两层，内层为初级卵膜，也称卵黄膜；外层为黏性的三级卵膜，借以黏附于雌蟹腹肢内肢的刚毛上，拉长形成卵柄，使整个卵群呈葡萄串状。

七、胚胎发育

日本蟳的胚胎发育，分为受精卵、卵裂、囊胚、原肠胚、第一期膜内无节幼体、第二期膜内无节幼体、第一期膜内溞状幼体、第二期膜内溞状幼体等8个阶段。胚胎发育的快慢与温度的高低有密切关系，在适温范围内，温度愈高，胚胎发育速度愈快。

（一）胚胎发育图解

胚胎发育图解见图3-3。

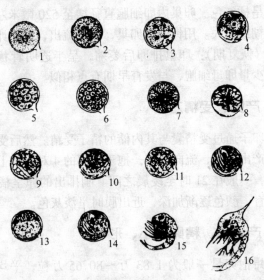

图3-3　日本蟳的胚胎发育

1.受精卵　2.2细胞　3.4细胞　4.8细胞　5.16细胞　6.多细胞
7.囊胚　8.原肠胚　9.第一期膜内无节幼体　10.第二期膜内无节幼体
11.第一期膜内溞状幼体（背面观）　12.第一期膜内溞状幼体（侧面观）
13.第二期膜内溞状幼体（背面观）　14.第二期膜内溞状幼体（侧面观）
15.剥除卵膜的将孵第二期膜内溞状幼体　16.刚出膜的第一期溞状幼体

262

（二）胚胎发育时序

胚胎发育时序见表3-8。

表3-8 日本蟳胚胎发育时序

发育阶段	受精后时间	胚胎发育特征
卵裂	10小时	2、4、6、8、16细胞期分裂球大小几乎相等，为螺旋型卵裂。16细胞期后表现为表面卵裂，胚胎内部充满卵黄，随着卵裂的进行，分裂球越来越小，进入多细胞期
囊胚	58小时	中央为一团卵黄，表面由一层扁平的细胞构成囊胚层，故为边围囊胚
原肠胚	70小时	胚胎外观呈橘黄色，直径294～308微米。在光镜下可观察到胚胎的一侧出现一个新月形的透明区，这是进入原肠胚的标记。以后透明区内出现浅凹陷，即为原口，至原肠期后期，原口逐渐缩小闭合
膜内无节Ⅰ期	4天	胚胎外观呈深橘黄色，卵黄约占整个胚胎的3/4。透明区内出现头叶、胸腹原基以及小触角、大触角、大颚的芽突。头叶位于胚体前方，胸腹原基位于后方，3对附肢的芽突位于头叶与胸腹原基之间
膜内无节Ⅱ期	5天	胚胎外观呈黄褐色，直径308～315微米。卵黄团体积缩小，透明区进一步增大，附肢芽突发育成清晰可辨的附肢。胸腹原基进一步发育，胚体后部拉长，并出现新的附肢芽突
膜内溞状Ⅰ期	9天	胚胎外观呈深褐色，直径318～330微米。卵黄团缩成蝴蝶状，透明区的左右两侧出现一对暗红色的复眼。胚体其他部分无色素。腹部分化出来，细长而未分节，腹部与头部愈合成宽大的头胸部。附肢对数增加。心脏位于卵黄背面、两复眼之间稍后处，呈半透明状，心脏开始搏动
膜内溞状Ⅱ期	13天	胚胎外观呈黑褐色，直径达350～364微米。黑紫色复眼表面覆以角膜。腹部分节，分节处出现黑色素。心跳逐渐加快至200余次/分。胚体在膜内抖动，频率逐渐加快，终于破膜孵出，成为第Ⅰ期溞状幼体

八、幼体发育

日本蟳的幼体发育，分为两个阶段：即溞状幼体（Zoea）阶段和大眼幼体（Megalopa）阶段。溞状幼体阶段，又分为 6 期，在水温 23～27 ℃ 的条件下，历时 21～23 天；大眼幼体阶段，仅为Ⅰ期，4～6 天，即蜕壳变态为第Ⅰ期幼蟹。

（一）溞状幼体

溞状幼体（图 3-4，1）的身体，分为头胸部和腹部。头胸甲具额刺、背刺各 1 个，侧刺 1 对。自第Ⅱ期开始，复眼具柄，

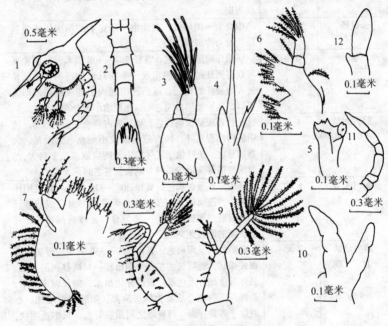

图 3-4 日本蟳溞状幼体各部形态图

1. 第Ⅰ期溞状幼体 2. 第Ⅲ期溞状幼体腹部背面观
3. 第Ⅵ期溞状幼体第 1 触角 4. 第Ⅴ期溞状幼体第 2 触角
5. 第Ⅰ期溞状幼体大颚 6. 第Ⅲ期溞状幼体第 1 小颚
7. 第Ⅳ期溞状幼体第 2 小颚 8. 第Ⅵ期溞状幼体第 1 颚足
9. 第Ⅵ期溞状幼体第 2 颚足 10. 第Ⅵ期溞状幼体第 3 颚足
11. 第Ⅵ期溞状幼体第 2 步足 12. 第Ⅵ期溞状幼体第 2 腹足

能活动。第Ⅰ、Ⅱ期腹部6节（包括尾节），自第Ⅲ期开始腹部分为7节（图3-4，2）。尾节叉状，每个尾叉的外缘及背面各具1刺，内缘具3根刚毛。自第Ⅱ期开始，尾凹中部出现刚毛。第1触角（图3-4，3）圆锥状，具感觉毛。内肢芽突于第Ⅳ期出现。第2触角（图3-4，4）原肢末半部两侧具小刺，外肢末端具2刺，内肢雏形于第Ⅳ期出现。大颚（图3-4，5）由切齿和臼齿两部分组成。第1小颚（图3-4，6）原肢由底节和基节组成，均具硬刺毛，内肢2节，第1节具1根刺状刚毛，第2节末端具4根刺状刚毛，近末端具2根刺状刚毛。第2小颚（图3-4,7）原肢由底节和基节组成，均具硬刺毛，内肢不分节，末端具4根刺状刚毛，近末端具2根刺状刚毛，颚舟叶边缘具羽状刚毛。第1颚足（图3-4,8)原肢2节，底节短小，具刚毛，基节宽大，内缘具10根刚毛，内肢5节，具刚毛，外肢2节，末节末端具羽状刚毛。第2颚足（图3-4,9)原肢2节，底节短小，基节宽大，内缘具4根刚毛，内肢3节，各节的刚毛数依次为1、1、5，外肢2节，末节末端具羽状刚毛。第3颚足(图3-4,10)及步足(图3-4,11)芽突均于第Ⅳ期出现。腹肢(图3-4,12)芽突于第Ⅴ期出现。

溞状幼体各期形态上的区别见表3-9。

表3-9 日本蟳溞状幼体各期的主要区别

溞状幼体各期 项 目			Ⅰ	Ⅱ	Ⅲ	Ⅳ	Ⅴ	Ⅵ
体长（毫米）			1.05~1.12	1.24~1.30	1.44~1.61	1.86~2.10	2.70~2.80	3.53~3.84
腹部	节数（包括尾节）		6	6	7	7	7	7
	尾凹中部的刚毛数		0	2	3	3	3	4
第1小额原肢	底节硬刺毛数		6	6	7	8	11	13
	基节硬刺毛数		5	7	9	11	16	18
	基节外缘刚毛数		0	1	2	2	2	2
第2小额	原肢	底节的硬刺毛数	6	7	7	7	9	12
		基节的硬刺毛数	8	9	10	13	13	16
	额舟叶边缘的羽状刚毛数		4	8	14	19	23~27	32~34

（续）

溞状幼体各期 项　目		I	II	III	IV	V	VI
第1颚足	内肢各节的刚毛数	2, 2, 0, 2, 5	2, 2, 0, 2, 5	2, 2, 0, 2, 6	2, 2, 0, 2, 6	2, 2, 1, 2, 6	2, 2, 1, 2, 6
	外肢末端的羽状刚毛数	4	6	8	9～10	11～12	13～14
	原肢底节的刚毛数	1	2	2	2	2	2
第2颚足外肢末端的羽状刚毛数		4	6	8	10～11	13～14	15～16
第3颚足						出现芽突	露于头胸甲外	呈叉状
步足					出现芽突	第1步足分叉；第2～5步足不分节	第1步足钳状；第2～5步足分节
腹肢						出现芽突	棒状，第1～4对双肢型，第5对单肢型

（二）大眼幼体

大眼幼体（图3-5，1），体长3.68～3.96毫米，身体背腹较扁平，头胸甲具颚刺，背刺与侧刺均消失。眼柄伸长，腹部7节，尾叉消失，尾节（图3-5，2）后缘中部具5根羽状刚毛。第1触角（图3-5，3）内肢具6根光滑刚毛；外肢5节，具刺状刚毛。第2触角（图3-5，4）呈鞭状，分11节，多数节上生有刚毛。大颚（图3-5，5）基节内缘坚硬锋利，无齿；触须2节，末节具13根刚毛。第1小颚（图3-5，6）底节、基节均具硬刺毛；内肢末端呈两叉状，内侧具3根刺。第2小颚（3-5，7）底节、基节均分叶，各叶均具硬刺毛；内肢不分节，外侧具3根刚毛；颚舟叶边缘具60根羽状刚毛。第1颚足（图3-5，8）内肢不分节，具4根刚毛；外肢2节，末节末端具5根羽状刚毛；上肢发

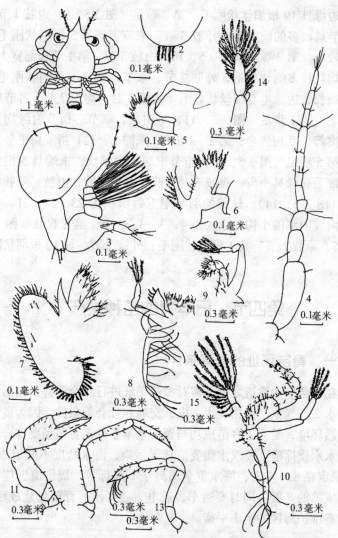

图3-5　日本蟳大眼幼体各部形态图
1.大眼幼体背面观　2.尾节后缘背面观　3.第1触角　4.第2
触角　5.大颚　6.第1小颚　7.第2小颚　8.第1颚足　9.第
2颚足　10.第3颚足　11.第1步足　12.第2步足　13.第5步
足　14.第1腹肢　15.第5腹肢

达，边缘具19根细丝状刚毛。第2颚足（图3-5，9）内肢4节，末两节具较多的硬刺毛；外肢3节。末节末端具5根羽状刚毛；上肢较小。第3颚足（图3-5，10）内肢5节。第1节长而宽大，各节均具较多的硬刺毛；外肢2节，末节末端具5根羽状刚毛；上肢细长，边缘生有细丝状软毛。步足5对，均为7节，各节均具刚毛，第1步足（图3-5，11）呈钳状、掌节、指节内缘均具齿状突起，互相嵌合；第2~4步足（图3-5，12）指节扁平呈爪状；第5步足（图3-5，13）指节末端呈尖刺状，末端具5根细毛，细毛腹缘具小齿。腹肢5对，前4对具原肢、内肢、外肢各1节（图3-5，14），外肢的羽状刚毛数依次为23、24、21、17根；内肢内侧的小钩数依次为4、3、3、2个，第5腹肢（图3-5，15）原肢1节，具1根羽状刚毛；外肢1节，具12根羽状刚毛。

第四节　日本蟳的苗种生产

一、育苗场址的选择条件

在育苗场的建造之前，需对拟建场址进行综合调查，包括地质、水文、气象、生物、水、电、交通和社会等条件。因为良好的自然环境，是人工育苗成功与否的基本条件。育苗场要符合渔业用水水质标准。要求水质要清新无污染，海水盐度不低于20，pH稳定在8.0左右，海水重金属离子不超标等，周围海区应有自然成熟的亲蟹，同时要通车、通电、通淡水。育苗场建成后，要注意维护海区的生态平衡。

二、育苗设施

（一）育苗室

将一般的虾、蟹育苗场略加以改造，即可用于日本蟳的育苗。新建育苗室的结构和材料，要利于透光、通风、保温和抗台风。育苗室内应有数个亲蟹培育池和幼体培育池。培育池以长方形或长条形为佳，水深 1.3～1.5 米，池底要有一定坡度，以利于池水自流排出。亲蟹培育池的水体，应占育苗总水体的 20% 左右，进水口一端池底应当铺砂，砂为两层，下层为 2 厘米厚、直径为 0.1～0.2 厘米的粗砂；上层为 3～5 厘米厚、直径为 0.05 厘米以下的细砂或只铺细砂 5～8 厘米厚。铺砂面积，应占整个池底总面积的 1/2～2/3。

（二）饵料生物培养池

饵料生物培养池，包括藻类培养池、轮虫培养池和卤虫孵化池，一般育苗场的育苗池与这三种饵料生物培养池水体的比例为 1:0.2:0.2:0.1。

植物饵料分为三级培养：一级扩大培养，采用 5 000～20 000 毫升的大玻璃瓶，进行封闭式培养；二级培养，可在大玻璃钢水槽或透明大塑料袋里进行半封闭培养，也可使用小瓷砖池（一般长宽高为 2 米×1 米×0.5 米）培养；三级培养，即为生产性培养，多用大瓷砖水泥池，大小以 3 米×5 米×0.6 米左右为宜，如为充气培养的池子，则可适当加深。

轮虫室内培养，用各种规格的三角烧瓶、细口瓶和玻璃缸等。扩大培养，一般使用玻璃钢桶；大量培养，则以水泥池最为常用；室外生产性培养，多为土池。

卤虫卵的孵化，可使用特制的玻璃钢卤虫孵化桶，也可使用大水缸或水泥池。卤虫孵化桶大小一般为 0.5 立方米，底部锥形，以利于分离幼体和卵壳。水泥池一般水体大小为 1～10 立方米，池深 1～1.5 米，池底锥形或平底，在离池底 5 厘米左右处，设一条排水管，以便排放孵出的幼虫。不管是卤虫孵化器或是水泥池，均应具备充气和加温设施。

（三）供水系统

供水系统包括蓄水池、沉淀池、高位水池、砂滤器、水泵和进排水管道等。

1. 蓄水池 育苗用水，应抽取海区清净的新鲜海水。如海区多泥沙及有机质等，可建纳潮式蓄水池。此池大小以能满足一个汛期的用水即可，也可利用比较干净的养殖池塘代替，一般面积为 10～50 亩，海水须经 24～48 小时沉淀才可使用。

2. 沉淀池 沉淀池的蓄水量，应比育苗总水体多 1～2 倍。沉淀池要建 2 个或分隔成 2 个以上，以便轮换使用。池顶需加盖或搭棚遮光，以确保育苗用水的清洁。

3. 砂滤器 一种利用不同粒径的砂层，进行过滤海水的装置。由于砂层具有截流、沉淀和凝聚作用而形成的过滤膜，可阻止微细砂粒、浮泥、有机碎屑、甚至于细菌通过砂层，因此，机械过滤效果较好。此外，附着在砂层中的微生物，可进行有机氮的矿化作用，把有害的有机物质转化为无毒物质，而起到净化水质的作用，即生物过滤作用。饵料生物的培养和亲蟹的暂养，都必须使用砂滤海水。砂滤器一般建在最高处，其大小应视海区水质状况及育苗用水量而定，最好建造 2 个，以便轮换使用。

4. 水泵与管道 水泵，应根据吸程和扬程及育苗用水量的要求进行选择。输水管道，可使用对幼体无害的铸铁管、水泥管、聚乙烯管、聚丙烯管或玻璃钢管等，严禁使用镀锌管、铜管、铅管，橡胶管也应尽量少用，各种阀门也应避免使用有害的配件。

（四）供气系统

充气对日本蟳的高密度人工育苗，是一项不可缺少的条件，其积极意义是多方面的。充足的氧气，可供应幼体呼吸，保证幼体正常的生理代谢；可防止有机颗粒和人工饵料的下沉，提高饵料的利用率，促进水中有机物的分解和氨氮的硝化，防止有机物厌氧分解产生有毒的中间或终产物，具有保护水质和改善水质的作用；充气造成池水的翻动，使幼体漂于水中减少了幼体上浮游动的能量消耗，以利于幼体的变态发育；充气还有利于浮游植物的光合作用，遏制腐生细菌及纤毛虫类的繁殖；充气不断搅动池水，使加热均匀，防止加热管附近局部过热而烫伤或烫死幼体。

供气系统包括鼓风机、送气管道、散气管和散气石。大规模生产多采用罗茨鼓风机，根据育苗总水体的大小而选用不同的型号。由于一个育苗场多建有几个育苗车间或一个车间设有若干排育苗池，育苗期间尤其是育苗早期及晚期，并不是所有的育苗车间或育苗池都满负荷运转，因此有的场家每个车间或一至几排育苗池分别安装鼓风机，这样可以合理地利用育苗水体，降低能源的消耗。鼓风机每分钟的供气量，应是育苗总水体的1%～2%，并应设备用鼓风机，以便更换使用。气体送到育苗池后，应用散气石或微孔瓷管或微孔塑料管，把气体分散为小气泡，以增加向水中溶解气体的数量。散气石，一般长5厘米左右、直径3～4厘米，多用200～400号金刚砂制成。在育苗池底，散气石每平方米布置2个左右为宜。

（五）增温设施

日本蟳胚胎发育和幼体发育，与培育水温密切关系，增温和控温是人工育苗的一个重要措施。在适温范围内，提高水温可以加快幼体的发育速度，提高幼体的成活率，由于幼体发育快，培育期缩短，可以节省育苗的人力、物力、财力，并可提前育苗和进行多茬育苗，提高育苗池的利用率。

热源的选择，应根据各地不同的气候及自然条件，因地制宜，可选择电加热、太阳能、地热、工厂余热和锅炉加热等。北方人工育苗多采用锅炉加热，分气暖、水暖两种。热气或热水，通过池内的管道，使池水升温，有的场家将热气直接排放到配水池中，以达到快速升温的目的。加热管的设置，要利于安装和维修，一般在池内成环行，距离池壁、池底各30厘米，每池单独设置控制阀门。加热管道，一般使用无缝钢管，严禁使用镀锌铁管，以免锌离子毒害幼体。

为了防止海水对加热管道的腐蚀，需对加热管道进行防腐处理。

1．涂敷防腐涂料 可选用以下配方：

（1）634（或 1010）环氧树脂 100 份，乙二胺 10～12 份，丙酮或甲苯适量。

（2）191 或 195 环氧树脂 100 份，聚石粉 30 份，耐酸钴 3 份（天冷可适量多放）。

2．无毒塑料薄膜包缠管道 包缠后，可加水没过加热管 10 厘米，加热至 30～40℃经半小时，塑料受热收缩而缠绕在管道上或不加水而加热使塑料熔化敷在管道上，紧密而不透水。

（六）供电设施

育苗期间，要求不间断地供电。如电厂供电不能保证，应自备发电机，以备电厂停电时，可自行发电，以保证供水和供电。

三、育苗前的准备

（一）育苗需要的主要仪器及用具

1．生物检验室 应具备显微镜、解剖镜各 1 架，解剖用具 1 套，托盘天平、分析天平各 1 台，手按计数器 3～5 个，烧杯（50、100、200、500、1 000 毫升）及量筒（500、1 000 毫升）各若干个，血球计数板 1 块，玻璃缸、玻璃棒、培养皿、载玻片、盖玻片、凹玻片、吸管等若干个。

2．化学分析室 应具备分光光度计、pH 计（酸度计）、盐度仪（或比重计）、溶氧仪各 1 台，温度计若干个，烘箱、电炉、蒸馏器，以及与上述水质因子分析有关的玻璃仪器和化学药品等。

生物检验室和化学分析室可以合用，配备有一定经验和技能的专业人员，负责室内工作。

3．育苗用具 应具备运输亲蟳用的车、帆布桶,换水用的网箱(80、60、40、20 目)及添水用的滤水网袋(200、150、100、80、60、40 目)、换水管,收集轮虫的网袋(大于 200 目),收集卤虫的网箱或网袋(120 或 150 目)、塑料桶、水舀子、计数用的取样器、遮光用的黑布等，还需准备一定量的卤虫卵。

4.常用药物及化学试剂　应具备常用药物及化学试剂，准备数量可根据育苗总水体及具体条件而定。常用的有：乙二胺四乙酸二钠（EDTA-2Na）、漂白粉或漂粉精、高锰酸钾、福尔马林、孔雀石绿、盐酸、酒精、各种抗菌素（如土霉素、氯霉素、呋喃唑酮、氟哌酸等）、硫代硫酸钠、硝酸钾、磷酸二氢钾、硅酸钠和柠檬酸铁等。

（二）育苗设施的检验

在育苗生产之前，要对加温、供气、供水、供电等系统进行检验，并作好记录。同时要检查育苗池、饵料培育池是否漏水，各种阀门是否严密、灵活，注、排水渠道是否畅通，发现问题及时解决，否则，将影响育苗的正常进行。

新建育苗池，若直接利用，因水泥池，碱性大，会明显提高池水的 pH 值，影响幼体的正常发育和成活。因此要对其进行海水或淡水的浸泡，浸泡时间 1 个月以上。如果时间紧迫，可加入少量的盐酸或醋酸以中和碱性物质，缩短浸泡时间。新、旧水池在育苗之前，都应使用 20 毫克/升的高锰酸钾或有效氯 15～30 毫克/升的漂白粉或漂粉精溶液，对池底和池壁进行彻底洗刷、消毒。对于池底、池壁附着污物较多，不易洗刷干净的池子，可先用盐酸溶液（1:10～20）刷洗，然后再用消毒液清洗。

（三）育苗用水的处理

育苗用水水质的好坏，直接影响到亲蟳培育及幼体的生理机能和变态发育。因此，在育苗之前，必须对育苗用水进行全面的分析检查，发现不合格的指标，应及时进行处理。对于理化因子符合幼体要求的海水，经过砂滤或网滤后即可注入育苗池使用。饵料生物培养用水，须经砂滤器过滤，再经煮沸或化学消毒后方可使用。

育苗用水的盐度最好在 20～32。如盐度过高，可通过添加淡水以降低盐度；如盐度过低，需加卤水或粗食盐以提高海水的盐度。对于 pH 在 7.8～8.4 以上的海水，需要通过生物或化学的方法进行调整。

重金属离子（如汞、锌、铜等离子）超标时，可造成胚胎发育停止或幼体的死亡。对于此类海水，常用乙二胺四乙酸二钠（EDTA-2Na）或乙二胺四乙酸（EDTA）以螯合过多的离子，使用量是根据水中重金属离子含量的多少而定，一般使用 2～10 毫克/升。

四、亲蟳的培育

亲蟳培育，是育苗生产的基础，是关系到育苗生产能否顺利进行的关键。只有亲蟳个体大小合适，健康状况良好，培育环境条件适宜，亲蟳的性腺才能正常发育，发育良好的成熟卵子才能顺利产出、孵化。

（一）亲蟳的选择

在繁殖季节，可选择已经抱卵的雌蟳作为亲体；在非繁殖季节，要选择已经交配、性腺发育良好的雌蟳进行控温培育。亲蟳要挑选体质健壮、活动能力强、附肢完整、体表无寄生物、无病的个体。虽然日本蟳的生物学最小型为 3.5 厘米，但考虑到抱卵量等因素，要尽量选择甲壳宽在 7.0 厘米以上的大个体为好。

（二）亲蟳的运输

亲蟳的运输，可采用干运和湿运两种方式。未抱卵的雌蟳，一般采用干运；在保持湿润、通风的条件下，干运时间在 12 小时之内，成活率可保持在 98% 以上。抱卵的雌蟳，需用湿法运输。盛水装蟳的容器，有帆布桶（或箱）和玻璃钢桶等。运输亲蟳的密度与容器的大小、运输途中换水、充气及路途长短、交通工具等有关。运输途中不需要投饵，要将亲蟳的螯足用橡皮筋系好，以免亲蟳之间殴斗，残伤附肢或身体。同时要注意防晒、防止雨淋。途中换水时，应防止温差、盐差过大，并尽量减少对亲蟳的惊扰。

（三）亲蟳的培育

在购进亲蟳之前，先在亲蟳培育池的铺砂处，用已消毒好的砖瓦或竹排等搭建数量不等的"蟳屋"，以便于亲蟳的栖息或蔽藏。"蟳屋"安置时，应避开加热管道，以免加热时该处升温过快，造成亲蟳的应激反应。

亲蟳运抵育苗场后，要先将水温、盐度等水环境因子调节好，经暂养一定时间后以解除其因采捕、运输过程中带来的疲劳，恢复其正常的生活状态。然后根据对亲蟳的检查情况进行消毒处理，可使用 200～300 毫克/升福尔马林浸泡 3～5 分钟，或者使用 10 毫克/升的孔雀石绿浸泡 40～60 分钟。亲蟳经消毒处理完毕，用清水冲洗干净后放入培育池。

亲蟳入池之后，投喂活沙蚕、菲律宾蛤仔等既喜食，又具有促进性腺发育的优质饵料。日投饵量为亲蟳体重的 2%～15%，不足时可用小杂鱼虾代替。饵料应投喂到未铺砂的池底，具体投饵量，要根据每日亲蟳的摄食情况进行调节。日投饵 2 次，早晨投喂总量的 1/3，傍晚投喂总量的 2/3。日本蟳的螯足强劲有力，可以轻松地夹碎杂色蛤等贝类的贝壳。因此，对这种贝类，活投即可。这样，既能避免因死饵料造成水质的腐败恶化，活贝类又能滤食水中的浮游生物，使水更加清澈，保持良好的透明度，以便于观察亲蟳的活动情况。

因为日本蟳性情凶猛、好斗，如培养密度过高时，既容易使其附肢受伤或脱落，又会因环境压力过大而影响其性腺发育，所以一般放养密度为每平方米 2～3 只。

在繁殖季节，亲蟳的培育水温使用自然水温即可。如在非繁殖季节育苗，则需要对亲蟳进行控温培育。亲蟳入池后先稳定几天，恢复正常状态后，再根据生产计划安排，进行逐步升温。日升温尽量不超过 1 ℃，当水温升至 23℃ 以上，即可维持一定的水温，进行控温培育。

在亲蟳培育期间，要进行微量充气，每天结合吸污换水10%～100%，维持 pH 为 8.1～8.3，盐度为 26～32，光照应小于 1 000 勒克斯。

抱卵蟳暂养时，暂养池的池底可以不铺砂。但是，在培育未抱卵的亲蟳时，池底必须铺砂，否则不能获得好的抱卵蟳。笔者1997 年在育苗生产时，从 3 月 21 日购进亲蟳，培育至 6 月 2日，计 73 天，亲蟳的成活率为 100%，但在培育亲蟳期间，池底铺砂与池底未铺砂，其抱卵情况截然不同（表 3-10）。

表 3-10　亲蟳培育期间的抱卵情况

抱卵时间（月、日）	A 池（未铺砂）（20 只）	D 池（铺砂）（60 只）
4.16	0	8
4.20	0	2
4.25	0	0
4.30	0	0
5.4	0	2
5.10	0	8
5.14	0	1
5.18	0	0
5.22	0	1
5.27	0	1
6.2	0	0
抱卵蟳总数	0	23
抱卵率（%）	0	38.3

五、孵化

对产卵后的亲蟳，要经常观察卵的颜色变化，以便作好孵化的准备。卵刚产的颜色为橘黄色，随着胚胎的发育，卵的颜色变为黄褐色，最后变为灰黑色。刚抱卵的亲蟳，在水温保持 23℃ 的条件下，经过 13 天左右，即开始孵幼，以 0℃ 为基准的积温为 310℃ 。当胚胎心跳次数达到 140 次/分以上时，将亲蟳用 10 毫克/升孔雀石绿处理 40～60 分钟后装笼，放入已处理好水的幼体孵化池或幼体培育池中，孵化时水温控制在 22～25℃。

抱卵蟳在首次胚胎孵化后不久，可不需要与雄蟳重新交配，又可再次抱卵，但抱卵量较首次少，一般仅为 3 万～6 万粒/只；再次抱卵所需的时间不一，有的仅一二天，有的则需半个月。解剖首次抱卵蟳的纳精囊，可见其纳精囊内尚有部分精荚存在。这说明亲蟳再次所抱的卵，具有受精发育的条件。

六、幼体培育

（一）幼体培育饵料的准备

日本蟳幼体培育的饵料，可分为活体饵料和人工配合饲料两大类。活体饵料，是指在海水中天然生长或人工培养的微生物、浮游植物和浮游动物。饵料的营养成分和饵料种类的搭配及投喂，能否满足幼体的需要，是影响幼体成活率的一个重要因素。因此，针对幼体不同发育阶段对饵料的要求，提早准备好饵料，这是非常重要的工作。

1. **单胞藻的培养** 单胞藻的种类很多，其中海洋微藻就达几万种，目前在我国水产养殖上用的海洋微藻已有 20 多种，但最常见的有 10 多种，如扁藻、中肋骨条藻、小新月菱形藻、牟氏角毛藻、三角褐指藻、塔胞藻、绿色巴夫藻、小球藻、微绿球藻、钝顶螺旋藻、湛江等鞭藻及球等鞭藻等。

（1）影响单胞藻生长繁殖的因子 主要有光照、温度、盐度、溶解气体、营养盐、pH 和生物因子等，只有各种因子在其适宜的范围内，单胞藻才可能生长繁殖好。单胞藻与所有的绿色植物一样，只有在光照条件下，同时光照强度高于补偿强度时，才能进行光合作用。各种单胞藻，都有其不同的适光范围，同时，各种单胞藻又都有其一定的温度、盐度、pH的适应范围和耐受限值。如果超过其耐受限值时，就会引起死亡。对于营养盐，不同品种的单胞藻，其所需要的种类和数量也有所不同。所以要根据单胞藻的不同品种，选择相应的营养液配方。微藻在光合作用中，以吸收游离的二氧化碳为主，如水中的二氧化碳不足，将会影响光合作用的效率。单胞藻的生长繁殖，除受环境的理化因子影响外，还必须考虑生物之间相互关系的影响，要防止细菌、原生动物等生物的污染。

单胞藻在其生长中，表现出一定的规律性，包括刚进行藻种接种的延缓期；接种后快速生长的指数生长期；随着培养液中营养的消耗，出现了生长相对下降的相对生长期；藻类生长达高浓度时，限制因素增加，转入静止期以及出现细胞数减少、细胞衰老死亡的死亡期。根据这一规律，在藻类的培养中，必须注意选用指数生长期的藻类作为藻种。接种量要大，以保持其生长优势。接种时，要选择晴天，避免温度、盐度等的差异过大。

（2）营养液的配制　营养液，是由洁净的海水加入营养盐配制而成。营养盐有无机肥（化肥）和有机肥（如人畜的尿粪、贝与鱼的汤汁等）。常用的无机氮肥有硝酸钠、硝酸钾、硝酸铵、尿素、硫酸铵；磷肥有，磷酸二氢钾；铁肥有，柠檬酸铁等。如培养硅藻类，尚需加入硅酸钠等；如培养金藻类，则要加入维生素 B_1、维生素 B_{12} 等，以促进其生长繁殖。

培养液的浓度（以氮元素浓度为标准），可分为三级：低浓度培养液的含氮量为 5～15 毫克/升，中浓度为 16～30 毫克/升，高浓度在 80 毫克/升以上。氮磷铁三种元素的比例为 10：1：0.1～0.5。使用低浓度培养液，对藻类早期的生长繁殖，效果较好，但持续的时间短，培养过程中需要多次追肥；使用高浓度培养液，对藻类早期生长有一定的抑制作用，但肥效期长，对藻类后期生长有促进作用，常用于保种培养；中浓度培养液，介于低浓度培养液和高浓度培养液两者之间，在单细胞藻类的培养中，为最常用。

（3）单胞藻的培养 单胞藻的培养，可按藻种培养、藻种扩大培养和生产性藻种培养的次序来进行。应选择色泽鲜艳、无沉淀、无明显附壁的藻液接种，凡有原生动物或其他杂藻污染者，皆不能作为藻种使用。

①藻种培养：用培养容器为 300～500 毫升的三角烧瓶，洗净并经煮沸消毒，加入新配制的培养液 200～300 毫升；然后接入经严格分离而得到的纯藻种或保存的纯藻种，瓶口包以消毒纱布、棉花或滤纸，置于适宜的光照和温度中培养，及时摇动、充气。

②藻种扩大培养：将培养好的藻种，逐步扩大接种入已消毒过的 10 000～20 000 毫升无色细口玻璃瓶中培养。同样置于适宜的光照和温度条件下，及时摇动、充气。培养的容器还可因地制宜地选用无色塑料瓶（桶）、塑料袋等，要求是结实，透光性好，易于操作。

③藻种生产性大量培养：可在室内，也可在室外，有封闭式培养和开放式培养两种类型。目的是为育苗生产提供优质的饵料。培养的容器有大型水泥池、大型玻璃钢水槽和大型塑料袋等。先将培养容器消毒，然后加入经过沉淀、消毒处理好而得到的海水，将营养盐按配方计算总量、溶化后入池，最后按培养水体的 1/2～1/5 的量接入藻种。

（4）单胞藻在育苗池内直接培养 人工育苗进入企业化生产规模后，全靠专门设施培养单胞藻，不仅占用水体，耗资大，而且也难以满足大水体育苗的生产需要。因此，可在育苗池内通过施肥、接种培养单胞藻，进行定向的生态系育苗。

在育苗水体内投施化肥的量，一般氮肥，如硝酸钠、硝酸钾等为 2～5 毫克/升；如用磷肥，磷酸二氢钾为 0.2～0.5 毫升；

如用于硅藻类，则还需要加施硅酸钠（钾）0.1 毫克/升。1～2 天施肥 1 次，几天后视水色或根据对藻类的实测密度进行调整施肥量，使池内单胞藻的密度，在孵化幼体时达到每毫升 10 万～20 万个细胞。

未经消毒处理过的育苗用水，一般都会含有在自然海区中繁殖生长的单细胞藻类，要根据检测结果判断，是否可作为幼体的饵料，如果可以，通过施肥，单胞藻即可在池内繁殖起来；如果育苗用水中藻类组成比较贫乏，或者育苗用水经过消毒处理，就必须向施肥的育苗池内接种藻种。

育苗池内藻类繁殖生长的好坏，除与营养盐、水温、盐度、光照强度等因子有关外，还与换水、充气有关。如果环境条件合适，充气均匀，换水适当，藻类就可能很快繁殖起来。但要注意控制，防止藻类的过分繁殖，使水色过浓，pH 过高。若遇上述情况，应及时停止施肥，换去原水，添加新水，将池水中藻类的密度调整至适宜的范围内。

2. **轮虫的培养**　轮虫是一种小型的多细胞动物，营浮游生活，具有生长快、繁殖力强的特点。它的大小、浮游速度、营养价值，都很适合日本蟳前期溞状幼体的需求。在培养轮虫时，可以单胞藻、鲜（干）酵母、豆浆等作为其饵料。采用水泥池或土池两种形式培养轮虫。在其适宜的盐度 15～30、水温 25～30℃ 的条件下，接种密度 1～5 个/毫升，一般 15 天左右即可大量繁殖。当密度达 100 个/毫升以上时，即可用 200 目筛绢网进行采收。

现在生产上进行大规模培养轮虫时，单胞藻的供应量往往不能满足需要，主要是以酵母、豆浆等作为其饵料，因此培养出来的轮虫，严重缺乏 ω-3 系列不饱和脂肪酸，特别是甘碳五烯酸（EPA）和甘二碳六烯酸（DHA）。如果用此种方法培养出来的轮虫投喂日本蟳溞状幼体时，因为严重缺乏，所以就会影响幼体的生长速度、抗病力和成活率，甚至造成育苗失败。因此，对于严重缺乏 ω-3 系列不饱和脂肪酸，特别是甘碳五烯酸（EPA）和廿二碳六烯酸（DHA）的轮虫，在使用之前必须进行营养强化，主要有以下两种方法：一是用富含 ω-3 系列不饱和脂肪酸，特别是甘碳五烯酸（EPA）和廿二碳六烯酸（DHA）的单胞藻类，如三角褐指藻、新月菱形藻、纤细角刺藻、球等边金藻、小球藻、微绿球藻等。但综合考虑季节、培养的易难程度等因素，以小球藻、微绿球藻进行投喂培养较好；二是用富含 ω-3 系列不饱和脂肪酸，特别是甘碳五烯酸（EPA）和廿二碳六烯酸（DHA）的强化剂，以 50 克/升的量强化水体，对轮虫进行强化培养。

3. **卤虫卵的孵化** 卤虫卵出产于高盐度的咸水湖或盐田。卤虫卵的孵化，可在小型水泥池或底部为圆锥形的玻璃钢罐内进行。在安有充气装备的孵化设备中，每升海水可孵化 1～3 克卤虫卵，水温控制在 25～30℃，充气量宜大不宜小，经过 18～24 小时，就可孵化出卤虫无节幼体。

对于卤虫无节幼体与卵壳及未孵化卵的分离，通常采用的方法有：一是停止充气，一部分卵和卵壳浮于水面，另一部分则沉于池底，幼体则多居中下层，用胶管从中下层吸水，经筛绢网过滤，即可收集幼体；二是利用卤虫无节幼体的趋光性进行收集。即把池子或孵化罐的一端或上端遮光，让其另一端或下端进光或加入人工光源，经一段时间后，幼体从遮光处游到有光处，将其吸取后滤水，即可收集幼体。这两种方法在生产实践中，实际上一次性分离收集幼体的效果都不甚彻底。要想分离彻底，在增加分离次数的同时，还应选择含卤虫纯度高、孵化率也高的名牌产品。

4. **人工配合饲料** 在生产中，各个场家根据当地具体的资源条件，选择加工适合日本蟳人工育苗的多种饲料。现在市场上尚未有专门供应日本蟳人工育苗所用的配合饲料。但市场上的虾蟹类配合饲料，也可供选择适用，主要产品有：虾片类、黑粒类、微粒类及藻粉类等。

（二）幼体培育密度

日本蟳幼体培育的密度，决定着育苗设施的利用效率。只有放养密度合理，才能充分发挥育苗池的最大效率。如布池密度低，单位水体出苗量就低，既不能充分挖掘育苗设施的生产潜力，又相对增加了育苗的成本。如盲目地多布幼体，将会超过育苗水体生态系统的荷载能力，使幼体的成活率下降，甚至遭成育苗的失败。这是因为，幼体密度过大时，由于饵料的不足或水质的恶化，致使幼体发育速度变慢，幼体变态不齐，体弱易生疾病，以至引起幼体的大量死亡。幼体的放养密度，取决于育苗设施配套的条件和技术水平，特别是与饵料和水质条件有关。在一般情况下，幼体的布置密度为每立方米水体 10 万～15 万尾。

（三）加强幼体的培育管理

1. **水温** 育苗水温的高低，直接影响着幼体新陈代谢的速度，决定着幼体变态发育的快慢，也影响到幼体的成活率。在育苗生产中，多采用适温的上限，以缩短育苗的生产周期。根据自然海区日本蟳繁殖季节的水温状况，以及孙颖民等（1989）的试验，日本蟳幼体对水温的适应能力是较强的，在溞状幼体期水温可控制在 23～26℃，在大眼幼体期水温可控制在 25～27℃。

2. **充气** 充气量，是根据幼体各期的需要进行适当调整。溞状幼体Ⅰ期、Ⅱ期微量充气；溞状幼体Ⅲ期后，逐渐加大充气量；溞状幼体Ⅵ期，实施强度较大的充气，使池水成沸腾状。为使充气均匀及减少大眼幼体期前后幼体间的互残，一般气石的布置密度为每平方米 2 个。

3. **水质** 育苗水环境的好坏，直接影响到育苗的成败，必须进行严格的控制。影响水环境的因素是多方面的，除了育苗开始时水的预处理及幼体培育过程中换水、充气、加温等因素外，还有池水中生物的代谢、残饵的腐败等，而后者的污染有可能造成幼体发育的不正常，甚至死亡。目前室内人工育苗设施日趋完备，幼体培育的水温、盐度、溶解氧可用人工方法进行控制。因此，此三项因子一般不会成为限制因子。但对于池水中 pH、氨氮、化学耗氧量、亚硝酸盐、硫化物等水化因子，在育苗过程中发生较大变化，可使育苗池水中的小生态系统失去平衡。因此，应经常检测，及时调控。

池水中氨氮的主要来源是，由于幼体和其他生物进行代谢的产物，也由于生物尸体和残饵腐败而分解出来的产物。氨氮通常是指离子态氨（NH_4^-）和非离子态氨（NH_3）的总称，其中，非离子态氨不带电荷，是非极性化合物，有相当高的脂溶性，容易穿过细胞膜，是总氨氮中对幼体最有毒性的物质。池水中，这两种形态的氨是可以相互转换的，这种转换受水温、pH 及盐度高低的影响（表 3-11），当水温和盐度升高时，非离子态氨在总氨氮中所占的比例就增加。因此，在育苗生产中，通过换水、充气、控制单胞藻浓度及泼洒豆浆等方法调控 pH，使其符合幼体培育要求的同时，也要将水温、盐度调控在幼体的适宜的范围内。

表 3-11　不同 pH、盐度中相当于 0.1 毫克/升

非离子态氨的总氨氮值（水温 28℃）

总氨 \ 盐度		24		27		30		33	
	7.0	29.9	16.5	30.6	16.9	31.2	17.2	31.8	17.6
	7.6	7.6	4.2	7.8	4.3	7.9	4.4	8.1	4.5
	7.8	4.8	2.7	4.9	2.8	5.0	2.8	5.1	2.9
pH	8.0	3.1	1.7	3.2	1.8	3.2	1.8	3.3	1.9
	8.2	2.0	1.1	2.0	1.2	2.1	1.2	2.1	1.2
	8.4	1.3	0.8	1.3	0.8	1.3	0.8	1.4	0.8

亚硝酸盐，是氨转化成硝酸盐的中间产物。在高密度的日本蟳人工育苗中，由于残饵的分解、幼体的代谢等，会产生大量的氨，一旦硝化作用受阻，其中间产物亚硝酸盐就会在水体中积累，超过幼体的耐受限度，将造成幼体的大批死亡。可通过换水、充气、使用水质改良剂及生物净化处理等措施，以降低其含量。据有关材料介绍，用漂白粉处理水，也可将池水中 NO_2^- 氧化成无毒的 NO_3^-。其反应原理为：

$$Ca(ClO)_2 \longrightarrow 2[O] + CaCl_2$$

$$[O] + NO_2^- \longrightarrow NO_3^-$$

4. **光照** 在育苗期间，尤其是在育苗的前期，要避免强光直射，一般光照强度控制在 3 000～10 000 勒克斯之间。要注意减少因幼体趋光，致使池水中产生局部地方幼体密度分布过大，而增加幼体之间互残几率等不利的因素。

5. **饵料及投喂** 饵料是幼体生长发育的物质基础，是决定幼体能否变态发育的重要条件，必须根据不同发育阶段的要求，调整好饵料的种类与数量，满足其摄食和营养的要求。为使刚孵出的溞状幼体Ⅰ期有适宜的开口饵料，应提前接入单胞藻，并适时投喂轮虫、初孵的卤虫无节幼体、蛋黄及虾片等；溞状幼体Ⅴ期后，开始加投绞碎的小杂鱼虾肉或卤虫成体。投喂次数，前期为 6 次，培育后期增至 12 次。幼体各期具体的日投喂量见表 3-12。

表 3-12　日本蟳幼体各期的饵料及投喂量

溞状幼体期别	扁藻 (万个/毫升)	金藻或角毛藻 (万个/毫升)	蛋黄 (个/米³)	虾片 (克/万尾)	轮虫 (个/尾)	卤虫无节幼体 (尾/个)	小虾肉 (克/万尾)	滤饵网目 (目)
Z_1	5	20	1/4	0.3	3～5	0.5～1		150
Z_2	5	20	1/4	0.4	8～10	1～2		120
Z_3	5	20	1/3	0.6	10～20	5～10		100
Z_4	4	15	1/2	0.8		10～25		100

（续）

溞状幼体期别	扁藻（万个/毫升）	金藻或角毛藻（万个/毫升）	蛋黄（个/米³）	虾片（克/万尾）	轮虫（个/尾）	卤虫无节幼体（尾/个）	小虾肉（克/万尾）	滤饵网目（目）
Z_5	2~3	10	1	1.0		30~40	10	80
Z_6	1		1	1.2		50~80	15~20	60
M						>160	50~80	40

　　6.防止幼体互残　在溞状幼体变态为大眼幼体时，以及以后的幼体间互残现象严重，尤其是幼体培育方法不当，造成变态不整齐时更是如此，从而会大大降低单位水体的出苗量。到目前为止，生产上还没有有效的控制后期幼体的互残措施，作者曾在一个育苗池中悬挂网片，由于网片在气石密度高、充气量大的情况下，容易绞织在一起，会将幼体或幼蟹包裹起来，造成幼体或幼蟹的损伤或死亡，同时挂网片及网底挂坠石的操作也不方便。我们在幼体发育到溞状幼体Ⅵ期变态为大眼幼体之前，往池水中悬挂扇贝养殖笼，防互残的效果很好。由于扇贝笼网目大，层间又有带孔的隔盘，增加了幼体或幼蟹活动的有效面积，有利于幼体或幼蟹的活动与摄食，也有利于充气和水的交换，不会出现像网片那样的缺点。在加挂扇贝笼的同时，增加气石数量和充气量，提供充足的优质适口饵料，保持良好的水质和幼蟹及时分池或出池也是必要的。

七、幼蟹培育

　　在大眼幼体发育变态为幼蟳之前，要根据池底的污染情况，进行吸污或倒池，以确保池水及池底清洁。日换水量为100％以上，日投卤虫成体或绞碎的新鲜小杂鱼虾肉4次，根据售苗要求，将水温逐渐降至自然水温。在幼蟳培育期间，往往由于幼体变态不整齐，而造成幼蟳的大小差异，因此要及时分池培育或移至土池培育。

285

八、幼蛏出池、计数及运输

(一) 幼蛏出池

幼蛏出池时，先将充气开关关小，然后收集附着基上的幼子，附着基上掉下的幼蛏，也要及时用捞网捞出，池底的幼蛏从出水孔排出。严禁将池底污物搅起，造成幼蛏的死亡或污物与幼蛏混杂在一起，使幼蛏难以分离。

(二) 幼蛏计数

幼蛏出池计数，一般采用重量法。先秤取 10 克样品，进行计数，求出每克重幼蛏的个数；然后根据幼蛏的总重量（克），乘以每克幼蛏的个数，就可算出总的出苗量。

(三) 幼蛏运输

运输方法参照三疣梭子蟹及锯缘青蟹的幼蟹运输方法。

九、病害及防治

日本蛏人工育苗期间的主要病害，有弧菌病、真菌病、固着类纤毛虫病等。病害的防治方法，可参照三疣梭子蟹及锯缘青蟹育苗期间疾病的防治方法。

第五节　日本蛏的成蛏养殖

一、养殖场地的选择和建造

养殖场地的选择，参照三疣梭子蟹成蟹养殖。要求养殖水源的水质清新，有机物含量低，无污染，符合渔业用水水质标准。

精养池的面积，一般为 5~10 亩，水深 1.5~2.5 米；半精养池的面积，一般为 10~30 亩，水深 1.5~2.0 米；也可利用现有的鱼虾蟹养殖池。

养殖池的底质，最好是干净的沙质底或沙泥质底。池底要设置遮蔽物，池坡要设防逃设施。

二、放苗前的准备工作

(一) 清淤

除新建池外，所有的池塘，包括蓄水池，都要进行清淤。池塘排干水、晒池以后，要采用机械或人力清除淤泥。清淤后，立即用生石灰对池底进行消毒，每亩使用生石灰 150 千克，均匀撒布于池中，并使用人工方法将池子耙一遍，然后注入一层水（盖过全部池底），经浸泡 3～5 天后排掉。随后采用边进、边排，并同时用人工耙底的方法进行清理作业，使池底剩余的污物随水排出，在有条件的地方，也可采用放开闸门，使用自然潮汐冲洗的方法，可节省人力。同时，进行池坝、饵料台、进排水口处的整修工作。池底清理完毕后，排水晒池，直至放苗之前一个月。

(二) 注水、消毒

在放苗之前 30～40 天，注水 30～40 厘米，浸泡 3～5 天，使池底存留物质，包括处于休眠保护状态的动植物，被海水充分浸润。然后向池中泼洒含氯消毒剂，每种消毒剂单独使用的用量为：漂白粉、漂粉精和次氯酸钠均为有效氯 10～20 毫克/升。有机氯种类较多，同一成分的商品名称也不相同，可仔细阅读说明书，按标定量使用。

向池塘投入消毒剂后，可用小型水泵进行充分搅拌水体，并冲洗池底以提高药物使用效力，经浸泡 2～3 天后，即可排掉消毒水，晒池 3～5 天。

(三) 施肥

无论是精养，还是半精养，都要在放苗之前进行肥水。肥水的目的是，培养繁殖一些有益于幼体生长的生物群落，包括底栖生物、浮游生物和大型海藻类。为幼体培育营造一个适宜的小生态环境。

各地适宜的生物群落的种类不同，繁殖的时间也不相同。因此，注水施肥都必须根据当地的具体情况而定。可先注水 40 厘米，少量施肥，每亩施经发酵的有机肥 20 千克，或每亩施尿素 1 千克，以后缓慢加水，把水位提高至 1.2 米，并根据水色和透明度，追施尿素和磷酸二氢钾，以保持水中氮磷比例为 20～30：1 即可，每年应化验一次水质。此时也可以向池内移植一些饵料生物。通过肥水，使池水呈现黄绿色、浅褐色、褐色，透明度以 30 厘米为宜。

三、放苗

目前供应养殖用的日本蟳苗种，主要还是从自然海区中捕获得来的。虽然各地进行过人工育苗的试验工作，但人工育的蟳苗，实际上用于养殖生产的数量还是很少的。随着养殖生产规模的不断扩大及人工育苗量的逐步增加，日本蟳的人工育苗、养成技术，不久即将大规模地进行推广。现在山东沿海一带，一般 4～6 月开始放苗。放苗的密度，要因地制宜，根据各地苗种规格、池塘条件、养殖方式、养殖技术及管理水平等具体情况而定。

四、幼蟳中间培育

一般育苗场出售商品苗的规格多为第Ⅰ期、第Ⅱ期幼蟳，如将其直接在养成池中放养，因其个体幼小、娇嫩受不良环境因子的影响，成活率很低。因此，小的苗种须经过中间培育，使其个体规格达到 2 厘米以上再投放养殖池中养成。

用于中间培育的池塘设施、培育方法和管理措施等，参照三疣梭子蟹和锯缘青蟹的苗种中间培育。

（1）放苗前的消毒，要进满水进行，用浓度为 30～50 毫克/升的漂白粉，浸泡 2～3 天。

（2）经消毒之后，用 60 目筛网过滤后进水。有条件的养殖场，可在进水口处设置消毒装置，用碘消毒剂或含氯消毒剂，对海水进行消毒。经监测药效消失后，接种单胞藻。

（3）移植饵料生物时，要注意选择品种。如果当地此时自然海水中无适合的饵料种类时，应采取人工繁殖一部分生物饵料，然后放入池塘。

（4）投喂优质饵料。每天投喂 4～6 次，日投饵量（以鲜重计算）为蟳苗体重的 100%～20%，最好投喂鲜活饵料。

（5）加强水质管理。根据水质监测报告和池内生物组成的具体情况，及时调节水质，采取换水、充气、投放水质保护剂和光合细菌等措施。

（6）中间培育池出苗后，应重新清池消毒，再用于继续幼蟳中间培养。

五、养成期的管理

（一）水质管理

养成期间，要保证水源充足，水质应符合渔业用水水质标准，进入蓄水池的水，要及时监测水质的各项指标，利用理化、生物方式，处理有害物质，调节 pH，提高水的含氧量。应定期对养殖池水质和底质的理化因子和生物因子进行监测。同时还应该参考当地的历史资料进行预测，以便提前做好调节水质的准备。水质调节要循序渐进，切忌造成较大幅度的快速波动和资源的浪费。

1. **掌握水质有关指标，以便及时加以调节**

（1）水温 14～32℃。

（2）盐度 10～35。

（3）pH 7.8～8.6。

（4）氨氮（NH_4^+—N 计） <0.5 毫克/升。

（5）溶解氧 大于 2 毫克/升。

（6）池底硫化氢 不超过 0.02 毫克/升。

（7）重金属离子浓度 符合国家渔业用水水质标准。

(8) 透明度和水色　透明度 25～35 厘米。水色要结合生物优势种群的观测来确定。一般为硅藻（反映为浅褐色）、绿藻（反映为浅绿色）、两者共同作用结果（反映为深浅不同的黄绿色）。如果投放各种底质保护剂或水质改良剂，其颜色也会反映到水色中。因此，水色不是一个单一的指标，而要结合生物学监测进行调节。通常一个地区有特定的生物组成，而且有较固定的时间变化。因此，应尽可能地了解本地区的历史资料。

2. 做好各期的管理工作

(1) 养成前期　培养好基础饵料，保持池内生物群落的相对稳定，是作好养成前期水质管理的重点。因此，要根据水色及池中生物量的变化情况，及时施肥和加水。施肥时要注意，施放硝酸钠、硝酸钾或碳酸氢铵，在正常天气下，2～3 天施肥一次，阴雨天停施，每次施肥量为 1～2 千克/亩。施肥时间应选择在上午，将提前用淡水化开搅匀的肥水，均匀地泼洒于水池各处。为便于阳光照射到池中以促进基础饵料生物的生长繁殖，因此池水不宜太深，以保持适宜的透明度和稳定的水温即可。一般只添加水，不换水。此时，应每天测定水池中的生物量和溶解氧、pH。如果 pH 过高（9 以上），可以适当地更换少量池水（10% 以内），或使用化学药物加以调节。

(2) 养成中期　这一时期，池中的基础饵料已经基本耗尽了。但随着投饵量的增加，水中的有机质增多，水温升高，浮游植物的繁殖仍然非常旺盛。因此，一些浮游动物、原生动物大量繁殖，大量消耗池内的溶解氧。此时大量投喂一些能够滤水或摄食有机碎屑的双壳贝类，如投喂寻氏短齿蛤、蓝蛤、鸭嘴蛤、缨蛤、鸟蛤、缢蛏等作为饵料，同时可混养一些食性温和、以小型浮游生物为食的小型鱼类，如斑鲦、黄鲫、梭鱼等。混养的种类，可根据当地的具体条件和苗种供应的情况及经济价值等来选择。混养量不宜太多，以免影响到浮游植物的正常密度。这个时期，一些重要的水质指标（溶解氧、氨氮、pH），每天要化验两次（早、晚）。此时要保证换水量每天达10%～20%。如发现有赤潮生物大量繁殖的先兆，如夜光虫量大、个体大、活力强、轮虫量大、挂卵等，应及时采取措施，先施加药物杀灭，然后进行换水。一般赤潮生物在自然海水中出现的时间比较短，并且在各地出现的时间比较有规律。因此，加强水源生物的监测，控制纳水时间，可有效地防止赤潮生物在养蟳池内的发生。同时，也可提前在蓄水池中用药物杀灭。

（3）养殖后期　这个时期的水质管理，难度最大，需要投入大量的人力、物力。应加大换水量，但每次换水量不宜过大，一般不超过40%，以免破坏养蟳池中水环境的稳定性。应加强监测硫化氢和池底有机质。为降低池中氨氮和硫化氢的含量，应定时投放水环境保护剂和底质改良剂（沸石、麦饭石、农用石灰、熟石灰等）、光合细菌和硝化细菌等，促进池底含氮物质的降解，以保证水环境的稳定性。

（二）饵料及投喂

1. **各期对饵料的要求**　日本蟳生长各期，对饵料的要求不同。

①在养殖前期：在池内基础饵料生物丰富时，可以先不投饵。随着基础饵料的消耗，逐渐投喂一些蛋白质含量较高的优质饵料。

②在养殖中后期：可选用相应蛋白质含量的配合饲料，有条件的养蟳场，也可根据配方投喂自制的配合饲料。同时可根据本地资源情况，投喂一些鲜活饵料，这有助于减轻水环境的压力，促进幼蟳的生长，加强其外观色泽和活力。日投饵2～6次，傍晚及凌晨多投，可占日投喂量的80%。

2. **投饵量**　根据日本蟳的个体大小、水温、水环境因子的好坏、天气的变化情况及其体质状况等来确定日投喂量。一般在适温期内，日投喂量为蟳体重的8%～15%，随着水温的降低，逐渐控制在蟳体重的2%～5%。

（三）巡池

养殖场的管理人员，要坚持每天巡池，巡池应在黎明、中午和傍晚进行。黎明是一天中溶解氧最低、pH 最低、氨氮最高的时间，傍晚则正相反。因此，每天 2 次的水质常规检测，也应在此时取样进行。如果发现有异常情况，必须及时采取措施。白天池水透明度高，可以观测水色、透明度和池底情况，水中的一些特殊气味或浮起物，在水温最高的午后，也更易于被察觉。此外，巡池时还应对闸门、网具、堤坝等认真检查，发现问题，要及时处理。

（四）生物学测量

每 10 天进行一次生物学测量，每次取蟳 50 只，测量内容包括体重、甲宽、健康情况（活力、体色、有无病状、蜕皮情况）等。

生物学测量、结合巡池，是判断日本蟳生长趋势，决定下一步采取管理措施的主要手段。测量记录，应妥善保存，及时分析。

（五）病害防治

参照三疣梭子蟹和锯缘青蟹有关病害防治内容。

六、收获

北方地区，多采用池塘放水，人工捡拾的方法，尤其是水温较低的季节，日本蟳基本停止活动，此法更易操作；也可在出池前停饵 2～3 天，然后用装有鲜饵的蟹笼钓捕。

七、育肥

（一）育肥池

面积 10 亩左右，沙底或泥沙底，水位保持在 80 厘米以上，进排水方便，最好可将水排干，便于收捕。

（二）放养

中秋前后，为日本蚶捕获旺季。但此时，其体质消瘦，品质较差，价格较低。要挑选个体完整、无损伤、活力强的成蚶放养在育肥池中。亩放养量为 150 千克左右。放养时应按雌、雄不同、个体大小不同分池放养。

（三）日常管理

1. 饵料及投喂

（1）饵料种类　饵料以蓝蛤、寻氏短齿蛤等小型低值鲜活贝类为好，也可投喂破碎的鲜活紫贻贝或低值杂鱼虾。

（2）投饵量　投饵量，应根据水温和水质情况而灵活掌握。当水温高、摄食旺盛时，投饵量可占蚶体重的 10% 左右；当水温下降，摄食量逐渐减少，投饵量也相应适当减少；当水温降至 10℃ 左右，则投饵量可减少为蚶体重的 3%～5%；当水温降至 9℃ 以下时，则不再投饵。

（3）投饵次数　日投饵两次，早上投喂全天量的 40%，晚上投喂 60%。

2. 水质控制　日本蚶喜爱清新的水质环境条件。因此，应根据池塘的能力，加大换水量，调节水质，保持池水清新，提供充足的溶解氧，透明度保持在 40 厘米左右。

3. 巡塘　育肥期间，必须坚持每天早、中、晚三次巡塘，观察池塘水色、水位、透明度、底质、气味和蚶的活动及摄食情况，发现问题及时处理。尤其要及时发现自残和浮头现象，以便迅速处理，避免造成重大损失。

4. 适时收获　日本蚶耐低温，池水冰封后，对其生存并无影响。相反，由于其处于休眠状态，新陈代谢低下，营养消耗甚少，更有利于储养。因此，日本蚶可根据市场需求，适时收获，高价出售。收获时，既可干池一次起捕，也可带水少量捕获，分批出售。

5. 效益情况　日本蚶育肥，通常在中秋期间捕获旺季入池，春节期间上市。育肥越冬养殖成活率一般在 60% 以上，个体增重 30%～50%。因此，出池总重量与入池相比，有增无减，但两者的价格差异显著，加上育肥费用较低，因此效益十分可观，一般亩纯利润在 1 000 元以上。

八、日本蟳人工育苗及养殖生产实例

作者于 1997 进行日本蟳人工育苗及养殖试验。具体作法如下：

（一）人工育苗

1. **主要设施**　本试验，是在山东省莱州市海兴有限公司育苗场进行的。有亲蟳培育池 3 个，即 A 池、B 池和 D 池，水体为 15 立方米。其中：D 池在进水口一端铺砂，砂为 2 层，下层为 1 厘米厚，粒径为 0.1～0.2 厘米的粗砂；上层为 2 厘米厚，粒径为 0.05 厘米以下的细砂，铺砂面积为 7.5 平方米；幼体培育池 1 个，即 C 池，水体为 30 立方米；卤虫孵化桶 2 个，0.5 立方米；蒸汽锅炉 1 台，0.5 吨；15 千瓦罗茨鼓风机 1 台（与其他品种育苗共用）。育苗用水为砂滤海水，经化验符合渔业水域用水水质标准（TG35）。

2. **亲蟳培育**　3 月 2～26 日，在山东省莱州市金城镇石虎嘴海区，捕获健壮、附肢完整的未抱卵日本蟳雌蟳 82 只，平均体重 84 克，甲长 4.5～5.8 厘米，甲宽 6.5～8.5 厘米，经消毒后，其中：62 只放入 D 池，密度为 4.1 只／米^2；20 只放入 A 池，密度为 1.3 只／米^2。A 池放置经洗刷消毒的直径 35 厘米、高 50 厘米的竹编蟳笼 10 个，D 池放置 15 个，其中 14 个布放于铺沙处。竹蟳笼安置时避开加热管道，以免对亲蟳造成应激反应。饵料以活沙蚕、菲律宾蛤仔及小杂鱼为主，饵料投喂到未铺砂的池底处，投饵量为亲蟳体重的 2%～10%，具体投喂量要根据亲蟳的摄食情况而定，每天结合吸污换水 10%～100%。亲蟳入池水温为 7.8～9.2℃，3 月 27 日开始，日升温 1℃左右，到 4 月 9 日，水温达到 22℃。4 月 23 日水温升至 23℃，并继续保持之。在亲蟳培育期间，微量充气，光照在 1 000 勒克斯以下，pH 8.1～8.3，盐度 26～27。

3. **幼体孵化**　在培育期间,要随时观察亲蟳的抱卵情况。4 月 6 日,发现有 8 只亲蟳抱卵,卵为橘黄色;4 月 24 日,有 6 只亲蟳的卵出现眼点,卵为黄褐色;4 月 26 日,胚胎心跳 30～80 次/分,卵色为淡灰色;4 月 28 日,胚胎心跳平均为 120 次/分以上,经孔雀石绿 10 毫克/升处理 40 分钟后装笼,放入已洗刷、消毒好的 C 池中;4 月 29 日晚孵出幼体 120 万只,平均每只亲蟳孵出幼体 20 万只。在水温 23℃ 条件下,从亲蟳产卵到孵化出溞状幼体 I 期,约需 13 天,以 0℃ 为基准,积温为 310 度·时。

4. **幼体培育**

(1) 培育密度　为 4 万只/米³ 水体。

(2) 充气　C 池较浅,为能较好的搅动池水,气石布置密度为 2 个/米³ 水体。Z_1～Z_2 微量充气,Z_3 后逐渐加大充气量,Z_6 后期为强充气,池水呈沸腾状。

(3) 育苗池理化指标　各期幼体水温为:Z_1～Z_6 期及 M 期的水温分别为 23℃、23℃、23～24℃、24～25℃、25～26℃、26℃ 和 26℃。盐度为 26～27;pH 为 8.1～8.4;NH_3—N 为 42～394 微克/升;溶解氧为 4.7～5.6 毫克/升;光照为 3 000～10 000 勒克斯,避免强光直射。

(4) 换水　育苗期间各期幼体的换水情况,见表 3-13。根据池中水质情况换水 1～2 次,换水时水温差应小于 0.5℃。

表 3-13　各期幼体的换水情况

幼体期别	日换水量（%）	网　目
Z_1～Z_2	添水	
Z_3	20	80
Z_4	30	60
Z_5	50	60
Z_6	80	40
M	100	30

(5) 投饵　布幼之前为使出膜的 Z_1 幼体可摄食到适口的开口饵料，应提前投入单胞藻。投入单胞藻的种类有扁藻、等鞭金藻和角毛藻；并在 $Z_{1\sim2}$ 期投喂蛋黄、虾片和初孵卤虫无节幼体；Z_3 后以卤虫无节幼体为主；Z_5 后加投绞碎的新鲜小虾肉。投饵次数前期 6 次，后期 12 次。具体各期幼体的日投饵量见表 3-12。

5. **幼蟹培育**　5 月 25 日，大眼幼体变态为第一期幼蟹。在 5 月 19 日将 80 个扇贝养殖笼洗涮消毒后吊于 C 池中，以减轻幼体间的残食。日换水量 100%，日投喂绞碎的鲜小虾肉或小杂鱼肉 4 次，水温由 26℃ 降至自然温度。幼蟹培育期间，根据幼蟹的个体大小，及时分池培养。

（二）养殖

1. **养殖池条件**　在山东省莱州市三山岛镇凤凰岭村一口面积为 46 666 米² 的养虾池（长宽比为 3:1）的进水口处，用聚乙烯网分隔出一个 1 200 米² 的区域作为日本蟳的养殖池，池底为沙质，养殖池海区水质良好，无污染。

2. **清池**　此池为一个养虾池，池底污染很轻，底沙干净，没有污染层。进水 15 厘米，每亩撒生石灰 60 千克，进行消毒处理。

3. **投放隐蔽物**　由于日本蟳性情凶猛，易同类相互残杀，尤其是在蜕皮时常弱肉强食。所以为了保证较高的成活率，在池中设置了隐蔽物，往池中投放规格为直径 25 厘米、高 60 厘米的圆柱形或长方形竹编筒 300 多个，平均每 4 米² 设一个，几个一堆或单个放置。

4. **繁殖基础饵料生物**　清池后第 3 天，经 60 目筛绢网过滤后进水，施氮肥 5 毫克/升，之后，根据水色、pH 和透明度的变化，每隔 3~7 天追施肥料一次。这样经过 20 天的时间，池水透明度达 40 厘米，水色呈黄褐色，基础饵料丰富，主要有桡足类、蜾蠃蜚和沙蚕等。

5. **苗种放养**　6 月 18 日往池中一次性放养甲壳宽 1.5 厘米、甲壳长 1.05 厘米、体重 0.64 克的日本蟳幼蟹 12 000 只，平均

10 只/米²。幼蟳入池后，活力良好，不久即散开。

6. 饵料及投喂

（1）饵料种类 日本蟳的摄食范围很广，饵料种类以寻氏短齿蛤、小杂虾和小杂鱼为主，辅以少量配合饲料。

（2）投饵次数 日投饵两次，时间分别为 6：00 和 17：00。因为日本蟳喜欢在傍晚和夜间活动、摄食，因此，17：00 投喂量应占全天投喂量的 80％以上。

（3）投饵量 7 月之前，鲜饵投喂量为蟳体重的 30％～100％；7 月之后，鲜饵投喂量为蟳体重的 8％～10％；10 月中旬之后，随着水温的下降，日投喂量下降为蟳体重的 2％～5％。

7. 水质调节

在整个养殖期间，要根据水质的监测，以确定水的交换量。一般前期只添加少量水，在高温季节，日换水量20％～30％；10 月之后，日换水量 10％左右。养殖期间各项主要水质指标见表 3-14。

表 3-14 养殖期间主要水质指标情况

检测时间（月、日）	水温（℃）	盐度（‰）	溶解氧（毫克/升）	pH	透明度（厘米）
6.17	23.5	30.9	5.3	8.87	41
6.27	25.8	33.1	5.3	8.83	45
7.9	26.6	32.3	5.0	8.91	35
7.19	26.8	29.9	4.9	8.82	40
7.29	27.0	29.5	5.2	8.38	38
8.9	28.2	30.3	5.3	8.36	45
8.19	30.2	29.1	4.9	8.23	44
8.29	26.1	28.9	4.9	8.20	50
9.9	25.6	28.2	5.1	8.37	53
9.19	24.3	28.1	4.4	8.21	51
9.29	22.1	29.0	5.3	8.23	56
10.9	21.8	30.0	5.4	8.18	60
10.19	19.1	29.8	4.9	8.20	53
10.29	17.7	31.0	5.2	8.13	62

注：表中的数据为每旬的平均值。

8.**生长测量**　定期观察蟳的摄食、生长及活动情况，发现问题及时处理。每隔一段时间随机抽取 50 只蟳，进行甲壳宽和体重的测量（表 3-15）。

表 3-15　日本蟳养殖期间的生长测量情况

测量时间（月、日）	平均甲壳宽（厘米）	平均体重（克/只）
7.1	3.3	9.2
7.30	4.7	20.8
8.30	6.0	47.5
9.30	7.2	78.1
11.18		86.8

9.**收获**　随着水温的逐渐下降，日本蟳的摄食及活动能力也逐渐减弱，生长速度减慢，但因 11 月时 46 666 米^2 养虾池内有虾、鱼，而且日本蟳售价较低等原因，因此一直拖到 12 月 18 日才收获。收获时，将水放干，日本蟳因水温低及光照等原因，都潜伏于沙中，所以进行人工捡取即可。

（三）试验结果

（1）在 30 米^3 水体中，120 万只溞状幼体 Ⅰ 期，经过 21 天培育，5 月 20 日发育为大眼幼体，5 月 25 日变为幼蟳，5 月 30 日出池计数，获 Ⅱ 期幼蟳 91 451 只，平均每立方米水体获 Ⅱ 期幼蟳 3 048 只，从溞状幼体 Ⅰ 期到第 Ⅱ 期幼蟳的成活率为 7.62%。育苗期间各期幼溞体的成活情况见表 3-16。

表 3-16　日本蟳育苗期间各期幼体的成活情况

期别	Z_1	Z_2	Z_3	Z_4	Z_5	Z_6	M	C_2
幼体数（万尾）	120	90	55	45	45	37	23	9.1
成活率（%）		75.0	45.8	37.5	37.5	30.8	19.2	7.6

　　注：各期幼体的数量为此期幼体每天计数的平均数；成活率是指从溞状幼体 Ⅰ 期到此期幼蟳的成活率。

（2）在 1 200 米^2 养成池中，共投放日本蟳第 Ⅴ 期幼蟳 1.2

万只，平均每平方米 10 只，经过 5 个月的养殖，共收获日本蟳 2 011只、164.2 千克，平均每平方米 0.137 千克，平均规格每只 81.65 克，养成成活率为 16.76％。

参考文献

[1] 王克行等.虾蟹类增养殖学.北京：中国农业
    出版社，1998

[2] 龚泉福等.青蟹、河蟹、梭子蟹.上海：上海
    科学技术文献出版社，1997

[3] 刘卓等编译.日本三疣梭子蟹的育苗、养殖技
    术和放流研究.农牧渔业部水产局，1986

[4] 吴琴瑟等.虾蟹养殖高产技术.北京：农业出
    版社，1992

[5] 冯兴钱、方家仲等.青蟹养殖技术.杭州：浙
    江科学技术出版社，1994

[6] 雷霁霖等.海珍品养殖技术.哈尔滨：黑龙江
    科学技术出版社，1996

[7] 谢忠明主编.海水增养殖技术问答.北京：中
    国农业出版社，1995

[8] 童合一等.浅海滩涂海产养殖致富指南.北京：
    金盾出版社，1988

[9] 周海鸥等.90年代最新海水养殖技术.青岛：
    青岛市出版局，1990

[10] 中国水产学会普及与教育工作委员会.海水珍
     品养殖技术.北京：科学普及出版社，1990

[11] 刘世禄等.我国名特优水产养殖业现状及发展
     对策研究.中国水产科学研究院黄海水产研究
     所、长江水产研究所，1998

[12] 林琼武，王桂忠等.锯缘青蟹大眼幼体土池养
     成的试验研究.第二届全国水产青年学术研讨

会论文集．中国水产学会，1996

[13] 王春琳，薛良义等．日本蟳几个形态参数的关系．第二届全国水产青年学术研讨会论文集．中国水产学会，1996，39～42

[14] 缪国荣，王承录．海洋经济动植物发生学图集．青岛：青岛海洋大学出版社，1990

[15] 郑永允，刘洪军等．锯缘青蟹生产性人工育苗技术．齐鲁渔业．2000，1

[16] 阎愚，孙颖民等．日本蟳幼体发育的研究．水产学报．Vol.13，No.1，74～79

[17] 王春琳，薛良义等．日本蟳繁殖生物学的初步研究Ⅰ．浙江水产学报，Vol.15，No4，261～266

[18] 王桂忠，李少菁等．锯缘青蟹的人工育苗和养成试验研究．福建水产．1994（3）：4～8

[19] 林琼武，李少菁等．锯缘青蟹亲蟹驯养的实验研究．福建水产．1994（1）：13～17

[20] 龚孟忠．锯缘青蟹和三疣梭子蟹幼体饵料的研究．水产科技情报．1994（5）：206～210

[21] 堀内敏明．青蟹的苗种生产，刘惠飞译自日刊《养殖》．1990（5）：114～119

[22] 王桂忠，林淑君等．盐度对锯缘青蟹幼体存活与生长发育的影响．水产学报．1998（1）：89～92

[23] 黄丁郎．蟳之人工繁殖，咸水及浅海养殖资料汇集．牧文堂印刷有限公司，1984

[24] 刘洪军，戴玉蓉等．日本蟳人工育苗及养殖技术研究．海洋科学．Vol.24，No.8，23～27

[25] 刘德经，肖新官．锯缘青蟹的育肥研究．福建水产．1996（4）：21～24

[26] 艾文宏，王达芝．锯缘青蟹人工育苗试验．河北渔业．1997（5）：24～25

[27] 张义浩，严善裕等．沿海滩涂青蟹坛式养殖研究．浙江水产学院学报．1997，16（2）：109～115

[28] 沈江平，陈汉春等．青蟹水泥池大棚越冬试验．浙江水产学院学报．1997，16（2）：150～152

[29] 郭新堂，张修峰等．三疣梭子蟹雌雄隔离养殖技术研究．海洋湖沼通报．1997（3）：71～74

[30] 薛俊增，堵南山等．中国三疣梭子蟹的研究．东海海洋．1997（4）：60～64

[31] 王金山，刘洪军等．三疣梭子蟹育苗技术探讨．水产科技情报．1997，24（2）：83～86

[32] 张海，程宝平．三疣梭子蟹亲蟹的室内越冬及人工抱卵实验．河北渔业．1997（4）：19～20

[33] 徐义平，李琼文等．三疣梭子蟹生产性人工育苗．中国水产．1997（1）：31～32

[34] 王育新．梭子蟹土池养殖．水产养殖．1997（1）：7～8

[35] 姜洪亮，曹丽等．三疣梭子蟹人工育苗试验报告．水产科学．1998，17（4）：24～26

[36] 曾国权．浅释三疣梭子蟹幼体饵料的培养．河北渔业．1998（2）：12～13

[37] 陈伟，张晓明等．养殖三疣梭子蟹室内越冬试验．齐鲁渔业．1998，15（4）：18～19

[38] 汤年进．三疣梭子蟹育苗饵料对比实验．齐鲁渔业．1998，15（4）：44

[39] 薛俊增，堵南山等．三疣梭子蟹活体胚胎发育的观察．动物学杂志．1998，33（6）：45～49

[40] 苏亚云，赵连怀等．三疣梭子蟹室内人工育苗实验．河北渔业．1998（5）：12～13

[41] 张正光，王旌芳．梭子蟹养殖经验谈．养鱼世界．1998（7）：35～37

[42] 金秀琴，吴振明．青蟹与梭子蟹主要疾病与防治．科学养鱼．1998（7）：26~27

[43] 姜卫民，孟田湘等．渤海日本蟳和三疣梭子蟹食性的研究．海洋水产研究．1998（1）：53~59

[44] 汤全高，吴建平．锯缘青蟹的人工育苗试验．科技论文集．1996（8）：44~46

[45] 王立超，林淑君等．锯缘青蟹人工育苗试验．水产学报．1998，22（1）：89~92

[46] 吴常文，王志铮等．舟山近海日本蟳生物学、资源分布以及开发利用．浙江水产学院学报．1998，17（1）：13~18

[47] 汤全高，吴建平．锯缘青蟹抱卵蟹的培育．科技论文集．1996（8）：47~48

[48] 纪荣兴，黄少涛．锯缘青蟹"黄体病"病原菌的研究．台湾海峡．1998，17（4）：473~476

[49] 阎恩，孙颖民等．日本蟳胚胎发育的初步观察．齐鲁渔业．1998，15（1）：18~20

[50] 王振和，袁金红等．三疣梭子蟹全人工养殖技术示范研究报告．天津水产．1999（2）：15~19

[51] 石志洲．三疣梭子蟹池塘养殖技术．海洋渔业．1999（3）：129~130

[52] 孔维军，李昕等．三疣梭子蟹人工育苗实验．水产科学．1999，18（4）：35~38

[53] 黄建华，马之明等．远海梭子蟹人工育苗试验．水产科技．1999（2）：121~123

[54] 郭元范．三疣梭子蟹苗种生产中防残网的投放．齐鲁渔业．1999，16（5）：36~37

[55] 王力勇，赵强等．三疣梭子蟹苗种生产的若干技术．水产科学．1999，18（6）：40~45

[56] 刘振华，郑世竹等．利用虾池养殖梭子蟹技

术 .科学养鱼 .1999（8）：23～24

[57] 陈陆林 .室内梭子蟹冬季高密度培养育肥技术初探 .天津水产 .1999（4）：37～38

[58] 吴洪喜，张季申等 .锯缘青蟹繁殖生态的初步研究 .浙江水产学院学报 .1998，17（4）：281～286

[59] 李少菁，曾朝曙等 .锯缘青蟹幼体发育过程中的营养需求与代谢机理 .台湾海峡 .1998，17（增）：1～8

[60] 龚孟忠 .锯缘青蟹与三疣梭子蟹幼体饵料的比较 .台湾海峡 .1998，17（增）：16～21

[61] 陈德胜，林义浩 .寡糖疫苗浸泡免疫预防锯缘青蟹弧菌病的探讨 .水产科技 .1999（5）：35～37

[62] 王春琳，薛良义等 .日本蟳实验生态及摄食习性的初步研究，齐鲁渔业 .1998，15（3）：18～20

[63] 阎愚，孙颖民等 .日本蟳幼体发育的研究 .水产学报 .1989，13（1）：74～79

图书在版编目（CIP）数据

海水经济蟹类养殖技术/刘洪军，冯蕾编著 .—北京：
中国农业出版社，2002.5（2007.4 重印）
（21 世纪水产名优高效养殖新技术/谢忠明主编）
ISBN 978‑7‑109‑07491‑0

Ⅰ.海⋯ Ⅱ.①刘⋯②冯⋯ Ⅲ.海水养殖—养蟹 Ⅳ.
S968.25

中国版本图书馆 CIP 数据核字（2002）第 007536 号

中国农业出版社出版
（北京市朝阳区农展馆北路 2 号）
（邮政编码 100026）
责任编辑　林珠英

北京智力达印刷有限公司印刷　新华书店北京发行所发行
2002 年 5 月第 1 版　　2007 年 4 月北京第 2 次印刷

开本：850mm×1168mm 1/32　印张：10
字数：246 千字　印数：8 001～14 000 册
定价：15.00 元
（凡本版图书出现印刷、装订错误，请向出版社发行部调换）